前沿技术领域专利竞争格局与趋势

VI

国家知识产权局专利分析和预警工作领导小组 主编

国家知识产权局知识产权发展研究中心 组织编写

知识产权出版社
全国百佳图书出版单位
—北京—

图书在版编目（CIP）数据

前沿技术领域专利竞争格局与趋势 . Ⅵ/国家知识产权局专利分析和预警工作领导小组主编. —北京：知识产权出版社，2020. 1

ISBN 978 －7 －5130 －6581 －8

Ⅰ. ①前… Ⅱ. ①国… Ⅲ. ①科学技术—专利—竞争—研究报告—中国 Ⅳ. ①G306. 72

中国版本图书馆 CIP 数据核字（2019）第 253901 号

内容提要

本书介绍了区块链、煤制油、光学膜、高端光刻机投影系统、重型燃气轮机高温合金材料、智能汽车决策控制及通信、窄带物联网、肿瘤免疫治疗、计算设备软硬件接口等前沿领域关键技术专利竞争格局，供各产业相关企业从业人员参考。

责任编辑：王玉茂　　**责任校对**：潘凤越

封面设计：吴晓磊　　**责任印制**：刘译文

前沿技术领域专利竞争格局与趋势（Ⅵ）

国家知识产权局专利分析和预警工作领导小组　主编

国家知识产权局知识产权发展研究中心　组织编写

出版发行：	知识产权出版社有限责任公司	**网　　址**：	http：//www. ipph. cn
社　　址：	北京市海淀区气象路 50 号院	**邮　　编**：	100081
责编电话：	010 －82000860 转 8541	**责编邮箱**：	wangyumao@ cnipr. com
发行电话：	010 －82000860 转 8101/8102	**发行传真**：	010 －82000893/82005070/82000270
印　　刷：	三河市国英印务有限公司	**经　　销**：	各大网络书店、新华书店及相关专业书店
开　　本：	720mm ×1000mm　1/16	**印　　张**：	18. 25
版　　次：	2020 年 1 月第 1 版	**印　　次**：	2020 年 1 月第 1 次印刷
字　　数：	350 千字	**定　　价**：	80. 00 元

ISBN 978-7-5130-6581-8

编委会

编 辑 部

前 言

2008年以来，为配合《国家知识产权战略纲要》的深入实施，充分发挥专利信息情报服务支持我国重点领域产业发展和科技创新等规划决策的重要作用，国家知识产权局启动重点领域重大技术专利分析和预警专项工作，并专门成立局领导挂帅、局相关部门主要负责人为成员的专利分析和预警工作领导小组，由国家知识产权局知识产权发展研究中心作为领导小组办公室负责具体组织实施专利分析和预警工作。

十多年来，国家知识产权局专利分析和预警专项工作取得了显著的成效：一是辅助决策作用日益凸显，卓有成效地在煤制油、TD－SCDMA、信息安全关键技术、新能源汽车等诸多领域为上级领导机关和相关主管部门提供了坚实有力的决策支持，多次得到国务院领导的批示；二是创新支持能力日益增强，不仅全面覆盖国家重大科技专项和战略性新兴产业的主要领域，而且情报挖掘的范围和深度日益拓展深化，为“核高基”等国家相关重大科技专项及中科院战略先导专项提供了有力的专利分析研究支持；三是实战经验、理论积累日益丰厚，不仅形成了100余项项目成果，而且在专利与产业、技术、市场、法律等情报的综合关联分析以及在专利导航产业、企业和区域创新发展理论及实务的开创性探索等方面硕果累累；四是促使我国专利情报分析人才队伍日益壮大，依托项目实施累计培养情报意识强、分析技能精的复合型专利审查员达数百位，促使一批产业界、科技界专家深刻认识到专利情报分析的重要价值和意义，引导带动社会参加项目研究的企业、科研机构更加关注专利情报分析，更加重视专利竞争情报分析人才培养。

在当前我国经济发展进入新常态的形势下，增长方式转变、产业结构转型、增长动力转换成为未来一段时期我国产业发展的主要特征，创新和知识产权愈益成为关乎新常态下我国产业升级转型发展成败的关键。2015年12月，国务院印发了《国务院关于新形势下加快知识产权强国建设的若干意见》（国发〔2015〕71号），要求深入实施国家知识产权战略，促进新技术、新产业、新业态蓬勃发展，提升产业国际化发展水平，保障和激励大众创业、万众创新，为实施创新驱动发展战略提供有力支撑。2016 年 5 月，中共中央、国务院印发《国家创新驱动发展战略纲要》，强调坚持走中国特色自主创新道路，以科技创新为核心带动全面创新，以高效率的创新体系支撑高水平的创新型国家建设，推动经济社会发展动力根本转换，为实现中华民族伟大复兴的中国梦提供强大动力。该纲要明确提出，要将实施知识产权战略、建设知识产权强国作为实施创新驱动发展战略的战略保障。2017 年，党的十九大报告提出“要加快建设创新型国家”的重要举措，具体包括要瞄准世界科技前沿，强化基础研究，实现前瞻性基础研究、引领性原创成果重大突破；倡导创新文化，加强国家创新体系建设，强化知识产权创造、保护、运用等。2018 年 2 月，中共中央办公厅和国务院办公厅印发《关于加强知识产权审判领域改革创新若干问题的意见》，指出知识产权保护是激励创新的基本手段，是创新原动力的基本保障，是国际竞争力的核心要素。随着知识产权战略的深入实施、研发投入的不断加大，中国知识产权综合实力快速提升，中国已经从主要的技术使用者转变为技术生产者。2018 年 3 月，美国针对知识产权问题，发起对中国的“301 调查”，重点关注中国在技术转移、知识产权和创新方面的相关举措，引发中美两国的贸易摩擦。

面对新形势、新要求和新机遇，国家知识产权局专利分析和预警工作将紧紧围绕国家创新发展战略实施和知识产权强国建设的主线和重点，着力面向新一代信息网络技术、智能绿色制造技术、生态绿色高效安全的现代农业技术、资源高效利用和生态环保技术、海洋和空间先进适用技术、智慧城市和数字社会技术、先进有效安全便捷的健康技术、支撑商业模式创新的现代服务技术、引领产业变革的颠覆性技术等战略性前沿技术提供专利分析预警支持，同时将面向社会公众大力加强专利分析预警项目成果的推送，利用进一步扩大项目研究成果的辐射面和影响力直接为相关产业、企业及技术的发展提供更加有力的情报支撑。

为此，国家知识产权局专利分析和预警工作领导小组办公室决定依托专利分析预警项目成果，每年结集汇编公开出版《前沿技术领域专利竞争格局与趋势》丛书。此次出版的系列丛书第Ⅵ辑内容涉及区块链、煤制油、特殊材料、光刻机、智能控制、肿瘤免疫等领域，涵盖新材料技术、高端装备制造、半导体技术、医疗设备以及新兴通信技术，把握新形势下一批重大战略型新兴产业技术的发展动向，以期“想产业所想、急产业所急”，为产业界、科技界管理者全面准确把握前沿领域专利竞争格局趋势并科学决策提供扎实的专利竞争情报支持。

由于时间仓促、课题组研究水平所限且产业技术前沿领域发展较快，本丛书难免存在疏漏、偏差甚至错误，敬请各位领导、专家和广大读者不吝批评指正！

国家知识产权局专利分析和预警工作领导小组办公室
2019 年 5 月

目　录

1

区块链共性技术*

区块链（Blockchain）作为一项新兴的技术，近年来备受国内外各行各业的关注。我国《"十三五"国家信息化规划》把区块链作为一项重点前沿技术，明确提出需加强区块链等新技术的创新、试验和应用，以实现抢占新一代信息技术主导权的目标。目前，我国国内相关创新主体在这一领域大多还处于自我探索突破阶段，对于区块链技术的整体发展脉络和市场布局缺乏全面、系统、准确的认识。同时，区块链技术起源于开源项目，是多种技术的优化组合，对于区块链共性技术的研究尤为重要，基于共性技术的定义以及区块链各技术分支的重要程度，可以明确区块链领域的主要共性技术包括数据结构、安全机制（加密机制＋验证机制）、共识机制和智能合约四大分支。区块链领域的创新在寻求专利保护时存在一些特殊性，给其相关专利申请的撰写和审查带来挑战。因此，开展对区块链领域共性技术专

---

* 本章节选自 2018 年度国家知识产权局专利分析和预警项目《区块链共性技术专利动向及对审查标准影响研究报告》。

（1）项目课题组成员：蒋彤（负责人）、陈燕（负责人）、徐健（负责人）、张雪凌（组长）、孙全亮（组长）、陈强（组长）、曹文才（副组长）、刘庆琳（副组长）、张帆（副组长）、许丽红、雷云珊、李彦欣、孙佳琛、曹玉华、修红义、朱秀玲、李晓、秦菊秀、吴丽君、王心一。

（2）主要撰稿人：张雪凌、曹文才、许丽红、雷云珊、李彦欣、孙佳琛、曹玉华、朱秀玲、李晓、秦菊秀、吴丽君、王心一。

（3）专利分析指导：刘庆琳、李岩。

（4）项目管理：刘庆琳、李岩。

（5）研究组织与质量控制：蒋彤、陈燕、张雪凌、孙全亮。

（6）主要统稿人：张雪凌、许丽红、李彦欣、曹玉华。

（7）审稿人：蒋彤、陈燕。

（8）课题联系人：吴丽君。

（9）本章执笔人：许丽红、张雪凌。

利动向以及对审查标准影响的研究势在必行。

1.1 区块链技术及其产业发展现状

1.1.1 区块链技术概述

区块链起源于比特币，2008 年 10 月 31 日，中本聪（Satoshi Nakamoto）发表了题为《比特币：一种点对点电子现金系统》（Bitcion：A Peer - to - Peer Electronic Cash System）（以下简称“中本聪白皮书”）的文章，描述了如何创建一个去中心化的电子交易体系，该体系在不涉及金融机构和不需要交易双方相互信任的情况下，运行个人发送和接收支付，首次通过技术手段实现了交易主体间共识机制的建立。区块链技术正是构成这种电子交易体系的基础技术。

具体而言，区块链是一种由多方共同维护，使用密码学保证传输和访问安全，能够实现数据一致性存储、难以篡改、防止抵赖的记账技术，也被称为分布式账本技术（Distributed Ledger Technology）。典型的区块链以块 - 链结构存储数据。

区块链技术并不是一种全新的技术，而是多种现有技术（如加密算法、P2P 文件传输等）与数据库巧妙地组合在一起，形成一种新的数据记录、传递、存储与呈现的方式，具有去中心化、数据不可篡改且可追溯、匿名性等特点，可以提供一种在不可信网络中进行信息与价值传递交换的可信方案。传统支付系统和区块链支付系统的对比如图 1 - 1 所示。区块链数据结构如图 1 - 2 所示。

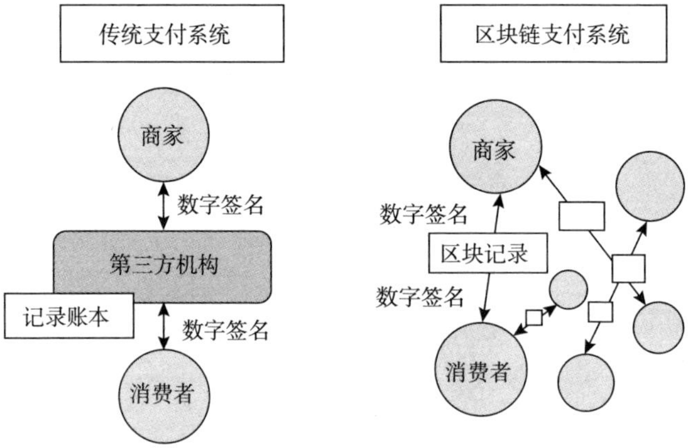

图 1 - 1 传统支付系统和区块链支付系统对比

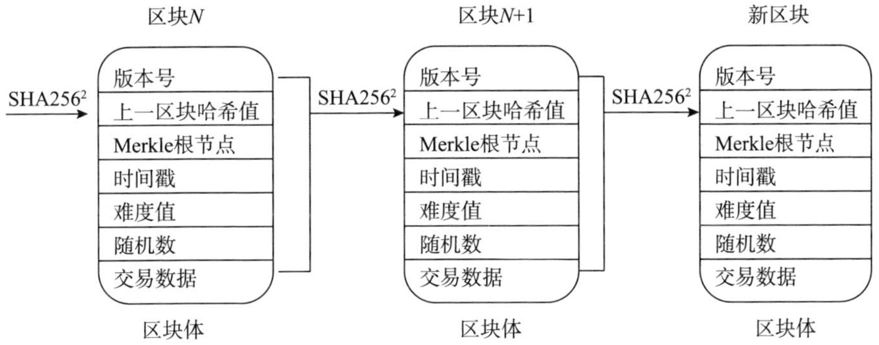

图1－2　区块链数据结构

根据网络范围，区块链可以划分为公有链、联盟链和私有链。

区块链技术演进至今，其技术发展可以分为区块链1.0、区块链2.0和区块链3.0三个阶段。区块链1.0的主要特征是以比特币为代表的加密数字货币以及相关金融基础设施的应用。区块链2.0引入智能合约的概念，形成可编程区块链。区块链3.0在社会各个领域进行深入应用，表现形式为可编程的社会经济活动。

1.1.2　区块链产业现状

1. 全球区块链产业现状

区块链的产业链上游主要包括硬件基础设施和底层技术平台层，该层由矿机、芯片等硬件企业以及基础协议、底层基础平台等企业组成；中游企业聚焦于区块链通用应用及技术扩展平台，包括智能合约、快速计算、信息安全、数据服务、分布式存储等；下游企业聚焦于服务最终的用户（个人、企业、政府），根据最终用户的需求定制各种不同种类的区块链行业应用，主要面向金融、供应链管理、医疗、能源等领域。

全球区块链产业集聚区主要在美国、英国、中国、德国、日本等国家。

从企业数量看，美国的区块链企业数量全球第一。根据中国信息通信研究院调查，目前全球共有1242家企业活跃在区块链产业生态中，如图1－3和图1－4所示。

从投融资来看，全球区块链产业融资加速，国内监管政策加码。一方面，在2009～2018年，区块链初创企业融资（非ICO融资）总额达到48.1亿美元。从地域分布来看，美国共有25.42亿美元融资，位居第一；中国有6.02亿美元，位居第二；加拿大有2.47亿美元，居第三位。另一方面，ICO成为新的融资渠道，2018年上升势头依旧不减。2014～2018年，ICO累计融资达到180.9亿美元，远超同期区块链企业通过传统途径融资金额。其中，区块链初创企业 EOS 在 2018 年 6 月 1 日完成 42 亿美元融资，成为迄今为止最大规模的 ICO 融资。中国杭州趣链科技在 2018 年 6 月 3 日完成 15 亿元 B 轮融资，创国内区块链领域最大单笔融资纪录。

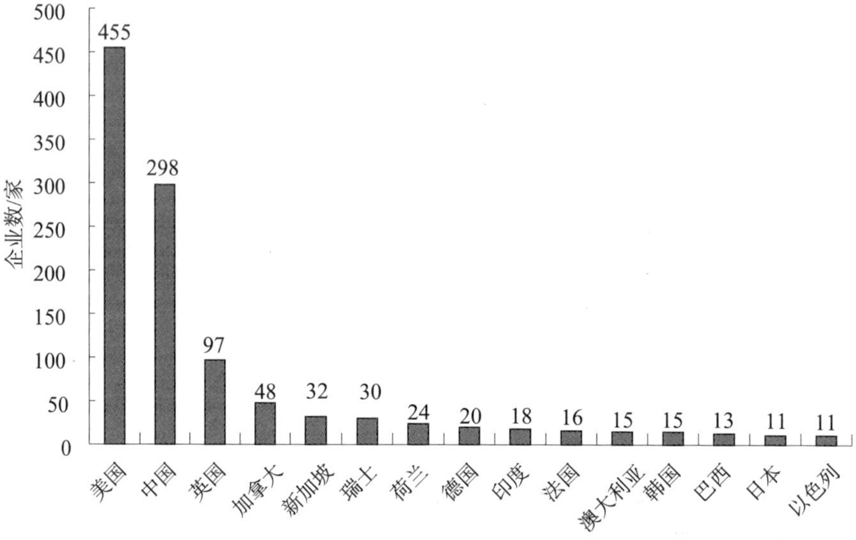

图 1－3　全球各国区块链企业数量分布

资料来源：根据中国信息通信研究院整理，2018 年 7 月。

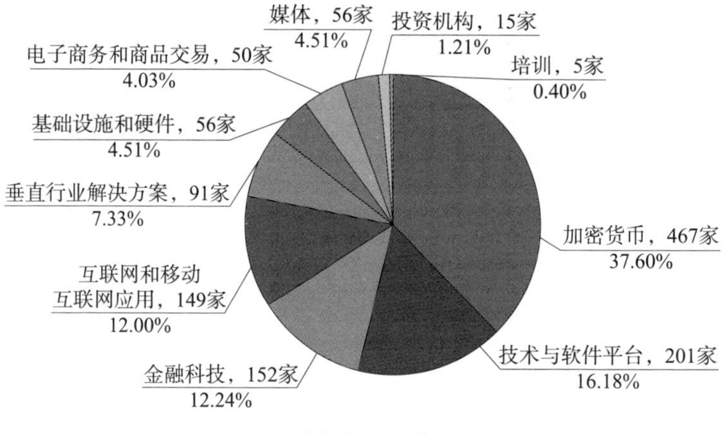

图 1－4　全球各行业区块链企业数量

资料来源：Cbinsight & Crunchbase，2018 年 7 月。

2. 国内区块链产业现状

目前我国区块链产业处于高速发展的早期阶段，产业链条已经初步形成，从上游的矿机、硬件钱包等硬件制造、平台服务、安全服务，到下游的产业技术应用服务到保障产业发展的行业投融资、媒体、人才服务，各领域的企业已经基本完备，协同有序，共同推动产业不断前行。区块链产业如表1－1所示。

表1－1 区块链产业

区块链产业	垂直行业应用层	金融	房地产	普特链、咔咔买房
			企业金融	翼启云服、链链区块链、图灵奇点、启元信息服务
			证券	瑞资链
			支付	雷达支付、REMITSY、质数金服、DECENT区块链
			票据金融	深圳区块链金服、美的金融
			保险	量子保、众托帮、WeTrust、Bananafund区块链基金
			资产管理	CoinMeet、Hedge、MyWish、祺鲲科技
		娱乐	直播	Showcoin、XPlay
			游戏	领主世界、第一滴血、魔橙网络、UGChain
			虚拟偶像	星链Star Chain
			音乐	Opus、Voise、Viberate
		供应链	溯源	Vechain、布比、京东、Chained Finance、菜鸟、复杂美
			解决方案	Crowdz、唯链、物链
		法律	版权保护	原本Primas、墨链、YoYoW、Mediachain、CNN、Bitmark
			智能合同	Mattereum、法大大
		能源	数字化管理	能链众合
			电网	Eenergo、Eneres
		公益	善款追溯	善圆科技、蚂蚁区块链、心链
			公益寻人	Tencent
		医疗		MedicalChain、MediChain、MediShares、Hashed Health、边界智能、Gem、阿里健康、Xcare
		农业		善粮农业、SCRY. INFO、AGRILEDGER
		物联网		物信链、六域链
	通用应用及技术扩展层	智能合约		秘猿科技、Verittaseum、SCRY. INFO、RSK、plasma、Melon、Boscoin、全息互信
		快速计算		TrueBit、RAIDEN
		挖矿服务		Bitcoin. com、Golem、Bitfury、Hashfast
		信息安全		万物链、Enigma、Zeppelin
		数据服务		数矩科技、Datum、R3、矩阵元、linkeye、Atmos、Sharechain、铂链、库神、OracleChain、公信宝、保全网、云象区块链

续表

区块链产业	通用应用及技术扩展层	BaaS	深脑链、ArcBlock、腾讯 baaS、维基链、好扑科技、趣链科技、Ardor、快贝、井通科技、NEURON 区块链、分布科技、百度 BaaS
		解决方案	信数链、区块链中国、太一云、钛云科技、复杂美科技、优权天成、大同区块链、魔链科技、网录科技、朝夕网络、牛链科技、海星区块链、智链
		防伪溯源	信砥安兑、VEchain
	底层技术及基础设施层	基础协议	NEO、量子链、以太坊、莱特币、比特币、ValueCyber、Hyperledger、EOS、IOTA、Tether、Nebulas、比原链、万象区块链、星云链
		匿名技术	Zcash、Monero、Dash、Zerocoin、Spectrecoin
		硬件	极路由、比特大陆、嘉楠耘智、RockMiner

截至2018年6月，我国从事提供区块链产业底层技术平台服务、应用产品、行业技术解决方案服务等业务，具有投入产出且具有商标的区块链企业共425家，主要聚集在北京、上海、广东、浙江、四川、江苏等地。

1.2 全球专利申请状况分析

经检索，截至2018年11月9日，全球区块链领域专利申请共计5497项。

1.2.1 全球专利申请量自2015年开始呈现爆发式增长势头

区块链专利申请从2011年出现至2018年，其全球申请态势如图1－5所示，大致分为两个阶段：在2014年之前，全球专利申请增长比较缓慢，整体专利申请量不大，可以称为技术储备期；自2015年开始，区块链技术领域相关专利申请量大幅增加，增长线型近乎直线式，增速与前一时期相比明显提高，全球区块链领域的专利申请量呈现爆发式增长态势，可以称为快速增长期。

1.2.2 中国和美国是主要的专利申请来源国

中国、美国是提交区块链领域专利申请的主要来源国家。在全球专利申请中，来自中国的专利申请量最大，为3249项，占全球专利申请总量的59%；来自美国的专利申请量为1338项，占全球专利申请总量的24%，仅次于中国，列第二位。图1－6示出了主要来源国/地区的专利申请趋势。

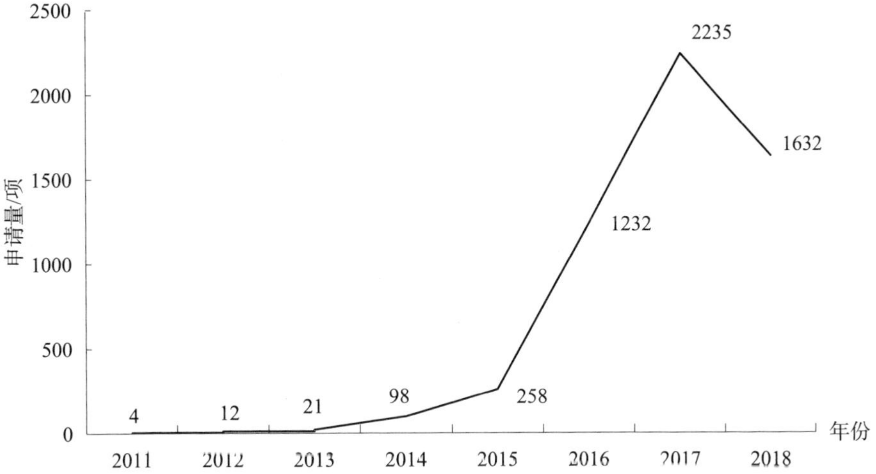

图 1－5　区块链全球专利申请量总体态势

	2011	2012	2013	2014	2015	2016	2017	2018
中国	1	1	4	22	41	471	1394	1315
美国	3	10	13	55	145	439	484	187
韩国				1	10	66	56	29
日本		1			5	47	56	7
德国					5	34	57	9
英国				2	6	29	43	11

注：图中未列出美国在2011年之前的2件申请。

图 1－6　区块链主要来源国家/地区的专利申请趋势

2011～2015 年，来自美国申请人的专利申请量最大，美国的区块链技术从底层技术到应用技术的发展属于世界领先水平。韩国、日本、德国和英国在区块链技术研发机构设立、长远规划、促进战略上都非常积极。自 2016 年开始，中国在区块链领域的专利申请量开始超过美国，呈现大幅上升的趋势，

2016 年及以后每年都超过所有国家/地区。

1.2.3 申请人呈现多元化发展

区块链专利申请的全球主要申请人排名如图 1－7 所示，排名前 10 位的申请人中，IBM、美国银行（BANK OF AMERICA）和万事达卡都是美国的老牌通信及金融企业，科因普拉格（COINPLUG INC）是韩国从事比特币和区块链服务的初创公司，Nchain 是欧洲的区块链技术创新实体。中国申请人占据 5 家，其中阿里巴巴、奇虎、腾讯为中国最具规模和影响力的互联网企业，中国联通是传统运营商，比特大陆为近年来新成立的区块链公司。

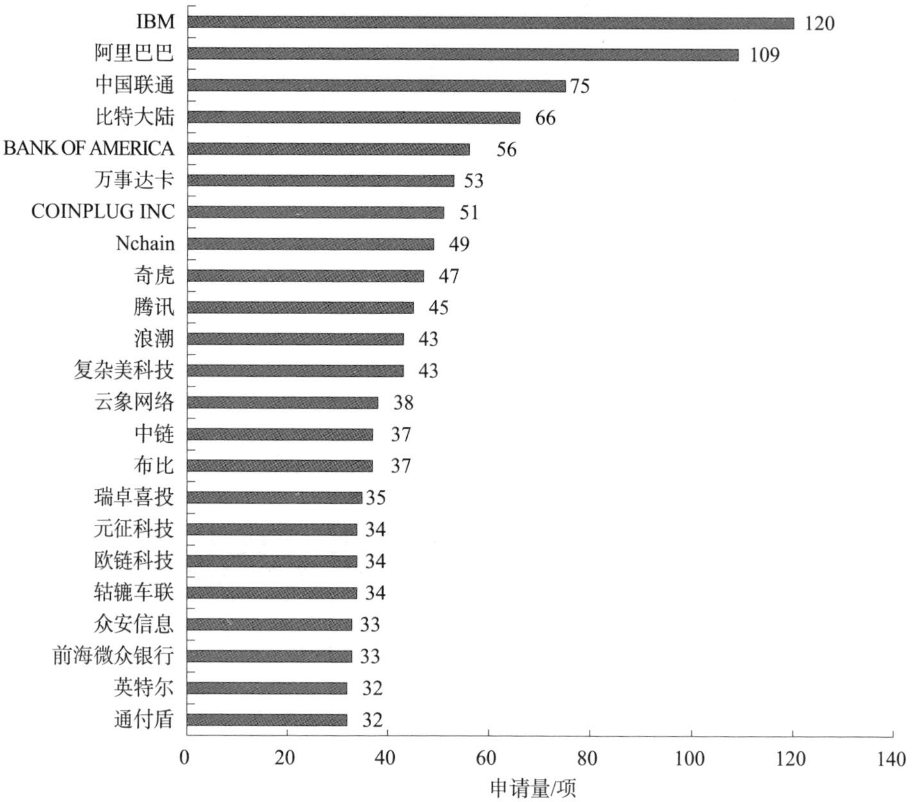

图 1－7 区块链全球主要申请人专利申请量排名

1.2.4 技术主题分布

全球区块链领域专利申请 5497 项，各技术主题的专利申请数量如表 1－2 所示，专利申请量排名第一位的是应用层 3305 项，居于第二位的是数据层 1482 项，网络层 474 项，共识层 306 项，合约层 369 项，激励层的专利申请量最少，为 44 项。

表 1－2 全球区块链专利申请技术主题分布

一级分支	二级分支	三级分支
数据层，1482 项	数据结构，667 项	数据区块，235 项
		链式结构，188 项
		数据存储，271 项
		其他，5 项
	加密机制，476 项	加密方法，278 项
		密钥管理，192 项
		其他，6 项
	权限管理，77 项	
	计算资源，184 项	
	其他，84 项	
网络层，474 项	分布式结构，35 项	
	验证机制，372 项	验证方式，352 项
		分片技术，18 项
		其他，2 项
	网络路由，64 项	
	其他，5 项	
共识层，306 项	共识机制，306 项	共识算法，155 项
		共识策略，141 项
		其他，17 项
激励层，44 项	激励机制，44 项	
合约层，369 项	智能合约，359 项	合约应用，186 项
		合约管理，20 项
		合约验证与安全，27 项
		合约设计与更新，65 项
		合约执行与调用，70 项
	其他，10 项	
应用层，3305 项	价值转移类应用，1206 项	
	存证类应用，527 项	
	授权管理类应用，1456 项	
	其他，116 项	

在每一个一级技术主题中，中国专利申请量都大于其他国家的总和，如图 1－8 所示。

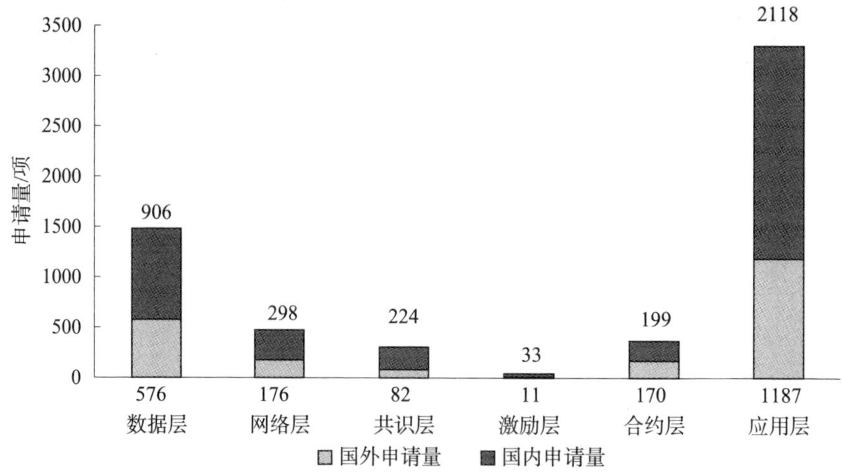

图1-8　区块链一级技术分支国内外申请量

1.2.5　应用层专利申请量分布

对区块链应用类专利申请按照行业领域进行统计分类，从图1-9可以看出，金融行业为应用类专利申请中最为突出的行业，申请量为1097项，其次是工业，物联网、商业和医疗行业申请量也较多。

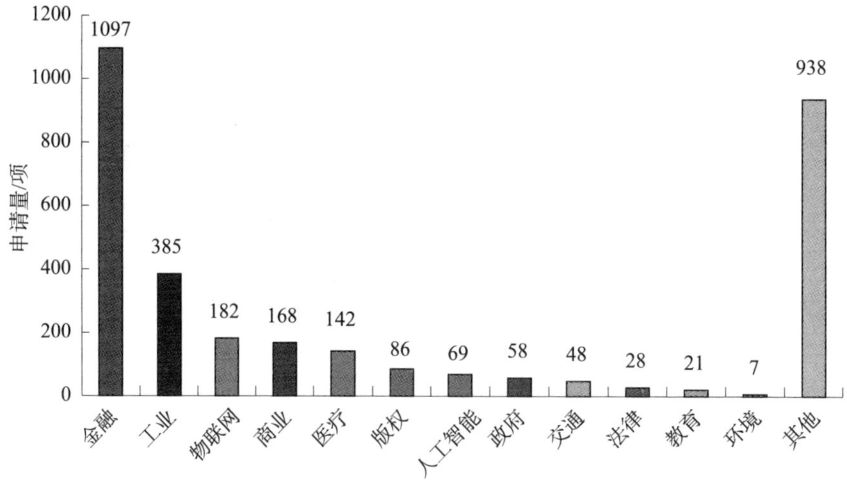

图1-9　全球区块链应用类专利申请按照行业领域分布

1.3　区块链共性技术专利动向分析

基于共性技术的定义以及各技术分支的重要程度，区块链领域可以确定四大共性技术，即，数据结构、安全机制（加密机制 + 验证机制）、共识机制和智能合约。

1.3.1 区块链共性技术专利申请总体态势

区块链四个共性技术的专利申请共计 2029 项。其中，安全机制的专利申请数量 848 项，位列第一；数据结构的专利申请数量以 667 项位列第二；智能合约和共识机制的专利申请数量分别为 359 项和 306 项。图 1－10 示出了共性技术各分支的申请量逐年变化趋势。

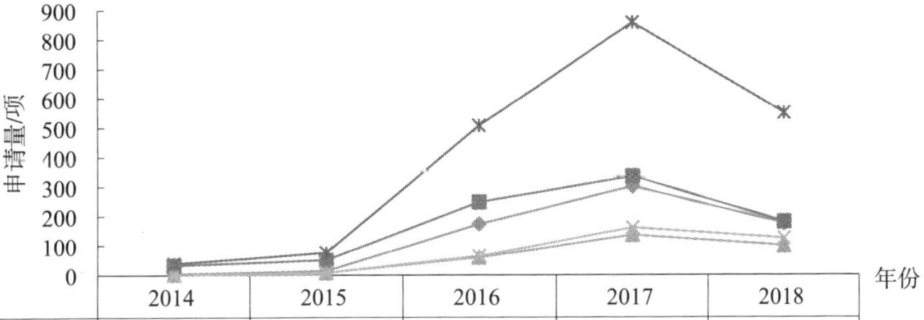

	2014	2015	2016	2017	2018
数据结构	4	14	173	301	175
安全机制	33	51	248	335	181
共识机制	2	8	60	136	100
智能合约	0	8	65	161	125
共性技术总体	39	76	507	857	550

图 1－10 区块链四大共性技术专利申请总体态势

共性技术在 2016 年专利申请数量增长显著，在 2017 年专利申请量达到峰值，为 857 项。从各个分支来看，安全机制技术分支的增长最为迅速，自 2014 年开始增长一直处于显著态势，且 2014～2017 年各年度申请数量均较其他三个分支多；数据结构技术分支的年申请量在 2017 年形成追赶安全机制技术分支并与之齐驱的态势，并且数量明显高于共识机制和智能合约技术分支；共识机制和智能合约技术分支 2016 年的年申请量较 2015 年明显增长，这是因为从 2016 年开始区块链技术领域从相对底层的基础性技术包括安全机制或数据结构分支开始逐渐向更深层次、更智能化、更灵活等方面发展，带动共识机制和智能合约的快速发展。

1.3.2 数据结构专利动向分析

在技术主题方面，数据区块、链式结构、数据存储这三大技术主题均是专利申请的热点，从筛选出的重要专利来看，国内申请人在数据结构领域的专利申请整体上占优，其中数据存储优势更为明显，数据区块和链式结构略显不足。

具体来看，在数据存储方面主要涉及数据的访问查询和存储性能的提升。

国内申请人在重要专利的数量、申请人分布和关键技术分布上都明显优于国外申请人，国内申请人在区块链数据存储领域的技术研发和专利申请布局上具有一定的优势。图1-11示出了数据存储专利申请动向。

图1-11　数据存储专利申请动向

在数据区块方面主要涉及区块生成、数据校验、随机数生成及数据勘误等技术。图1-12示出了数据区块专利申请动向。扩容、数据勘误、数据安全等问题的研究将成为数据区块未来技术研发和专利申请的热点。

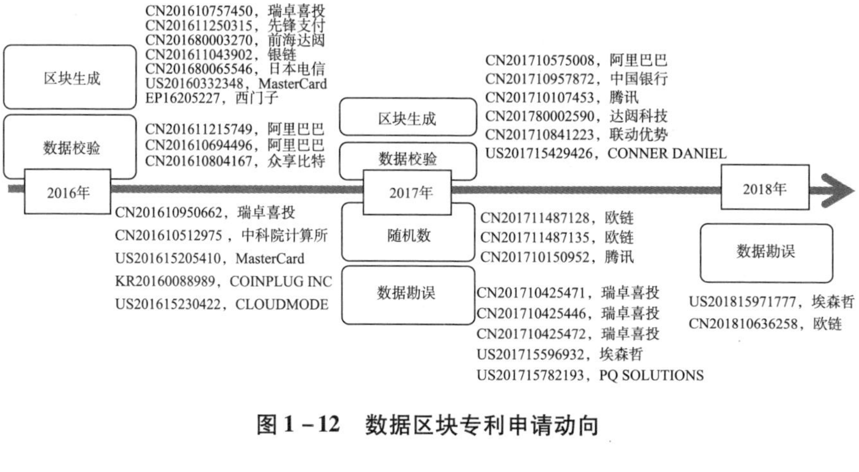

图1-12　数据区块专利申请动向

在链式结构方面，主要涉及链的拓扑结构和多链/跨链。国内申请人的专利申请主要集中在多链/跨链技术上，这与国内区块链产业注重联盟链的开发和使用的趋势是相吻合的。建议国内申请人加强链自身拓扑结构的研究。图1-13示出了链式结构的专利申请动向，图1-14示出了链的拓扑结构专利申请动向。

	2016年	2017年	2018年
链的拓扑结构	CN201611247823，瑞卓喜投，DAG CN201611251569，瑞卓喜投，多维链结构 CN201611246180，瑞卓喜投，树形结构 US201615006171，IBM，DAG US201614988873，SWIRLDS，HashDAG US201615366584，SWIRLDS，HashDAG	US201715675519，ALTR SOLUTIONS，树形 US201615211111，MASTERCARD，分段链	CN201810292544，百度，DAG CN201810136676，欧链，双向链结构 CN201810135873，欧链，环形链结构 CN201810462696，北京工业大学，DAG
多链跨链	CN201610960022，壹账通，多链管理 CN201610996647，复杂美，跨链 CN201610129603，复杂美，多层链 CN201611035778，银链，多链 US201615150032，BLOCKSTREAM，多链 US201615298906，IBM，跨链	CN201710951626，策赢网络，多链 CN201710953056，布比，跨链 CN201710199314，秘猿科技，联盟链 CN201710954245，布比，互联链	CN201810162070，阿里巴巴，跨链 CN201810270127，前海微众银行，跨链 CN201810149697，中链，跨链联盟 CN201810411049，百度，主链 CN201810310550，点融，跨链

图 1－13　链式结构专利申请动向

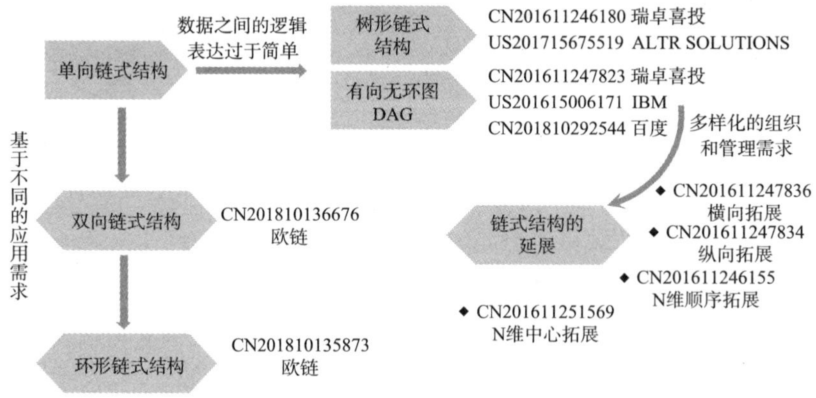

图 1-14　链的拓扑结构专利申请动向

1.3.3　安全机制专利动向分析

安全机制领域的加密方法、验证机制和分片技术都是未来专利申请热点。

在加密方法方面，从 2015 开始出现对区块链加密方法的改进，并首次在区块链领域使用椭圆曲线数字签名算法，2016 年和 2017 年申请量迅速增长，陆续出现在区块链中使用同态加密算法、环签名、盲签名和国密算法，2018 年出现抗量子攻击以及量子密钥的使用。图 1-15 示出了加密算法的专利申请动向。

密钥管理方面，由于密钥在区块链安全机制中的重要性，密钥管理一直是被研究的热点，相应的专利申请数量在加密机制领域的专利申请中一直占有不小的比重，密钥的生成、找回、修改、保护等都属于专利申请的热点。

验证机制主要涉及数据本身的验证、节点验证和身份验证，大量申请以提高验证效率为切入点，2016 年中钞信用卡产业发展有限公司首次引入分片技术，2017 年出现零知识证明与验证的结合。验证节点数字证书的安全、对交易的多方进行验证、移动终端上链的验证、跨链的身份验证以及数据验证效率的提升等也都属于专利申请的热点。

分片技术不仅提升区块链网络中对交易信息的验证效率，同时将同一交易信息多个分片中的每个分片都存储在多个区块链节点上，还避免了某一区块链节点恶意修改分片内容而造成的故障，提高了区块链网络的安全性，很好地解决了区块链技术固有的存储和安全问题，因此，分片技术毋庸置疑是区块链安全机制领域发展的一个方向。

对现有加密算法进行改进，开发出更安全的加密算法，提升密钥安全，加强对节点上链、数据上链的验证，这些不仅是安全机制领域当前的热点，也是未来发展的一个方向。此外，将国密算法应用于区块链技术对于我国区块链发展安全具有积极的意义，是我国对区块链安全机制研究的一个方向。

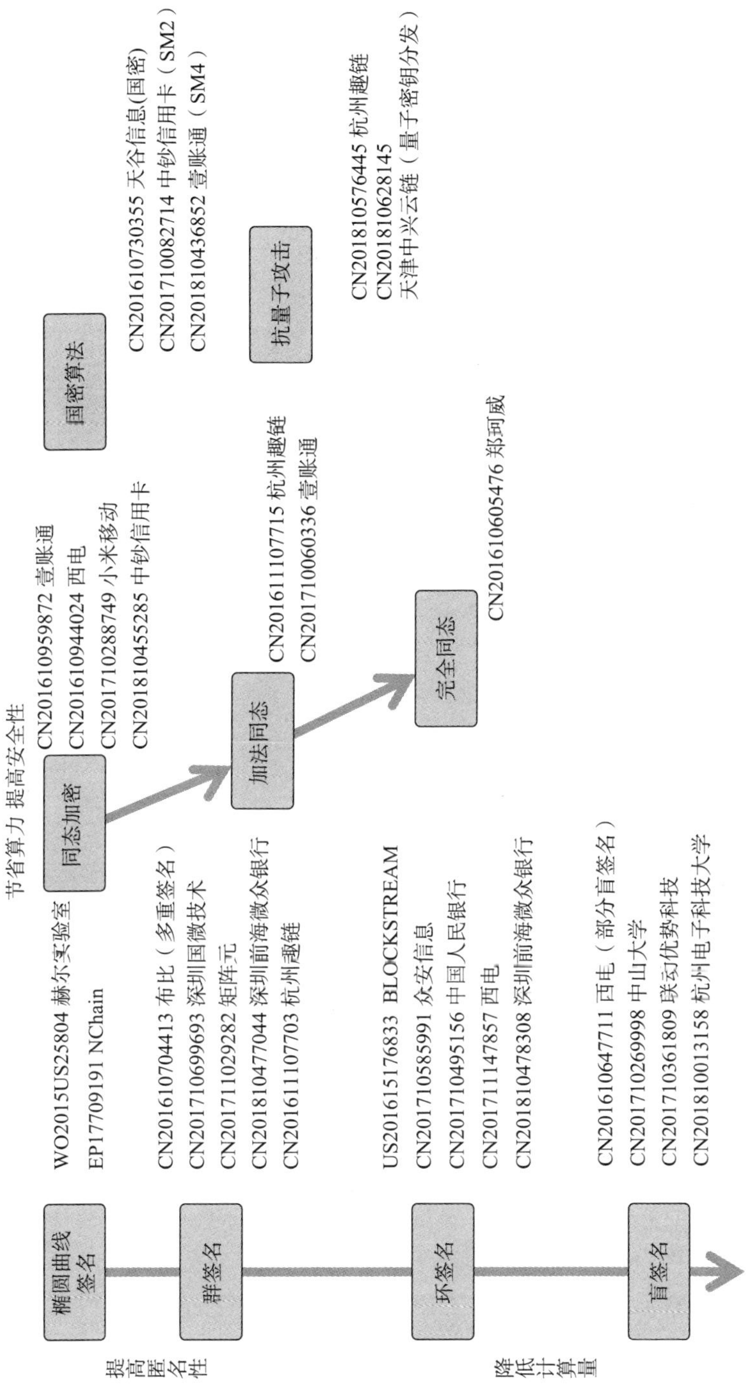

图 1－15　加密算法专利申请动向

1.3.4 共识机制专利动向分析

共识算法的技术动向如图1－16所示，2014～2015年集中在单一的工作量证明算法，2016年开始扩展出多种算法，如拜占庭容错算法、权益证明算法、DPoS委托股权证明算法、公益参与证明等。2017～2018年，新的共识机制不断提出，如RAFT算法、基于投票的算法、零知识证明算法、委托共识算法等，同时，涉及两种算法的结合开始被提出并成为新的发展趋势。

	2014年	2015年	2016年	2017年	2018年
工作量证明	US201414486864 MICROSOFT CORP	US201514702321 DELL RODUCTS LP	CN201610140997 IBM	CN201710657807 比特大陆	CN201810451230 奇虎
权益证明			CN201611046057 天津米游	CN201710736740 阿里巴巴	CN201810024031 复杂美
委托权益证明			CN201611238337 北京果仁宝		CN201810125898 南京邮电
拜占庭容错			EP2016078883W NEC	CN20171059333 成都励睿德	CN201810356617 上海分布
RAFT				CN201710062689 上海钜真	CN201810190621 郑州云海
其他算法			CN 201610831486 弗洛格（武汉） 公益证明	CN201710330277 上海点融 零知识证明	CN201810023781 复杂美 委托共识
混合算法				CN201710128513 钱德君 时间证明和 RAFT协议结合	CN201810409650 百度 权益证明和工作量证明

图1－16 共识算法专利动向

共识策略的相关申请从2015年开始出现，主要包括对参与共识节点的处理和管理，如预选节点，同时还涉及共识机制安全策略，如节点的认证许可、避免算例攻击。2017年，开始涉及跨链达成共识的策略。

1.3.5 智能合约专利动向分析

随着区块链越来越广泛的应用，为适应巨量增加的应用场景，合约应用、合约的执行与调用、合约设计与更新、合约验证与安全成为申请热点。

目前来看，历年申请量最大的是智能合约的应用，而随着技术的不断发展，当前区块链的应用越来越广泛，涉及的内容也越来越深入，技术复杂度不断增加，对技术安全性的要求不断提升，产生大量智能合约的精细化、自动化设计、验证安全、高效执行、配合调用以及管理等需求，技术研发方向逐渐集中于如何提升执行性能，如何设计更完备、更智能的合约以及如何保障合约运行的安全。图1－17示出了智能合约专利动向。智能合约发展动向将表现为智能合约的设计深入、高效执行和安全保证。

	2015年	2016年	2017年	2018年
合约设计与更新	US201514930200，HARDIN RYAN等 US201514957634，IBM	WO2016EP67793，NEC US201615274296，IBM CN201611110167，北京果仁宝 CN201610996011，杭州复杂美 CN201611048985，秘猿科技	WO2017EP53682，NOKIA IB2017050228W，MAIMENRICO US201715631093，IBM CN201710018799，杭州云象 CN201711192099，中钞信用卡 CN201711454225，趣链科技 CN201710063896，中钞信用卡 CN201710146569，华为 CN201710731708，众安信息	US201815911986，IBM WO2018EP52397，SONY US201815873737，RIPPLE CN201810158904，北京阿尔山 CN201810480503，百度
合约应用	US201514852610，SIMTE US201514942326，美国银行 US201514979483，LYREN等 CN201510081615，中兴通讯	US201615050375，美国银行 CN201611051373，通付盾 CN201610472362，前海微众银行 CN201611220017，中国移动	US201715462873A，IBM US201715586199A，TRAN BAO US201715674009A，LYREN等 US201715414243A，埃森哲 WO2017EP83390，西门子 CN201711122846，趣链科技 CN201710227126，武汉康慧然 CN201711068515，钴镁车联 CN201710771079，中链	WO2018US24207，INMENTIS IB2018051399W，TATCHELL US201815861948，FIRSBLOOD CN201810321967，奇虎 CN201810446923，浪潮 CN201810410140，中广热点云
合约执行与调用	US201514733232，402 TECH US201514875601，402 TECH	WO2016US67104，日立 CN201611121140，天津米游 CN201610857670，北京天德	IB2017052463W，NCHAIN WO2017EP73049，NEC CN201710585433，趣链科技 CN201710540049，武汉凤链	IB2018050247W，MAIM ENRICO US201815884111，DAIS TECH INC CN201810241357，中钞信用卡 CN201810491690，阿里巴巴 CN201810566281，秘猿科技 CN201810293385，前海微众银行 CN201810790407，矩阵元

图 1－17　智能合约专利动向

1.4 主要申请人

区块链技术创新主体呈现多元化的特点，其专利申请的保护价值和保护力度都存在差异。本章结合专利申请数量和专利申请的技术贡献度以及申请人在行业的地位，选取20个申请人进行分析。这20个申请人中，有专利申请量超百件的大公司，也有专利申请量仅仅是个位数的小企业，在新兴技术领域，不论公司规模，只要技术基础扎实、专利布局合理，都有可能在未来的发展中占据一席之地。四大共性技术分支涉及的主要申请人如表1－3所示。

表1－3 区块链四大共性技术主要申请人汇总

共性技术	国外申请人	国内申请人
数据结构	埃森哲、IBM	瑞卓喜投、腾讯、阿里巴巴、欧链科技
安全机制	NChain、IBM	壹账通、通付盾、中国联通、矩阵元、杭州趣链
共识机制	埃森哲、IBM	阿里巴巴、复杂美科技、上海分布、欧链科技 云象网络、布比
智能合约	NChain、IBM	前海微众银行、上海点融、阿里巴巴 杭州趣链、秘猿科技、北京航空航天大学

表1－4总结了区块链领域主要申请人的研发特点以及在区块链共性技术领域的专利申请侧重点。

表1－4 区块链共性技术主要申请人特点分析

主要申请人	申请量/件	特点分析
NChain	49	比特币交易中的安全机制及智能合约，申请时间相对较早
IBM	120	多应用场景，申请时间较早
埃森哲	27	数据结构和共识策略
阿里巴巴	109	数据存储和智能合约
瑞卓喜投	35	数据结构
腾讯	45	数据存储和应用
壹账通	28	安全机制和数据存储
通付盾	32	安全机制中的验证环节
中国联通	75	安全机制

续表

主要申请人	申请量/件	特点分析
矩阵元	7	安全机制
杭州趣链	21	侧智能合约和安全机制
复杂美科技	43	平行链和共识机制
上海分布	11	联盟链和共识机制
欧链科技	34	数据结构和自主共识机制
云象网络	38	联盟链和共识机制
布比	37	共识机制
前海微众银行	33	智能合约
上海点融	21	数据结构和智能合约
秘猿科技	29	许可链
北京航空航天大学	15	智能合约

1.4.1 数据结构主要申请人竞争格局

在数据结构领域，国内申请人的专利申请总量大幅度超过国外申请人的申请量，我国申请人的专利创新全面覆盖相关的技术热点，在数据区块、链式结构和数据存储方面均有布局，并且在这三个方向上的专利申请数量相对较为平均。区块链技术的研发特点主要是依托于各公司的现有互联网产品。例如，传统的互联网公司阿里巴巴、腾讯等在数据存储方面都有较为成熟的产品，这些公司在相应的方向有较为突出的表现，呈现出专利创新与现有互联网产品结合紧密的特点。

1. IBM

如图 1－18 所示，该公司在链式结构的申请中涉及有向无环图（DAG）、跨链通信等技术热点，数据存储领域涉及通过不同技术手段提升存储性能。IBM 的 9 件专利申请中有 8 件是 2016 年申请的，在数据结构领域的专利布局时间相对较早。

2. 瑞卓喜投

瑞卓喜投涉及区块链技术的专利申请有 35 件，其中涉及区块链数据结构的专利为 24 件，主要集中在链式结构和数据勘误两个技术点上。

图 1－19 示出了瑞卓喜投在数据勘误技术方面的专利布局，主要涉及三类发明构思，即新数据替换原有数据、设置链外勘误表和设置勘误副本数据，每一类都有对应的验证方法和/或查询方法。

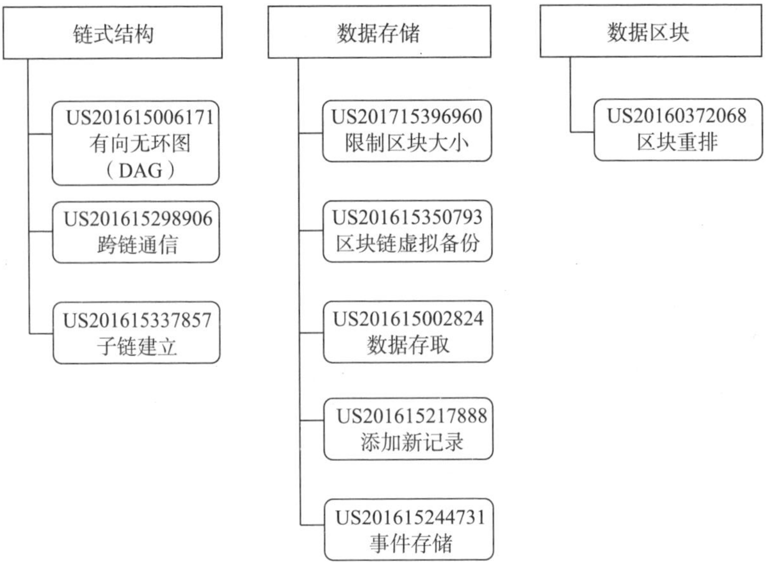

图 1－18　IBM 数据结构领域专利布局

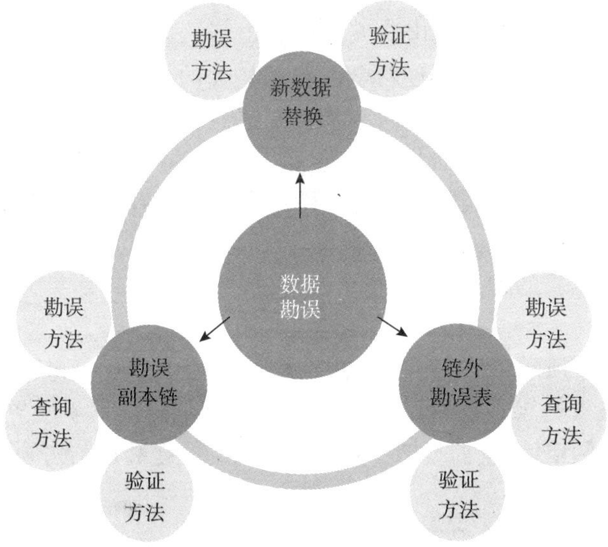

图 1－19　瑞卓喜投数据区块领域专利布局

图 1－20 示出了瑞卓喜投在链式结构方面的专利布局，图 1－19 和图 1－20 均体现了该公司的专利布局特点，同一技术点提供多种解决方案，围绕核心技术进行扩展式保护，专利布局初见规模，值得其他新兴企业借鉴参考。

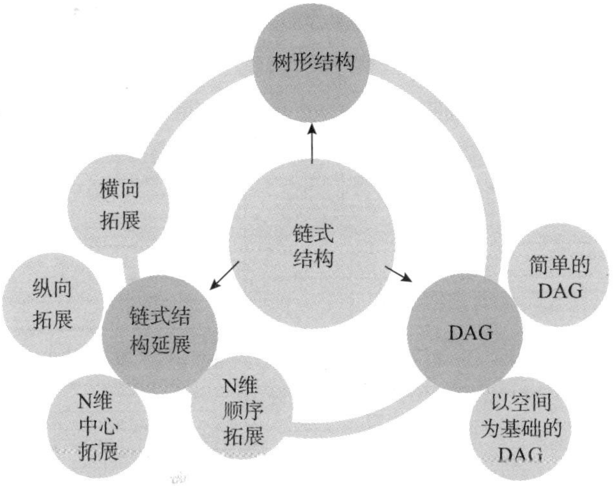

图 1－20 瑞卓喜投链式结构领域专利布局

3. 阿里巴巴

阿里巴巴在数据结构领域专利布局中，布局全面并且重点突出，主要以数据存储为主，有 14 件专利申请，而数据区块和链式结构两部分申请共有 5 件。从时间角度来看，2016 年阿里巴巴首先将数据结构的专利布局在数据区块方面，2017 年在数据存储方面的申请数量剧增，至 2018 年，则开始向链式结构领域进军，如图 1－21 所示。

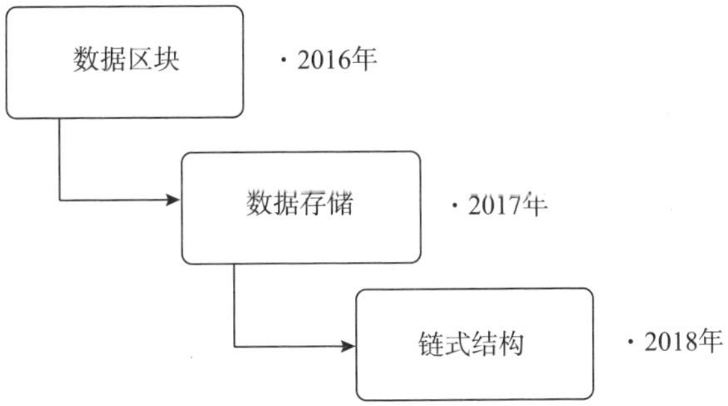

图 1－21 阿里巴巴数据结构领域专利申请技术分布

4. 欧链科技

该公司有 17 件涉及数据结构的专利申请，主要涉及三个技术点，即随机数的生成、双向链和环形链的设计以及区块链形态结构的统计记录。从图 1－22 可以看出，该公司 2017 年的专利申请集中在随机数生成的随机性上。2018 年的专利申请集中在链式结构和区块链形态结构的记录上。基于不同的应用需求，该公司提出了双向链式结构和环形链式结构。

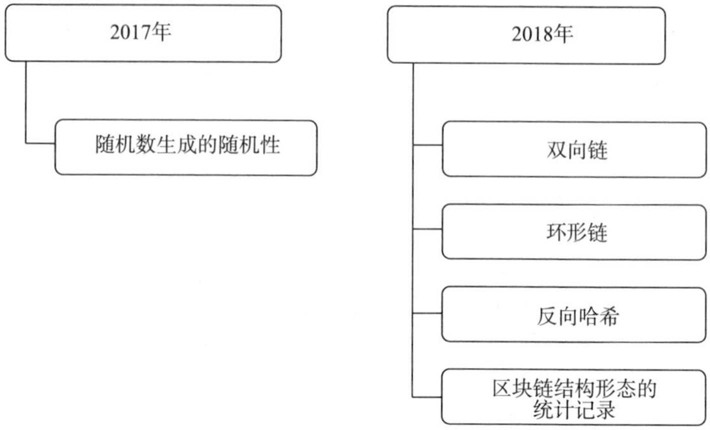

图1－22　欧链科技数据结构领域专利申请技术分布

1.4.2　安全机制主要申请人竞争格局

在安全机制领域，专利申请数量方面，国内申请量大于国外申请量，专利申请涉及的技术点也更为全面；技术贡献方面，国内专利申请也大于国外专利申请。加密算法方面，区块链最初应用的非对称加密算法是椭圆曲线算法，而我国创新主体对于国密算法在区块链中应用的研究开始得比较晚，目前还没有成熟的应用产品出现，相关的专利申请也不多。

1. NChain

NChain 共计提交 49 件专利申请，非常重视专利布局，大多申请以 PCT 的形式指向多个国家和地区，其中大约 1/3 的申请已经进入中国。NChain 已经具有一定专利规模和储备的企业，可以学习该公司在专利布局方面的经验。

其在区块链安全机制领域的专利申请共计 19 件，其中涉及加密的专利有 13 件，主要涉及密钥的生成和管理，涉及验证的专利申请有 7 件。核心技术内容如图 1－23 所示。

2. 通付盾

通付盾公司创立于 2011 年，涉及区块链的技术集中在身份安全部分的产品——通令。该公司全部申请 86 件，涉及区块链的申请 32 件，其中涉及安全机制的有 15 件，全部是用于验证和身份认证的，这与该公司的研发方向和产品特点是十分吻合的。这 15 件申请涉及的技术主题梳理如图 1－24 所示。

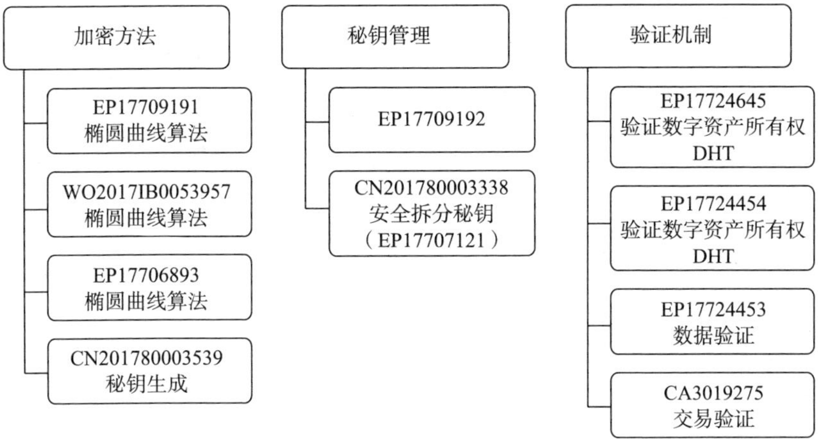

图1-23 NChain安全机制领域专利布局

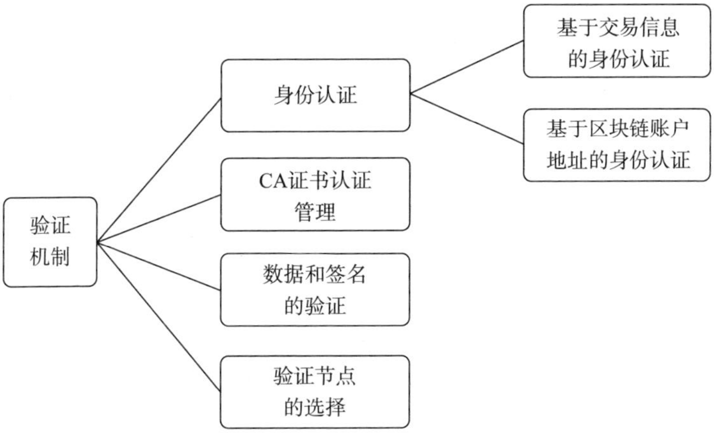

图1-24 通付盾验证机制专利申请技术分布

3. 矩阵元（JUZIX）

该公司在2017年11月发布了四大围绕区块链数据安全计算的技术——安全多方计算平台（MPC）、非交互零知识证明（NIZK）、硬件钱包和区块链平台（JUICE）。虽然该公司在区块链安全机制领域只有6件专利申请，但是涉及多个技术点，值得关注。涉及的技术要点包括多方安全计算、密钥的拆分和恢复、群签名和零知识证明。

4. 中国联通

中国联通区块链领域的专利申请共75件，这些专利申请涉及多个技术点，其中安全机制领域的专利申请为15件。中国联通作为传统的通信运营商，其安全机制领域的专利申请多涉及验证区块链是否合法、移动终端上链、无公网 IP 地址节点上链等方面。这与中国联通作为通信运营商的身份是相符合的。安全机制领域的专利申请涉及的技术主题如图 1－25 所示。

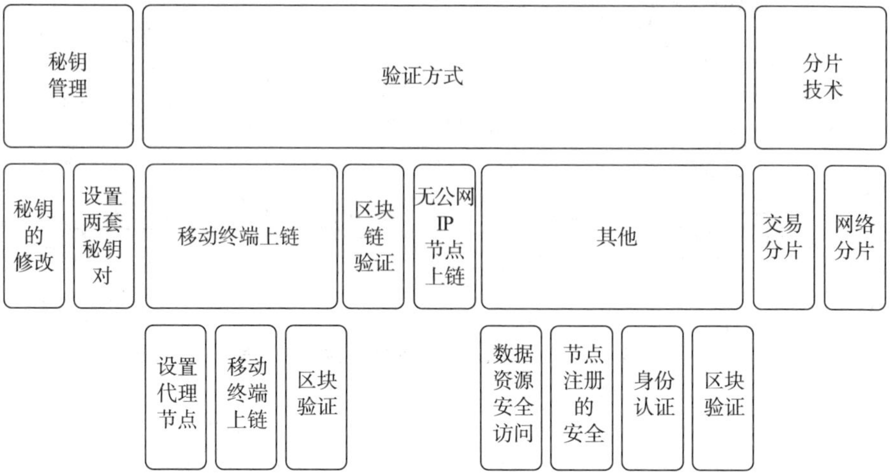

图 1－25　中国联通安全机制领域专利申请技术分布

5. 壹账通

壹账通区块链领域的专利申请共 28 件，涉及安全机制的申请为 16 件。壹账通的专利申请涉及的技术点以安全机制和数据存储为主，这与其推出的区块链解决方案——壹账链所要解决的问题是相符合的。涉及安全技术的专利申请的技术主题如图 1－26 所示。

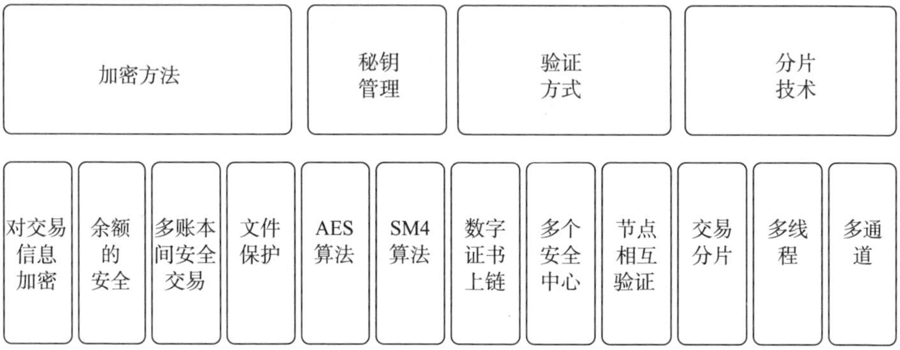

图 1－26　壹账通安全机制领域专利申请技术分布

1.4.3　共识机制主要申请人竞争格局

由于共识机制与应用场景高度相关，不同的应用场景需要不同的共识机制，共识机制的发展呈现多样化趋势，创新热点由单一共识算法向多种共识算法结合偏移，共识策略的使用更灵活。同时，由于共识机制主流算法大多开源，新的共识机制难以形成关键技术。在主要共识机制均为开源的前提下，在资源消耗、安全性和一致性三个维度的挑战依然存在的情况下，结合专利申请情况来看，国内外申请均很难形成关键技术基础专利和核心专利。

我国申请人在共识机制方面的创新较为积极，但我国提出的新共识算法和共识策略大多处于研究阶段，性能的稳定性尚未得到准确验证。

1. 埃森哲（Accenture）

埃森哲在共识机制领域的相关专利申请有 7 件，均涉及共识策略，具体情况如图 1－27 所示。

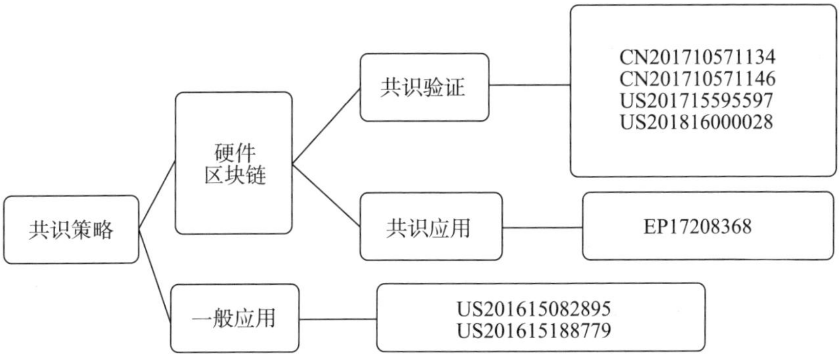

图 1－27　埃森哲共识机制领域专利布局

2. IBM

该公司在共识机制领域申请量为 6 件，其中，5 件涉及共识策略，1 件涉及共识算法。具体情况如图 1－28 所示。

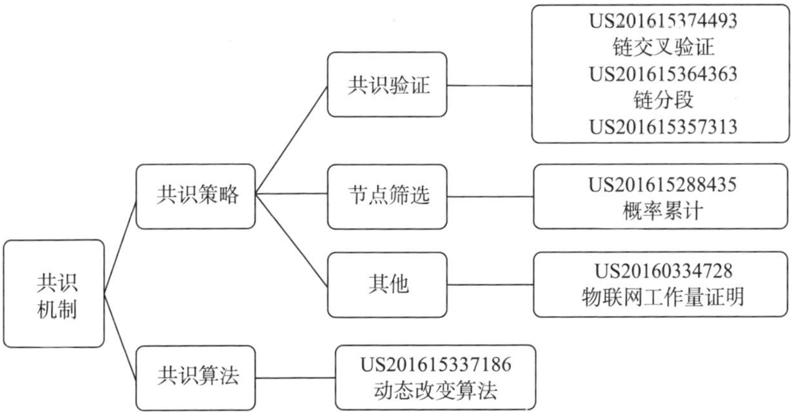

图 1－28　IBM 共识机制领域专利布局

3. 国内主要申请人

共识机制领域国内主要申请人包括阿里巴巴、复杂美科技、上海分布和云象网络。阿里巴巴在共识机制领域共有20件专利申请，仅有1件专利申请的主题涉及共识算法技术为PoS，其余均涉及共识策略，主要包括共识验证、并行处理和共识过程三个方面。复杂美科技共有9件涉及区块链共识机制的专利申请，其中涉及共识算法的包括PoS和DPoS，涉及共识策略的主要包括链的架构、验证、管理，节点加入共识等多个方面。上海分布涉及区块链共识机制的专利申请有6件，在共识算法方面主要涉及拜占庭算法和DPoS，共识策略方面主要涉及查询限制和共识网络管理两个方面。云象网络共有6件涉及区块链共识机制的专利申请，其技术主题主要涉及拜占庭算法和固定多方签名。

1.4.4 智能合约主要申请人竞争格局

在全球范围内，区块链智能合约方面申请量排名前13位的申请人中有9位为中国申请人。通过对所申请专利的数量和质量的综合分析，区块链智能合约领域的主要申请人为IBM、NChain、前海微众银行、上海点融、杭州趣链、阿里巴巴、秘猿科技以及北京航空航天大学。

1. IBM

作为第一批在区块链智能合约领域进行专利布局的公司之一，IBM在2015年首次提交区块链智能合约领域的专利申请（US201514957634），该申请目前已在美国获得授权，为智能合约领域的重要专利之一。如图1－29所示，在合约设计与更新的技术分支上，IBM于2015年提交了第一件关于保护合约用户隐私的专利申请；2016年，申请集中于跨链环境下、多合约并行的合约设计；2017年，进一步提出通过设置事件分类账（Eventledger）供跨链系统下的各个合约查询获取交易事件，以及通过评估新用户服务历史信息管理合约用户权限；2018年，再次提出1件关于合约用户权限管理及隐私保护的专利申请。可见，IBM的申请思路逐渐汇聚于跨链环境下的多合约设计实现以及合约用户权限管理和隐私保护的设计实现。在合约应用的技术分支上，IBM始终关注在数据内容分发网络中，利用智能合约实现数据检索和数据分发。

2. NChain

NChain公司在智能合约领域申请量为7件，主要涉及合约执行与调用（5件）、合约应用（2件）两个技术分支，如图1－30所示。在合约执行与调用的技术分支上，NChain注重利用UTXO表示交易状态，从而监视智能合约执行情况，实现智能合约生命周期的管理。数据中包含的公钥私钥控制合约用户临时访问权限。

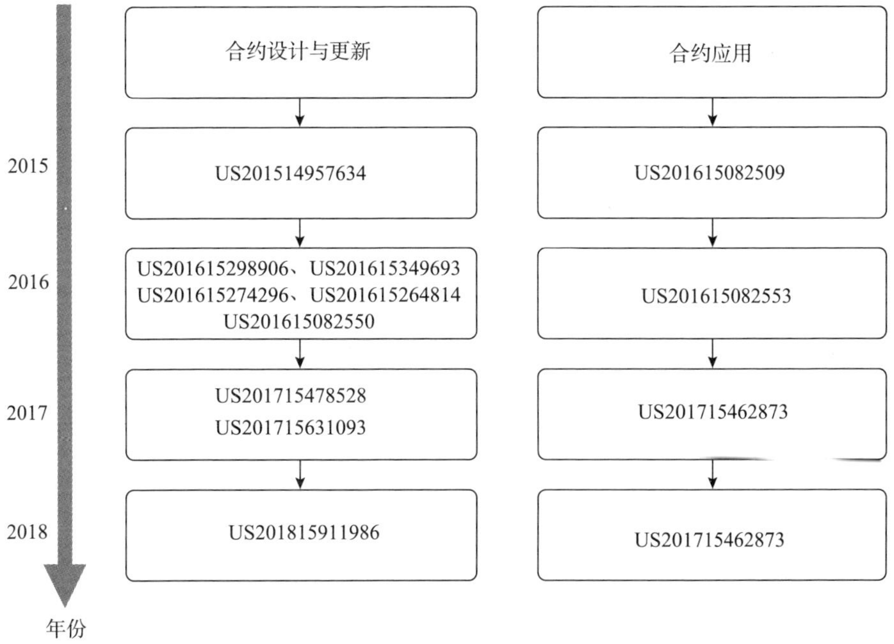

图 1－29　IBM 智能合约领域专利布局

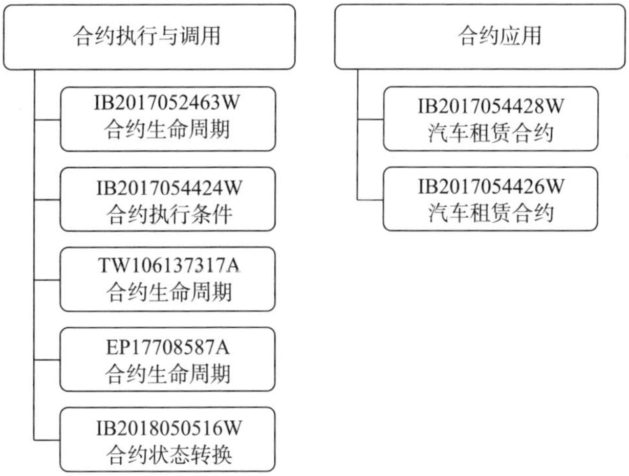

图 1－30　NChain 智能合约领域专利布局

3. 国内主要申请人

国内在区块链智能合约领域的主要申请人有前海微众银行、上海点融、杭州趣链、阿里巴巴、秘猿科技以及北京航空航天大学。大多数申请人都有自己的服务平台，仅仅是名称不同，其涉及智能合约的专利申请也主要是围绕其自身的平台特点和应用场景来申请的。我国的创新主体尽管申请总量占优，但是申请过于分散，每个公司申请量都不多，缺少核心专利，技术分散，没有形成完整紧密的技术发展路线。

1.5 重要专利

重要专利是一个相对概念，由于区块链技术属于新兴技术，专利申请集中在2016～2018年，绝大部分专利申请尚未进入实质审查，许多PCT国际申请还没有进入其他国家阶段，因此，重要专利的判断过程不可完全参考传统专利分析中采用的标准，本节在重要专利的判断过程中，以区块链起源技术（即中本聪白皮书）为核心，结合区块链产业发展现状、区块链领域的技术热点、专利申请现状，同时征询行业、企业相关专家意见，研判对区块链各技术分支发展的重要节点起推动作用的发明专利申请，共获得95项重要专利申请。其中，24项涉及区块链数据结构，27项涉及区块链安全机制，21项涉及区块链共识机制，23项涉及区块链智能合约（见表1－5）。

表1－5　区块链重要专利技术要点

技术分支	申请人	技术要点
数据结构/数据区块	腾讯	增加区块存储的输入信息的反推难度、不同节点设置不同的特征值算法
	瑞卓喜投	复杂和变长信息如何写入区块
	欧链科技	如何确保随机数产生的随机性
数据结构/数据区块勘误	埃森哲	区块链中的数据调整与重写
	瑞卓喜投	勘误更正区块体数据；建立链上数据与链外勘误记录的关联；串行增加副本区块，对原始区块中的区块体数据勘误更正
数据结构/链式结构	IBM	有向无环图DAG
	瑞卓喜投	树形区块链，数据的分叉需求；有向无环图型区块链
	欧链科技	双向区块链；环形区块链
数据结构/跨链通信	阿里巴巴	跨链的交互方法
	IBM	不同链之间的账本间消息的传递

续表

技术分支	申请人	技术要点
数据结构/数据存储	腾讯	基于用户属性的不同将用户业务数据存储到不同的区块链；交易数据存储在信任节点，仅交易数据的特征值上链；共享数据转移，减少共享系统中节点存储数据的压力
	阿里巴巴	在区块链中按对应关系存储，提升数据查询效率；数据存储，有效解决数据内容容易被篡改的问题，改善数据需求方进行数据分析的效率
	IBM	通过限制区块链提高效率
	欧链科技	记录区块链各个阶段的形态
安全机制/加密算法	NChain	椭圆曲线密码术（ECC）
	杭州趣链	环签名；加法同态加密；抗量子攻击
	中山大学	盲可验证加密签名，秘密因子
	中钞信用卡	SM2
	中国科学院信息工程研究所	SM2、SM3
	壹账通	SM4
	天津中兴云链技术有限公司	量子密钥分发
安全机制/密钥管理	NChain	子密钥；密钥的拆分
	北京信任度科技有限公司	密钥分割
	IBM	密钥安全性
	秘猿科技	共享密钥算法
	矩阵元	密钥的恢复，多方计算；密钥的保管和恢复
	中国联通	生成两套密钥对
安全机制/数据验证	NChain	DHT、Hash
	矩阵元	交易的验证，零知识证明
	壹账通	交易余额的安全性
安全机制/节点或用户验证	NChain	DHT、Hash
	中国联通	区块链验证；移动终端上链
	壹账通	节点认证的证书上链
	中钞信用卡	对数字资产加密，对接收方认证

续表

技术分支	申请人	技术要点
安全机制/分片技术	壹账通	网络分片；交易分片
共识机制/公有链	IBM	两个或更多的工作证明
	奇虎	网络中的各个节点在竞争记账权时，仅需在各自本地存储的预设彩虹表中查找与第一哈希值相似度最高的哈希值
	北京云图科瑞科技有限公司	修改安全散列算法 SHA-2 中的密钥 Kt 为动态值，提升攻击的时间要求
	北京果仁宝科技有限公司	代理节点执行智能合约并验证合约执行结果
共识机制/联盟链和私有链	万事达卡	审计节点、共识节点
	云象网络	由共识节点基于投票确定新区块
	杭州公链网络技术有限公司	联盟链，固定多方签名共识机制，通过侧链机制实现基于区块链技术的不同类型的数字资产在同一系统内进行交易
	秘猿科技	区块链共识节点在进行多轮投票的达成共识的过程中，利用节点中的功能模块对交易预处理
	上海分布信息科技有限公司	区块链网络包括共识网络和非共识网络，功能节点的选取，依据不同节点算力分配不同工作并据此分配利益
共识机制/算法结合或动态改变算法	IBM	基于规则自动改变共识算法
	百度	两层共识机制，分别用于确定备选节点、区块生成节点
	众安信息	基于权益证明和实用拜占庭容错两种算法结合的共识算法
共识机制/共识验证	埃森哲	基于共识机制生成校正区块
	阿里巴巴	在共识校验之前对自身存储的至少一个业务请求进行预处理；从整个共识网络中的其他区块链节点获取缺失的业务请求
共识机制/共识过程的优化	IBM	反馈机制，识别投票与共识结果不同的共识节点
	阿里巴巴	对于无序要求的业务请求通过多个共识单元并行进行共识处理；如何并行处理分别处于业务共识阶段和业务提交阶段的业务数据；如何保证各业务数据等待共识的时间相对均衡

续表

技术分支	申请人	技术要点
共识机制/共识过程的优化	秘猿科技	业务数据上链的共识，每个见证节点都根据自己对出块请求的签名以及接收到的下一级子节点上报的签名，确定自己的联合签名
共识机制/跨链共识	布比	随机选取平行链，将其发起的交易确认，广播到互连链进行共识验证
智能合约/合约的设计与更新	IBM	智能合约设计时如何解决交易隐私保护的问题；跨链合约的建立与执行
	北京航空航天大学	如何将非形式化的智能合约说明文档自动化生成智能合约代码文档
	华为	在对智能合约进行更新时，直接从快照中提取已经存储的目标数据，目标数据是智能合约历史版本中无缺陷的数据
	阿里巴巴	如何扩展智能合约业务的类型，基于业务请求，加载与之匹配的业务模板，通过该模板，处理所述目标业务；为不同的行政监管账户创建相应的智能合约，实现对合约用户的权限管理
	杭州趣链	基于结构化数据自动生成智能合约
智能合约/合约验证与安全	富士通株式会社	在验证智能合约时，依据合约中函数的重要性设置不同的验证策略
	济南浪潮	由智能合约代码审查节点进行合约代码审查，发布加固智能合约
智能合约/合约执行与调用	北京天德科技有限公司	设置具有单独存储状态的区块链上的“阶段桶”，提高有多个节点参与的复杂合约的各节点状态的一致性
	IBM	在跨链系统，利用账本传感器监视交易数据，从而触发跨链的合约执行
	阿里巴巴	将区块链节点区分为不同功能的节点，提升智能合约效率；通过合约状态参与者的多重签名对状态进行确认，安全转换合约状态
智能合约/合约管理	秘猿科技	将 SQL 数据库技术应用到区块链，丰富链上智能合约的表达
	杭州趣链	利用智能合约函数描述规则对交易数据进行解析获取合约的调用记录

续表

技术分支	申请人	技术要点
智能合约/合约应用	IBM	利用智能合约实现对链上数据的识别和分析
	美国银行	利用智能合约自动根据用户交易行为回馈奖励
	NChain	基于智能合约来实现汽车租赁系统中的临时权限的控制
	上海点融	利用智能合约自动实现区块链节点处的算力均衡
	北京欧链	如何实现区块链资产一对多分配
	中兴	依据智能合约，获取约定规定的信息

1.6 结论和建议

1.6.1 针对国内创新主体的建议

1. 加强技术研发，突破技术薄弱环节

（1）在数据结构领域，DAG 作为区块链的重要发展方向，代表未来区块链的结构标准。此外，对于跨链通信的扩展、安全性和链外数据存储的研究还有待发展。

（2）加强核心加密算法的研究，当前安全问题依然是区块链中的一大难题，对现有加密算法进行改进，开发出更安全的加密算法，提升密钥安全，加强对节点上链、数据上链的验证，尤其是加强研究国密算法和可抗量子攻击的加密算法在区块链中的应用。

（3）区块链共识机制中技术成熟度和适用度较高的共识机制多为开源技术，建议国内企业和研究机构加强基础理论研究，对共识机制的可执行性、性能稳定性进行深入的理论研究和准确验证，使得产业相关共识算法和策略具备高稳定性、安全性和实用性，为产业健康、高速发展奠定基础。

2. 积极开展专利布局，抢占标准制定先机

（1）关注国外重点企业在区块链技术上的专利布局，如 IBM、美国银行、万事达、NChain、Coinplug 等公司，持续跟踪这些公司的最新专利布局情况，并结合企业定位，针对重点专利在不同国家/地区进行专利申请。

（2）关注区块链共性技术中关键技术的发展动向，如 DAG、核心加密算法、共识策略等，及早进行专利布局。

（3）跟踪区块链技术标准化制定进程，积极参与标准制定，增强技术标准和产业发展的话语权。

3. 提升专利申请质量，布局高价值专利

通过对国内申请人在区块链领域的专利申请分析可以发现，虽然国内申请人在专利申请数量上占据明显优势，但相当一部分数量的专利申请撰写质量较差，同时，鉴于区块链起源于开源技术，建议在涉及区块链的专利申请中，应在说明书的背景技术部分尽可能详细地描述发明点所涉及技术的发展脉络，阐明背景技术中存在的问题和缺点，清楚完整地记载解决其技术问题的技术方案。

1.6.2 针对行业主管部门的建议

1. 加强科研管理，提升区块链核心技术研究水准

从技术生命周期来看，区块链的技术发展仍处于早期阶段，技术成熟度较低，在易用性、隐私保护、可扩展性、安全防护以及整体架构优化等方面都还亟须发展。我国的区块链技术长期以来以产业界的投入为主，区块链应用方面投入较多，基础理论研究整体水平偏低，需要投入大量科研力量，不断提升我国在区块链核心技术方面的研究水准，建议在以下几个方面给予重点关注：在大力扶持私有链和联盟链发展的同时，重点发展公有链技术，鼓励作为运营公共服务类型的区块链使用公有链作为底层技术，与互联网和操作系统一样，属于“区块链 + 产业”的基础设施，应鼓励更多的实力雄厚的公司和研究机构投入公有链的研究，力争在区块链底层技术上有所突破，主要体现在链式结构和共识机制上；深度拓展区块链与人工智能、云计算、大数据、物联网等新技术的多方位融合；加强智能合约设计、执行等关键技术上的研发力度。

2. 积极推进标准制定

由于区块链技术中“去中心化”的特点，我国在关于区块链的标准化推进过程中，仍然以企业联盟的团体标准为主，在国家/行业标准的制定方面相对滞后。如何使得制定出的区块链标准既利于国家安全、企业发展又能纳入国际标准，是我国区块链标准化制定方面所面临的严峻问题。因此，我国关于区块链标准制定的相关部门应当积极展开对该问题的研究，一方面尽快制定适合我国国情的国家/行业标准，另一方面要积极参与国际标准的制定工作。

2

煤制油关键技术——费托合成关键技术*

煤制油技术学术上被称为煤液化。煤液化是以煤炭为原料，通过化学加工过程将煤炭液化转变成石油和石化产品的高新技术。根据加工过程的不同工艺路线分类，煤制油包括直接液化和间接液化两种技术。直接液化存在反应条件苛刻等缺陷，产业化难度较大；间接液化由煤先生成合成气，再由合成气生成汽柴油，是目前主流的产业化技术。

费托合成是煤间接制油工艺的核心部分，费托合成工艺的产物构成下游油品加工的原料。世界经济的快速增长对汽油、柴油等油品的需求逐渐加大，以费托合成为核心的煤制油和天然气制油间接液化工艺越来越受到重视。通过费托合成将由煤、天然气和生物质转化而成的合成气在催化剂作用下转化为液体燃料，对缓解油品短缺、保障能源战略安全具有重要的现实意义。同时，费托合成油具有清洁、环保、燃烧性能优异等优点，还副产大量高价值

---

* 本章节选自2018年度国家知识产权局专利分析和预警项目《煤制油关键技术——费托合成关键技术专利分析和预警研究报告》。

（1）项目课题组成员：郭雯（负责人）、陈燕（负责人）、聂春艳（组长）、孙全亮（组长）、傅晓亮（副组长）、赵哲（副组长）、时彦卫、曹旭、王晓明、李鹏、杨坤、佟婧怡、姚希、金婷、孟东、郑丽丽、张明辉、彭桃。

（2）主要撰稿人：时彦卫、曹旭、王晓明、李鹏、杨坤、佟婧怡、姚希、金婷、孟东、郑丽丽、张明辉。

（3）专利分析指导：彭桃、邓鹏。

（4）项目管理：邓鹏。

（5）研究组织与质量控制：郭雯、陈燕、聂春艳、孙全亮。

（6）主要统稿人：聂春艳、傅晓亮。

（7）审稿人：郭雯、陈燕。

（8）课题联系人：时彦卫。

（9）本章执笔人：时彦卫、曹旭。

的化学品，具有很强的市场适应性和经济效益。

催化剂的选择、反应器的设计以及工艺条件的优化构成费托合成技术的重要组成。

2.1 费托合成技术专利态势分析

2.1.1 专利申请量波动式上升

费托合成技术的专利申请最早出现在1925年，随后进入起步期，此后一直不温不火，申请量维持在低位。费托技术第一次申请量的高峰出现在1973年石油危机之时，此后，随着油价的下跌和平稳，费托合成技术的研究逐步回落，随着20世纪90年代海湾危机及其导致的国际油价的大幅上涨，费托合成技术的研究再次出现一个高峰，申请量持续增长至今。费托合成技术的全球专利申请趋势显著受国际形势及石油供给影响，当石油供给出现波动或油价出现飙升时，费托合成技术往往会迎来发展的机遇。费托技术全球和中国专利申请趋势如图2－1所示。

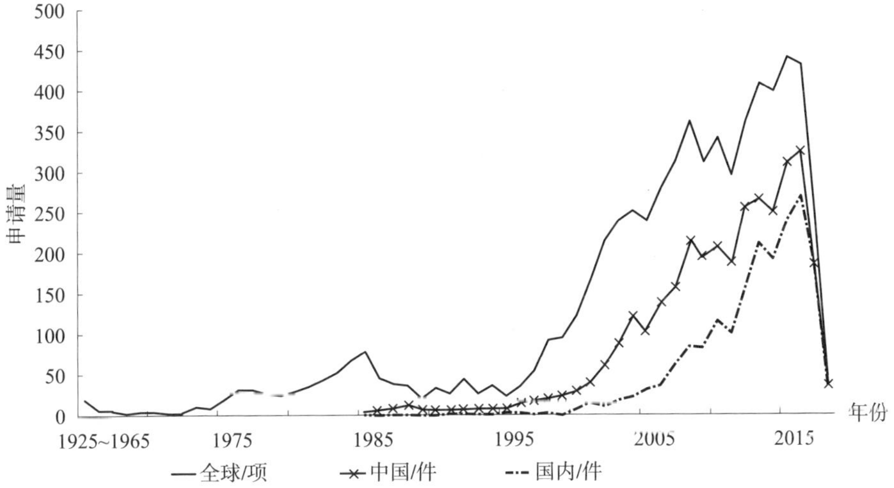

图2－1 费托技术全球和中国专利申请趋势

中国在2000年后开始出现费托合成技术专利申请的高峰且增长迅速，其后随着国家宏观政策的调整，专利申请量也出现波动，然而仍然维持整体上升的趋势。以2008年作为时间节点可以发现，2008年以后的国内申请以中国申请人提交的申请为主，中国申请人所占比重比2008年之前明显提高。

费托合成过程中，合成气在反应器内与催化剂接触发生反应，从而生产粗产品，因此费托合成技术的一级技术分支包括催化剂、反应器和工艺，三者互相协同，共同影响着费托合成的顺利进行。三者均是研究重点，但从申请量来看，工艺的申请量占比最大。催化剂的选择影响费托合成过程的反应机理和产物选择性，反应器提供反应场所，在选择合理催化剂和反应器的基础上通过工艺调整才能完成费托合成工艺。全球技术主题分布中，工艺的占比最高（57%），催化剂次之（30%），反应器最少（13%）；中国的技术主题分布基本与全球的分布相同，只是反应器占比略高于全球占比，如图2－2所示。

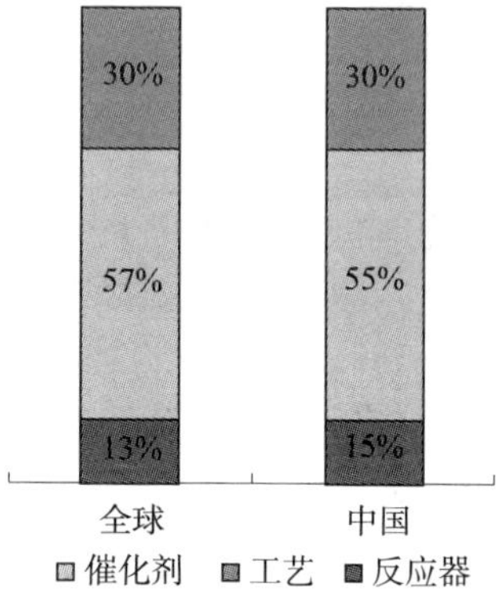

图2－2　费托技术全球和中国技术主题分布

2.1.2　美国、欧洲、南非重视技术输出，中国海外布局较少

从全球技术产出分布来看，美国和中国是费托合成技术的主要技术来源国，各占约1/3，表明其对费托合成技术的重视，如图2－3所示。此外，日本、英国、荷兰等传统石油技术强国技术产出占比接近，为4%左右，其申请大多来自各自国内的大型石油公司。这些国家技术产出占比虽然不高，然而其通过跨国公司进行海外产业和专利布局，也具备很强的竞争力。南非作为重要的技术来源国，其约70%申请来自沙索公司，在世界费托合成技术分布中占据重要位置。

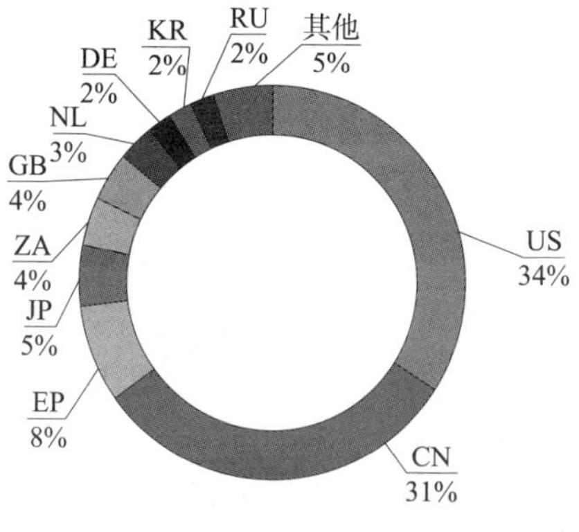

图2－3　费托合成技术全球专利技术产出国家和地区分布

为了研究近十年来的中国技术产出变化，以 2008 年为时间节点进行比较，如图 2－4 所示。可以看到，从技术产出数量来看，2008 年后，中国的技术产出数量大幅增加。

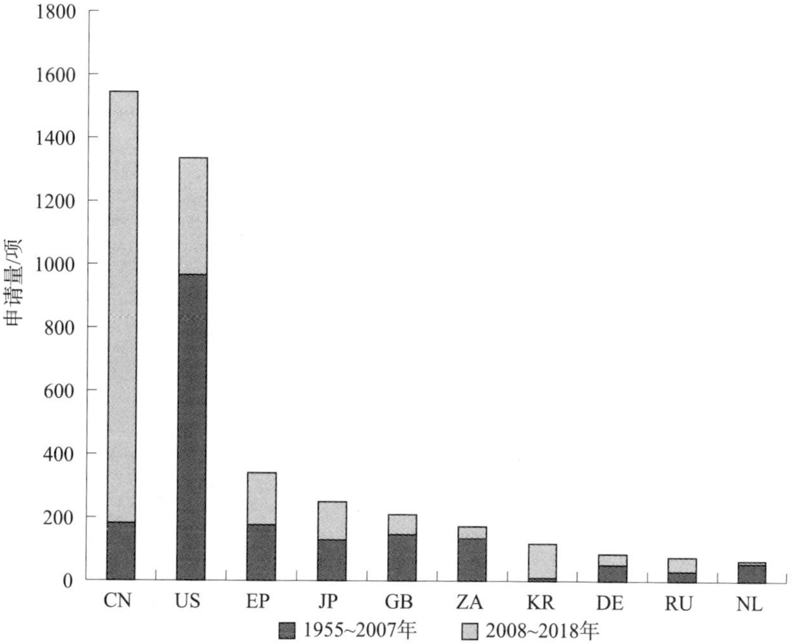

图 2－4　费托合成技术全球专利技术产出国家和地区近十年比较

从技术产出占比来看，通过图 2－5 和图 2－6 的比较可以看到，中国的技术产出占比从不足 10% 大幅增加到 37%，在全球费托技术的专利分布中占据越来越重要的地位。

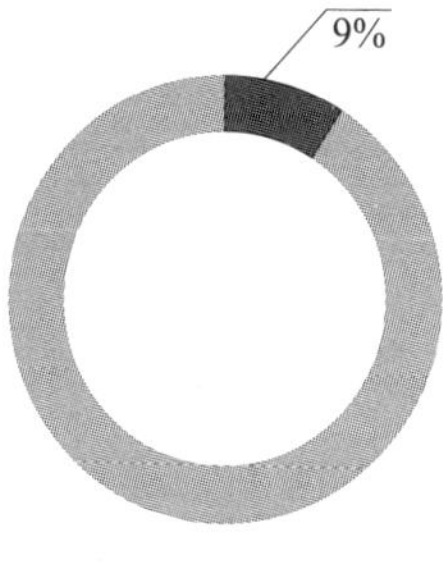

图 2－5　2008 年前中国专利产出占比

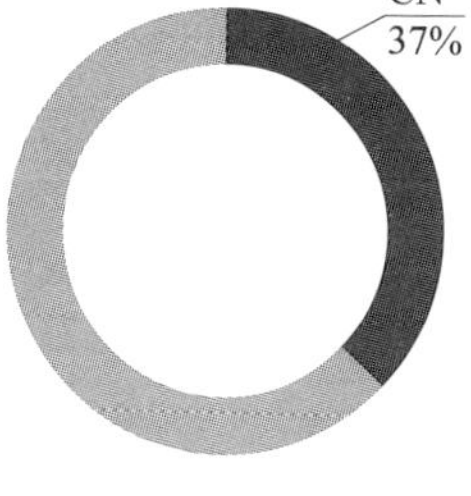

图 2－6　2008 年后中国专利产出占比

从目标地分布来看，中国、美国、欧洲、日本和南非是费托合成技术专利申请者最重要的目标市场，如表 2－1 所示。中美两国作为世界上最大的能源消耗国和进口国，一直是全球申请人布局最多的区域。美国在欧洲、中国、日本、南非均布局大量专利申请，是向国外布局数量最多的国家。中国申请人最主要的海外布局国家是美国，其次为欧洲和俄罗斯。从总体数量来看，中国申请人的海外布局较少。欧洲各国最重视美国市场，同时也重视中国、日本、南非等国家或地区的布局。南非向外布局较少，最重视美国市场。总体来看，包括中国、南非和欧洲在内的申请人最重视在美国市场的专利布局，美国最关注的市场则是南非、欧洲和中国。

表 2－1　费托技术全球专利技术目标地布局　单位：件

	技术目标国/地区											
技术来源国/地区		US	CN	EP	JP	ZA	GB	NL	DE	KR	RU	WO
	US	1912	548	759	564	412	165	110	254	161	117	1091
	CN	45	1873	31	19	12	0	0	2	15	25	86
	EP	419	299	479	272	142	1	0	92	93	117	508
	JP	170	162	139	389	90	2	0	19	29	39	186
	ZA	174	106	88	87	177	33	22	47	15	50	166
	GB	162	103	168	115	90	158	4	91	31	27	175
	NL	28	1	35	54	49	39	52	54	2	2	5
	DE	81	42	82	45	36	13	10	158	12	19	75
	KR	42	21	24	14	1	0	0	1	133	0	57
	RU	8	6	8	4	4	0	0	0	0	109	18

中国专利申请的 43% 来自国外申请人，依次为美国、欧洲、日本、南非、英国等主要的费托合成技术强国/地区。这些国家/地区通过跨国巨头在中国布局共 1414 件专利，涵盖费托合成技术的主要技术分支。

2.1.3　主要申请人以跨国公司为主，中国申请人占据一席之地

根据专利申请数量，对归一化的申请人在费托合成技术的全球专利申请量进行排名，如图 2－7 所示。从主要申请人类型来看，由于前期需要巨大投入，费托合成技术的主要申请人以大型企业为主，基本涵盖知名企业，如壳牌、美孚、沙索、中石化、神华集团等，还包括部分该领域的主要研发机构如山西煤化所、中科合成油等。从数量来看，中国申请人已具备一定竞争力，在全球申请量前 20 位中占据 8 席。

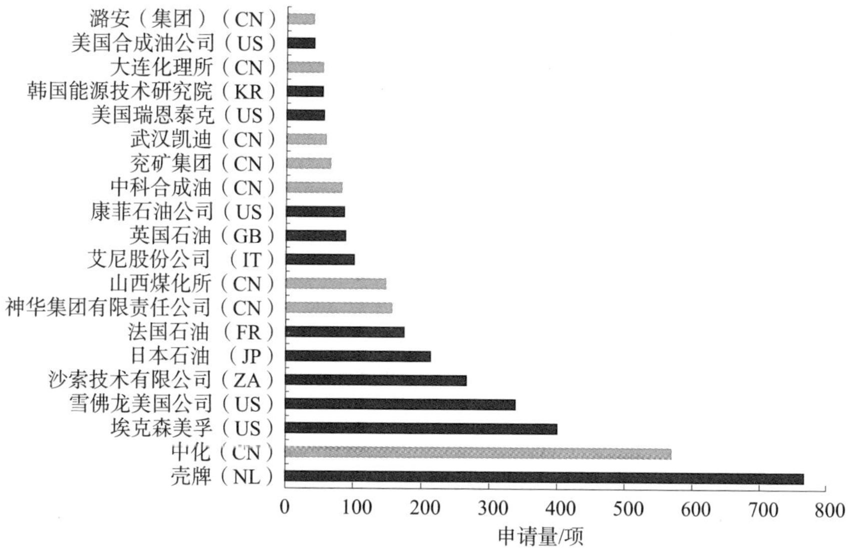

图 2－7 费托合成技术全球专利主要申请人申请量排名

具体来看，壳牌以 767 项申请量居首位，壳牌是世界最大的石油公司之一，也是实现煤制油产业化的跨国公司之一，尤其在 GTL 气制油技术方面居于世界领先地位。我国企业中石化位居次席，中石化作为我国最大的石油公司，虽未进行煤制油技术的产业化实践，但仍布局了大量费托合成技术专利，也显示了对费托合成技术的足够重视。排名第三至七位的均为外国公司，分别为埃克森美孚、雪佛龙、沙索、日本石油、法国石油。其中沙索排名第五，申请量为 266 项，沙索是世界煤制油产业的先驱者，也是世界上唯一进行大规模煤液化生产合成燃料的国际公司，沙索可以满足南非 30% 的燃油需求，贡献南非约 5% 的 GDP。排名第八至九位的申请人是我国的神华集团和山西煤化所，其中，神华集团是我国主要的煤制油技术产业实践者，山西煤化所是我国主要的煤制油技术研发基地。排名第十至二十位的申请人申请量差别较小，其中包括 5 家中国申请人：中科合成油、武汉凯迪、中科院大连化物所、兖矿集团、潞安集团。以上中国企业和科研院所共同构成中国煤制油费托合成技术的产业和技术支柱。

中国费托合成技术的申请人排名如图 2－8 所示。国内的主要申请人也涵盖煤制油领域国内知名的企业和研发机构，例如神华集团、山西煤化所、中科合成油、兖矿集团、潞安集团、伊泰集团等。另外，国外的跨国巨头也非常重视在中国的专利布局，国外来华申请人中布局最多的是壳牌，这与荷兰在中国的申请量排名是相符的。

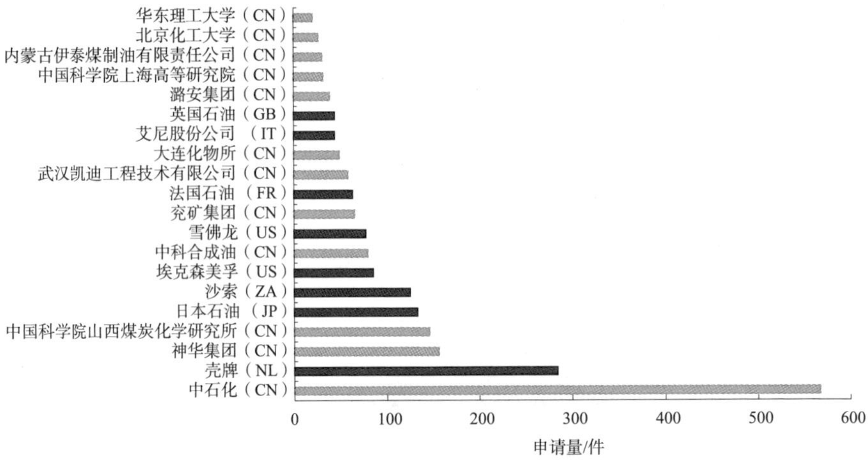

图2-8　费托合成技术中国专利主要申请人申请量排名

具体来看，中石化以567件申请量居首位，壳牌排名第二，显示了其对中国市场的重视。紧随其后的是神华集团、山西煤化所、日本石油和沙索，申请量为120~150件。顺次往后的如埃克森美孚、中科合成油、雪佛龙、兖矿集团、法国石油等主要申请人也均出现在排名前20位中，且位次变化不大。总体来看，有8家来华企业排名在前20位，显示了对中国市场的充分重视。

2.2　费托合成关键技术发展概况

2.2.1　中国成为主要技术产出国和目标国

费托合成关键技术包括费托合成催化剂、费托合成反应器和费托合成工艺，如图2-9所示。费托合成催化剂萌芽于20世纪20年代，全球和中国申请的申请量均呈波动式上涨，中国所占比重日益加大，铁基催化剂和钴基催化剂是主要的费托催化剂；费托合成反应器领域的专利申请量在波动中增长，浆态床是费托合成反应器的研发重点；费托合成工艺申请量在1995年后激增，研究重点在于产品后处理和高低温费托。

在三个费托合成关键技术中，以PCT专利申请最多。费托合成催化剂技术主要来源于中国和美国，美国、中国和欧洲是最重要的费托合成催化剂技术目标地；费托合成反应器技术中，中国、美国、日本为主要的费托合成反应器专利申请来源国，南非专利产出位居第七，中国、美国和欧洲是最重要的费托合成反应器技术目标地；在费托合成工艺中，美国、中国、欧洲是主要技术来源地，中国、美国、欧洲、日本、南非是主要目标市场，如图2-10所示。

催化剂

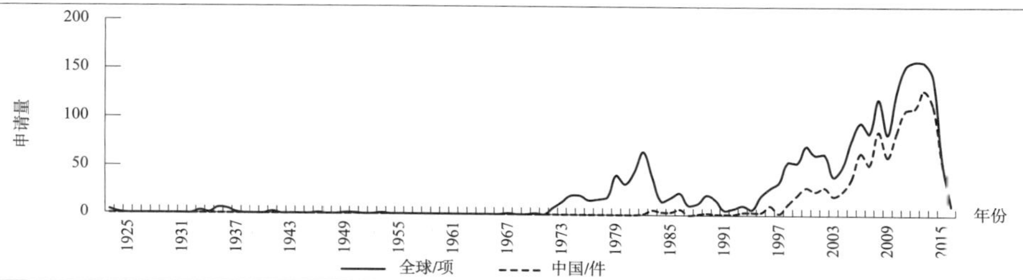

铁基催化剂/件		钴基催化剂/件	
载体	507	载体	428
助剂	497	助剂	297
制备方法	371	制备方法	186
液化剂形态	118	液化剂形态	41
成分	71	活化及预处理	41
活化及预处理	52	成分	31
再生和后处理	24	再生和后处理	20

（a）催化剂申请量态势和技术分布

反应器

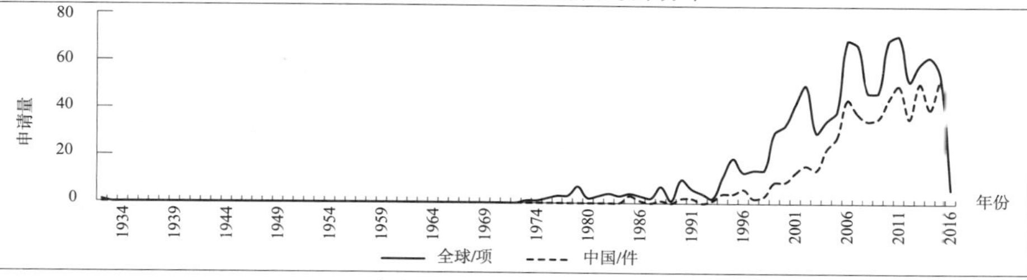

浆态床	361
固定床	193
微反应器	90
固定流化床	42
循环流化床	20

（b）反应器申请态势和技术分布

工艺

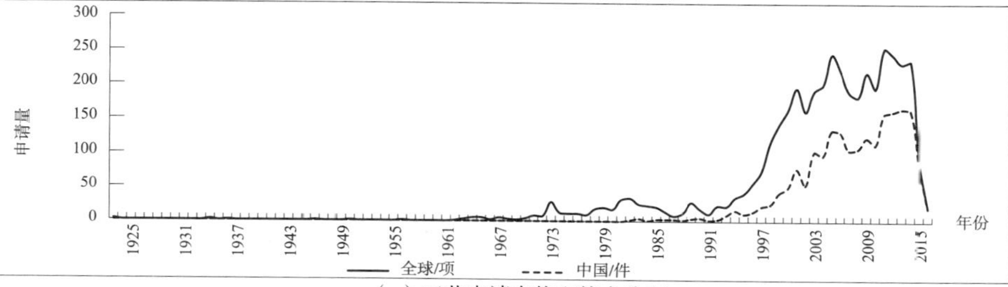

产品后处理	2130
高低温费托	949
工艺链	410
原料处理	391
废物处理	169

（c）工艺申请态势和技术分布

图 2－9　费托合成关键技术态势和技术主题分布

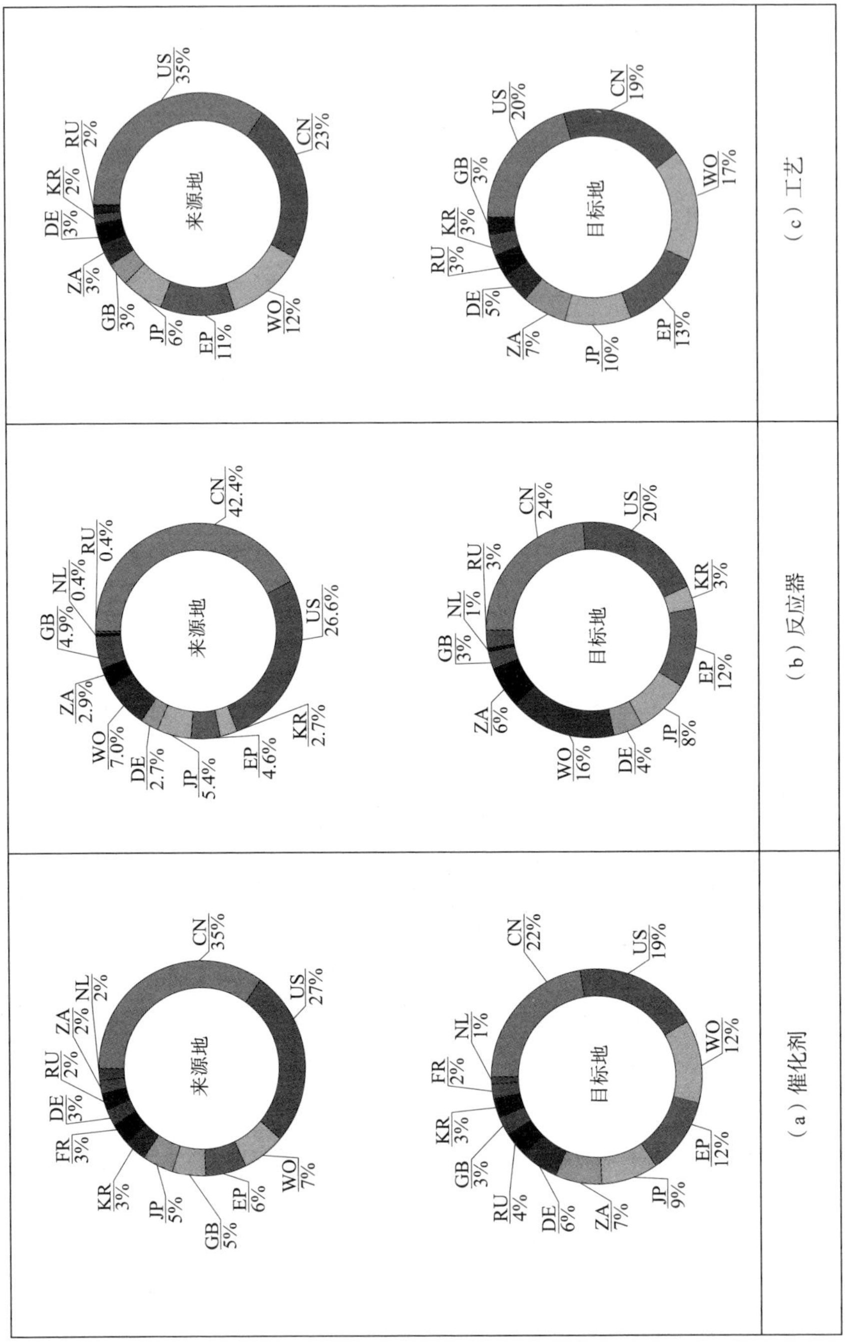

图2-10　费托合成关键技术来源地和主要目标市场概况

2.2.2 铁基和钴基是主要的费托合成催化剂

1. 活性和选择性的改善、寿命的提升是铁基催化剂的研究重点

铁基催化剂具有较高的活性和烯烃选择性、成本较低、寿命较短，其性能主要体现在催化剂的活性、选择性和使用寿命上。在催化剂的活性方面，研究重点主要在于助剂的选择和组合，以及如何使活性组分分散得更加均匀。催化剂助剂以复合助剂为主，其中对碱（土）金属和过渡金属复合助剂的研究最多，如目前工业常用的 Fe/Cu/K 催化剂。在催化剂的选择性方面，研究主要集中在通过载体的择形特性来提高催化剂的选择性，进而制备附加值很高的 α－烯烃和燃料油用高碳烃。传统的载体包括无机氧化物如氧化铝、氧化硅以及复合氧化物等，近些年研究较多的有分子筛和碳载体，利用其丰富的孔道结构提高 α－烯烃的选择性。在催化剂寿命方面，主要通过改善催化剂的强度、抗积碳性、耐磨性、抗硫性等来提高催化剂的寿命。

2. 活性和选择性的改善、再生方法的改进是钴基催化剂的研究重点

钴基催化剂的专利技术主要集中在活性、选择性的改进和催化剂再生三个方面。钴基催化剂的活性取决于载体、活性组分以及助剂的相互配合。开发性能更好的载体，如具有更高表面积、高机械强度的载体，能够提高催化剂的活性；选择与载体和活性组分具有优异协同作用的助剂能够提高催化活性，开发新型载体和选择与之匹配的助剂将是催化剂研发过程持续的热点。钴基催化剂的选择性更多取决于载体的选择，助剂的作用相对要小，如何对载体进行改进，提高对特定链长烃的选择性，是该领域的研究趋势，重点技术手段在于催化剂微观形貌控制及载体形式创新，试图打破传统的费托产物分布规律，降低甲烷产率，提高重质烃和馏分油含量。钴基催化剂的再生技术从 20 世纪 80 年代起兴起，集中处理和原位处理技术共存、各有利弊，再生技术逐渐细化，再生效率明显提高。

2.2.3 固定床和浆态床是主流的产业化费托合成反应器

目前已工业化的费托合成反应器主要为固定床反应器、流化床反应器和浆态床反应器。其各自的申请量占比如图 2－11 所示。其中，浆态床反应器申请量占反应器总申请量的 51%，占比超过一半；固定床反应器作为最先工业化的设备，申请量为 193 件；而微反应器因其高效、可实现大反应器小型化、大幅降低设备投资等优点，其占比已经超过传统的流化床反应器。

费托合成反应器大致经历了先出现固定床反应器和流化床反应器、后出现浆态床反应器的发展历程。对于反应器的研究重点主要是热量移出、催化剂分离，如对固定床移热结构的研究、对浆态床催化剂分离和过滤的研究。近年来流化床反应器由于设备投资大、催化剂损耗高等问题，相关研究和应

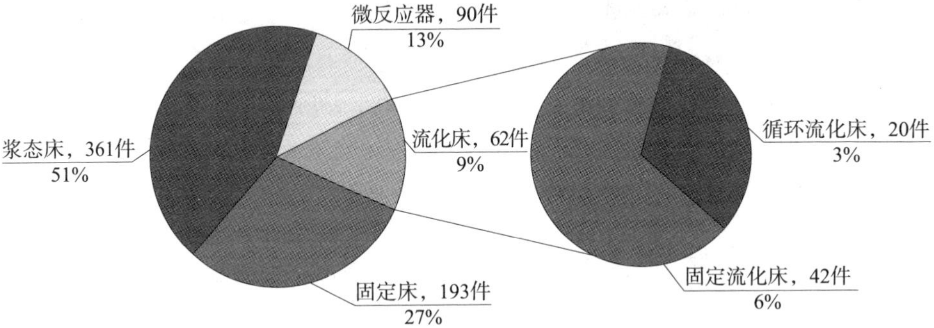

图 2-11 费托合成反应器类型分布

用已逐渐变少，浆态床反应器发展迅猛，但固定床反应器作为传统床型并未过时，近年来仍有发展，存在技术改进空间。

对于浆态床反应器，催化剂分离、气体分布和混合效率是提升反应效率的关键。浆态床反应器对催化剂磨损较大，对浆态床催化剂分离的研究开始较早，持续性也较好，主要通过改进分离器结构来实现上述效果。为了提高反应器的反应效率，主要通过提高混合效率、改善气体分布和改进操作方法来实现。

对于固定床反应器，换热结构、原料均布、催化剂装填方式是避免反应器内部热点的手段。固定床反应器的研究主要集中在如何避免反应器内部热点的出现，现有专利技术中主要的解决方案包括通过在反应器内部设置格栅和换热构件增强换热效果、在反应管的顶部设置罩帽的方式使气体均匀分布、采用多级床层并使每层采用不同催化剂的填装方式来控制反应的进行、通过上下部不同的催化剂填装方式达到控制上下部反应的目的，从而避免反应器热点的出现。

2.2.4 产品后处理和高低温费托是费托合成工艺的研发重点

美国、中国、欧洲是主要技术原创地，中国、美国、欧洲、日本、南非是主要目标市场；产品后处理和高低温费托是费托工艺的研发重点；主要申请人以跨国大公司为主，中国申请人占据一席之地。

费托合成工艺主要包括原料处理、高低温费托、产品后处理、废物处理、工艺链等。

在全球专利申请中，产品后处理占比最高，其次为对高低温费托的研究，如图 2-12 所示。在华申请中，产品后处理的占比最高，其次为高低温费托、废物处理、原料处理、工艺链及其他，如图 2-13 所示。相比于全球技术主题分布，国内的废物处理占比相对更高，可见国内日益注重环境保护。

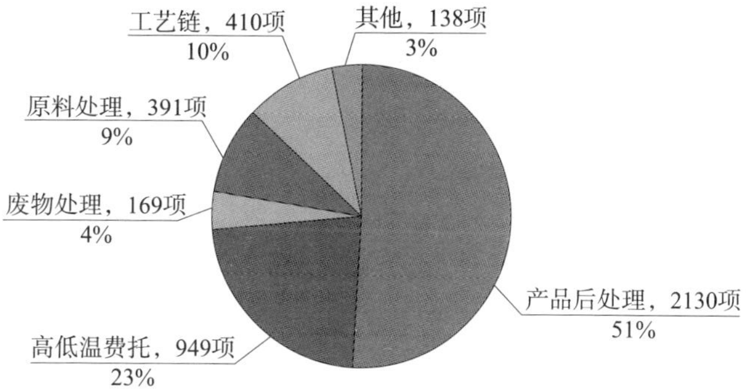

图 2－12　费托合成工艺全球技术主题专利申请分布

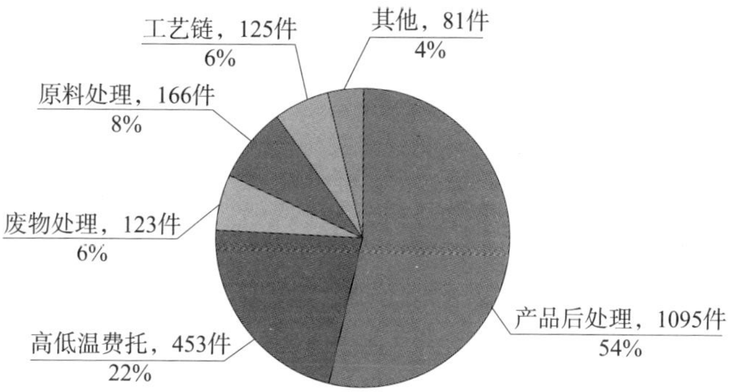

图 2－13　费托合成工艺中国技术主题专利申请分布

2.3　费托合成产业主要创新主体

2.3.1　沙索

1. 全球和中国申请趋势近似，在华申请占比高

沙索在费托合成煤制油领域全球专利申请共计 266 项，来华申请共计 154 项，占全球申请总量的 58%，其全球和中国专利申请趋势如图 2－14 所示。在 1996 年以前，沙索申请量较小，并且技术的发展非常缓慢，年专利申请量只有零星几项。从 1997 年开始，专利申请量进入快速增长期，2003 年全球申请量达到 29 项。自 2004 年至今，全球申请总量呈现波动下降趋势，但在中国申请量占比仍然基本保持在 50% 以上。

2. 申请主题涵盖全面，重点在于工艺路线

从图 2－15 可以看出，技术主题主要分为催化剂、反应器和工艺，全球申请量分别是 81 项、11 项、174 项，超过 65% 的专利申请涉及工艺主题。

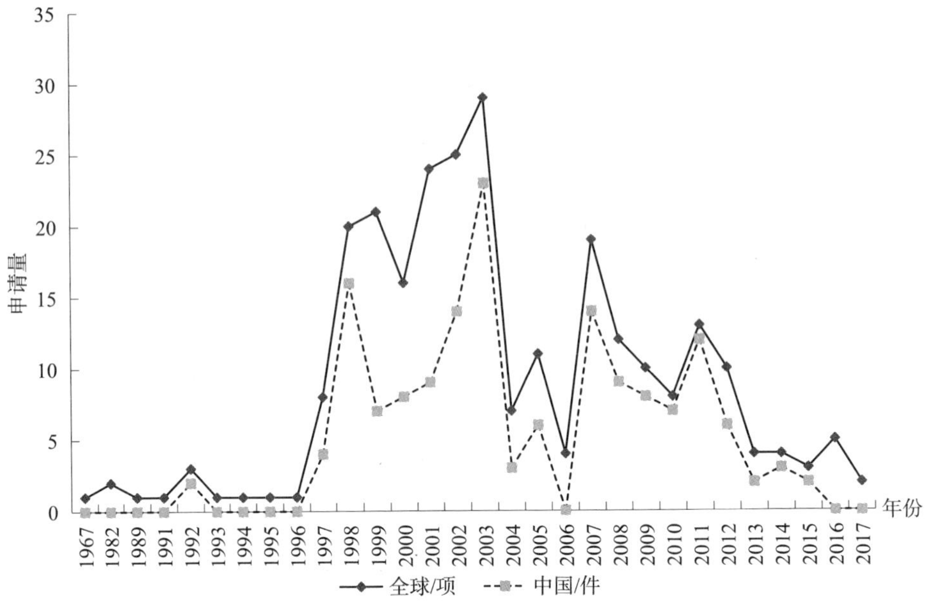

图 2-14　沙索费托合成技术全球和中国专利申请趋势

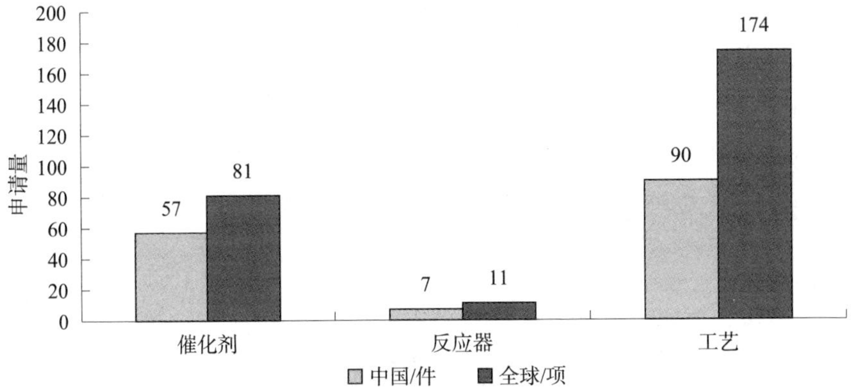

图 2-15　沙索费托合成技术全球和中国专利申请技术主题分布

沙索一直非常重视在华专利布局，从图 2-16 可以看出，1997～2016 年，沙索在华申请主题涵盖催化剂、反应器、原料处理、工艺链、产品后处理、废物处理等所有费托技术的工艺阶段，自 2004 年以后，虽然沙索在全球的专利申请总量呈现波动下降，但沙索在华申请仍然保持在催化剂、产品后处理、工艺链方面的专利布局。从图 2-17 可以看出，沙索在全球的专利申请中，钴基催化剂共计 49 项，占比近 60%，铁基催化剂共计 26 项，占比 32%。

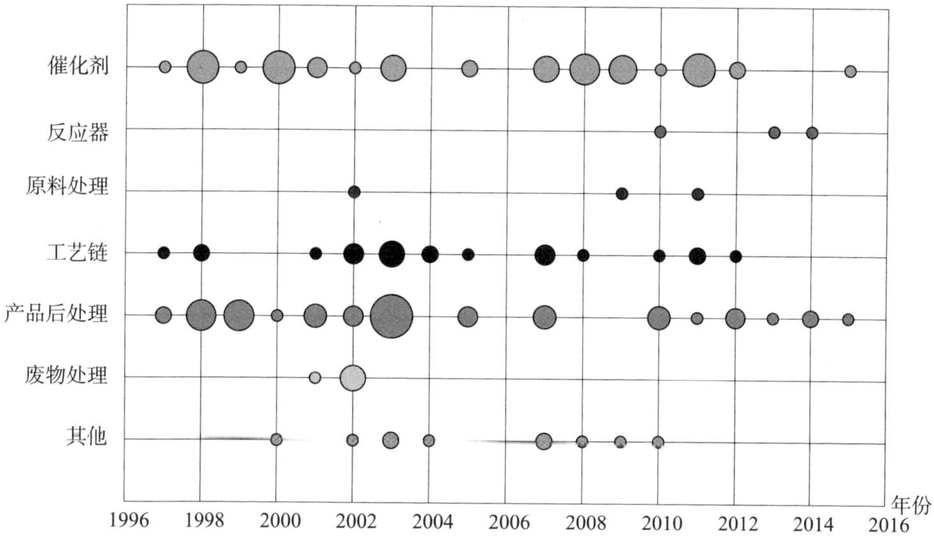

图2-16 沙索费托合成技术在华专利申请技术主题分布

注：图中圆圈大小表示申请量多少。

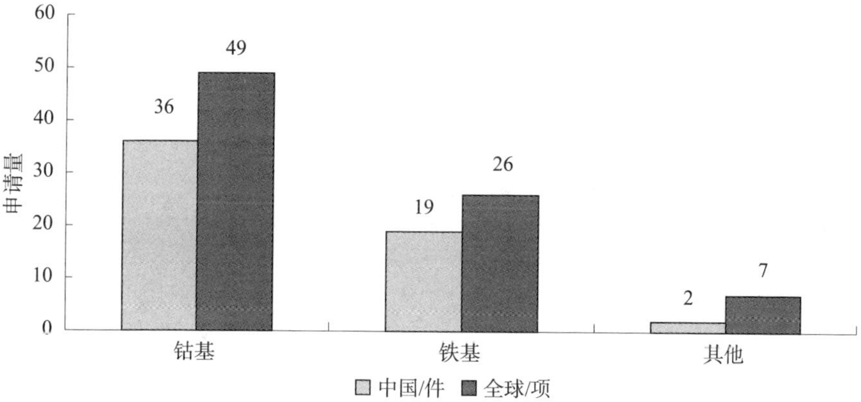

图2-17 沙索费托合成技术催化剂类型专利申请分布

2.3.2 壳牌

1. 长期重视在费托合成技术领域的全球布局，2000年后重视在华布局

壳牌长期重视技术研发，申请了大量专利，在费托合成相关领域申请的专利多达700多项。其专利申请趋势如图2-18所示。壳牌早在1974年就开始在费托技术领域布局相关专利，2000年之前，壳牌的专利申请量相对较少，在1993年之后出现申请量回落。2000年之后，壳牌的专利申请量快速增长，每年专利申请量都在40项左右，并开始重视在中国的专利布局，每年

在中国的专利申请量为 20 ~ 30 件。

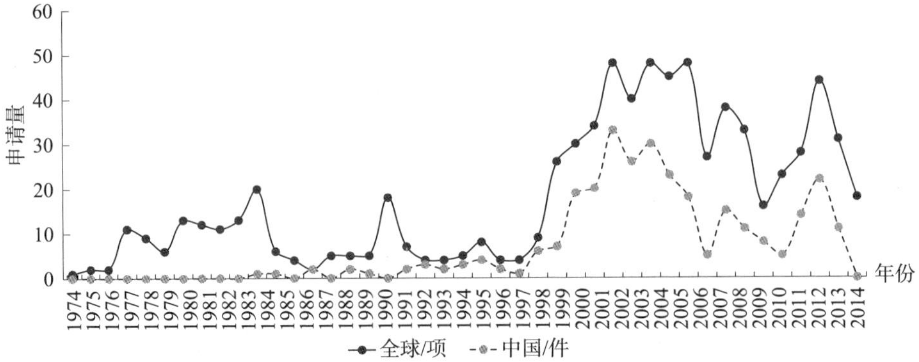

图 2 – 18　壳牌费托技术领域全球和中国专利申请趋势

2. 全产业链布局较为完整，后处理是布局重点

由图 2 – 19 可知，在全球专利布局方面，壳牌最重视的是产品后处理，占全部申请量的 44% 左右；其次是催化剂，总申请量达 168 项；再次是工艺链、高低温费托和反应器；在岩层制油和海上平台方面也有一定的专利布局。在产品后处理领域，壳牌最重视润滑油方面的专利布局，其次是燃料、洗涤剂和费托蜡。

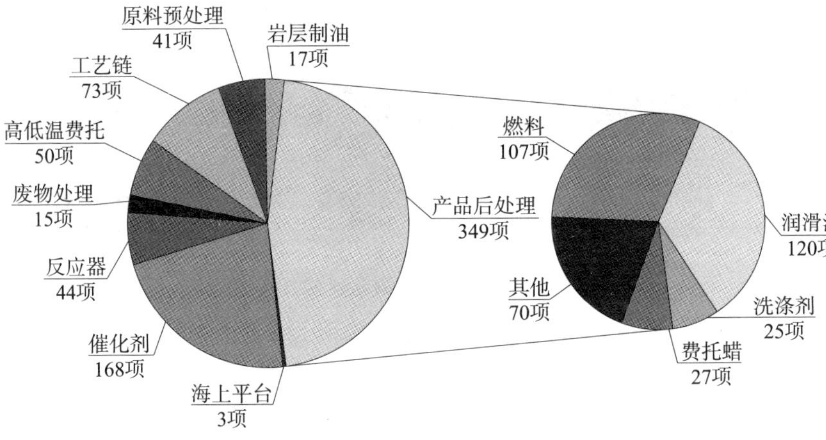

图 2 – 19　壳牌费托技术全球专利各分支申请分布

3. 非常重视 PCT 专利申请，重视在美国、欧洲、南非和中国的专利布局

图 2 – 20 给出了壳牌专利申请的全球布局情况。可以看出，壳牌非常重视 PCT 专利申请，重视在美国、欧洲、南非和中国的专利布局，其次对于俄罗斯和英国的专利布局也比较重视，对于其费托合成技术的产业化国家和地

区，如阿拉伯地区和马来西亚，也有一定数量的专利申请。

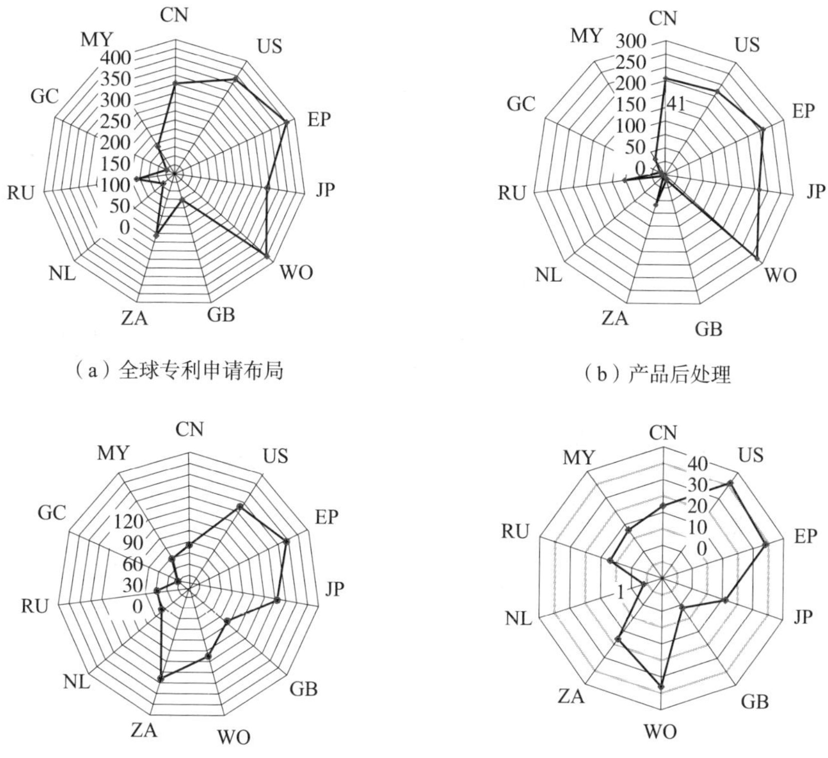

（a）全球专利申请布局

（b）产品后处理

（c）催化剂

（d）反应器

图 2－20　壳牌费托合成技术专利申请全球和各分支布局情况

注：图中数字表示申请量，单位为项。

壳牌在产品后处理领域，更加重视在欧洲、美国、日本、中国、俄罗斯和南非的专利布局，在催化剂领域，其重视程度依次为欧洲、南非、美国、日本、英国、中国、荷兰、马来西亚和俄罗斯；在反应器领域，其重视程度依次为美国、欧洲、南非、中国、日本、马来西亚和俄罗斯。

图 2－21 给出了壳牌在费托合成技术不同领域布局趋势的变化。自 20 世纪 70 年代开始对以催化剂、工艺链和高低温费托为主的费托工艺进行持续的布局，而对于产品后处理则在 2000 年后重点布局，每年的专利申请量都在 20 项左右。值得关注的是，近年来，壳牌在岩层制油和海上平台方面也进行了一定的专利布局。

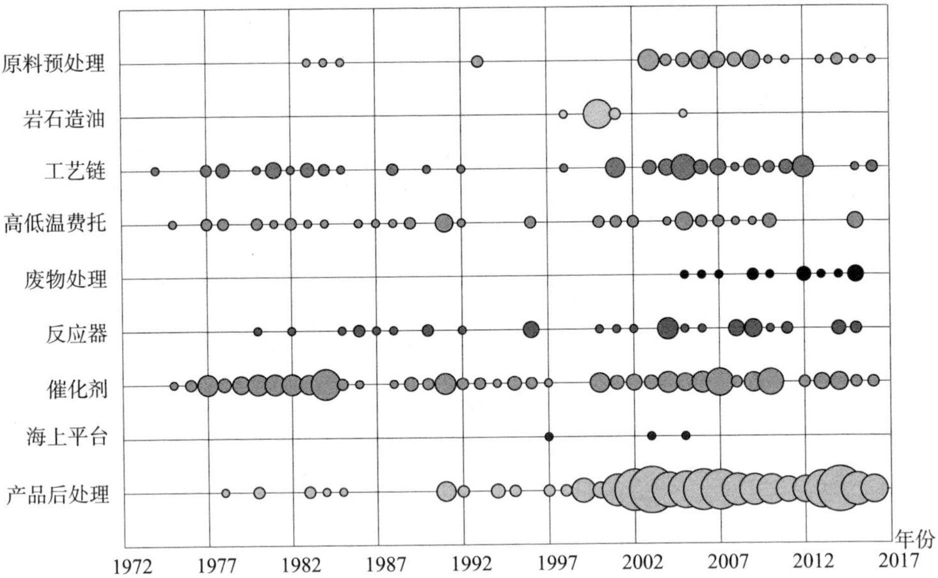

图 2－21　壳牌费托合成技术不同领域布局对比

注：图中圆圈大小表示申请量多少。

2.3.3　山西煤化所

1. 中科合成油、中科潞安依托于山西煤化所发展产业化

山西煤化所是高技术基地型研究所。2006 年 4 月，山西煤化所与内蒙古伊泰集团、神华集团、山西潞安集团、徐州矿物集团和连顺能源共同投资组成了中科合成油。2015 年，潞安集团和山西煤化所合资组建了中科潞安，并于 2018 年初挂牌成立。下面以山西煤化所为主，分别介绍中科合成油和中科潞安专利分布。

2. 山西煤化所研发重点侧重钴基催化剂

图 2－22 显示了山西煤化所专利申请整体态势。山西煤化所在费托合成煤制油领域全球申请共计 147 件，从专利申请量来看，山西煤化所在 2004 年出现申请量的峰值。随着 2006 年之后不断产业转化，山西煤化所在费托合成技术领域的研发热情不减，一直呈现波动增长的态势。

从技术主题分布情况来看，山西煤化所在工艺、催化剂、反应器方面都有所涉及，研发重点在于催化剂，如表 2－2 所示。2006 年之前侧重铁基催化剂，主要的发明人是李永旺，随着 2006 年李永旺出任中科合成油总经理，他的研发团队也基本上不以山西煤化所为申请人来申请专利。孙予罕－李德宝团队更加关注钴基催化剂的研发，2008 年以后一直保持着比较稳定的申请量。

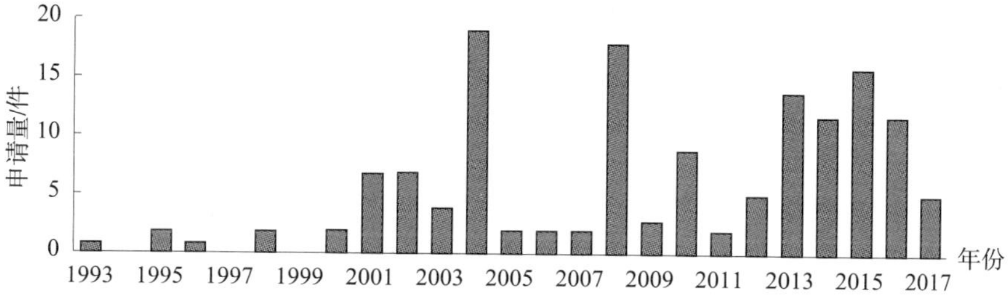

图 2-22 山西煤化所专利申请整体态势

表 2-2 山西煤化所专利申请技术主题分布情况 单位：件

年份	工艺				催化剂					反应器		
	产品后处理	废物处理	高低温费托	工艺链	铁基	钴基	铁钴	贵金属	其他催化剂	固定床	浆态床	其他反应器
1993				1								
1994												
1995				2	1							
1996						1						
1997												
1998					2							
1999												
2000				1		1						
2001	3				2	2						
2002	1				2	4						
2003	1					2		1				
2004	5				11	1						2
2005	1					1						
2006	2											
2007					2							
2008				3	2	11	3			1		
2009				1	1	1						
2010				1		8						
2011						2						
2012						5						
2013	2	4	1	3	1	3						
2014					5	10						
2015	1	1	1	1	3	10						1
2016			1			6				3	1	1
2017	1		1						1	3		
总量	17	5	4	13	32	68	3	1	1	7	1	4

3. 中科合成油研发重点侧重铁基催化剂、产品后处理

中科合成油成立于2006年，李永旺负责公司科研和全面业务发展。中科合成油在费托合成技术领域共有82件专利申请，其中包括在2006年、2007年从山西煤化所技术转让的31件专利。从图2－23可以看出，中科合成油从2007年开始有费托合成技术相关专利申请，并一直呈现波动增长的态势。

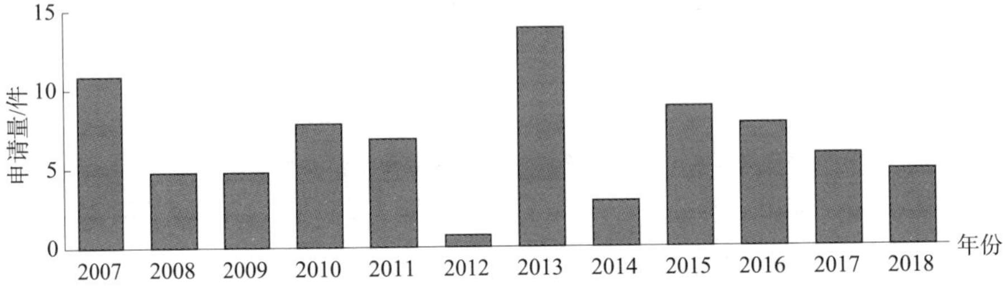

图2－23　中科合成油专利申请整体态势

从中科合成油的技术主题分布来看，中科合成油的主要研发重点在于工艺，特别是产品后处理、废物处理和高低温费托，并且持续度较高，产品后处理的研究有助于提高产品附加值，废物处理的研究提高了环境友好度，对其产业化起到关键的作用。在催化剂领域，研发侧重铁基催化剂，持续度也较好（见表2－3）。

表2－3　中科合成油专利申请技术主题分布情况　　单位：件

领域	技术分支	2007	2008	2009	2010	2011	2012	2013	2014	2015	2016	2017	2018	总量
工艺	原料处理	0	1	0	0	0	0	0	0	0	0	0	0	1
	产品后处理	10	2	0	4	3	0	8	0	2	3	2	0	34
	废物处理	0	0	1	1	3	0	3	3	1	1	0	0	13
	高低温费托	1	0	0	3	2	0	1	0	5	1	0	0	13
	工艺链	0	1	0	0	0	1	0	0	1	1	0	0	4
催化剂	铁基	0	1	4	0	1	0	3	0	5	1	3	0	18
	钴基	0	0	0	0	0	0	0	0	0	0	2	5	7
	通用	0	0	0	0	0	0	0	0	0	0	2	0	2
反应器	固定床	0	0	0	2	0	0	0	0	0	0	0	0	2
	浆态床	1	0	0	2	0	0	0	0	0	1	0	0	4

4. 山西煤化所向中科合成油和中科潞安进行大量技术转移

山西煤化所将费托合成技术领域一半以上的专利进行技术转移，2006年、2007年专利受让人为中科合成油，2018年专利受让人为中科潞安。转让

给中科合成油的专利主要涉及铁基催化剂、产品后处理工艺，而转让给中科潞安的专利主要涉及钴基催化剂、工艺链，不同受让人的转移专利技术主题分布如表2-4所示。

表2-4 转移专利技术主题分布 单位：件

领域	技术分支	中科合成油	中科潞安	其他公司
工艺	产品后处理	11	0	0
	高低温费托	0	3	0
	工艺链	2	4	0
反应器	固定床	0	1	0
	其他反应器	2	1	0
催化剂	铁基	14	0	0
	钴基	4	33	3
	铁-钴	0	0	1

2.3.4 兖矿集团

1. 兖矿集团主要依托陕西未来能源化工有限公司进行产业化

兖矿集团是以煤炭、化工、装备制造、金融投资为主导产业的国有特大型能源企业。2002年年底，南非沙索公司首席工程师孙启文加盟兖矿集团，牵头组建了上海兖矿能源科技研发有限公司。2011年2月，兖矿集团出资50%、兖州煤业和延长石油各出资25%组建陕西未来能源化工有限公司，落地榆林，建设百万吨级煤间接制油项目和千万吨级煤矿。

2. 兖矿集团重视铁基催化剂、浆态床以及废物、产品处理

图2-24显示了兖矿集团专利申请整体态势。可知，兖矿集团于2003年开始在费托合成技术领域布局专利，当年共提交8件专利申请，2005年的申请量达到9件；之后由于国家相关政策调整对煤制油项目持不鼓励的态度，兖矿集团随后的申请量不断下降；从2013年起，国内煤制油费托合成项目又陆续上马，兖矿集团在费托合成技术领域的专利申请开始逐渐增长，呈现动态增长的态势，2017年提交13件专利申请。

表2-5显示了兖矿集团专利申请技术主题分布情况。兖矿集团在费托合成技术各分支都有涉及。在催化剂领域，兖矿集团侧重铁基催化剂的研发。在反应器领域，兖矿集团侧重浆态床反应器的研发，对于流化床反应器也有所研究。在工艺方面，兖矿集团重视费托过程中的废物处理以及费托产品的后处理。

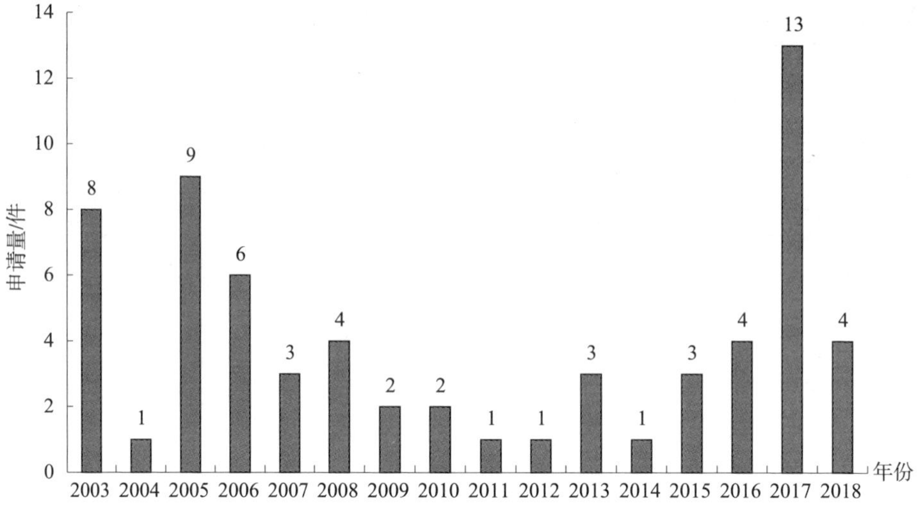

图 2-24　兖矿集团专利申请整体态势

表 2-5　兖矿集团专利申请技术主题分布情况　　　单位：件

年份	催化剂			反应器			工艺			
	铁基	钴基	铁钴	浆态床	流化床	其他反应器	废物处理	产品后处理	高低温费托	工艺链
2003	3	0	0	4	0	0	0	0	0	1
2004	1	0	0	0	0	0	0	0	1	0
2005	4	0	0	0	0	0	1	2	1	2
2006	0	0	0	0	2	0	3	0	0	1
2007	2	0	1	0	0	0	0	0	3	0
2008	1	0	0	0	0	0	2	0	0	1
2009	0	0	0	0	0	0	2	0	0	0
2010	0	0	0	0	0	0	2	0	0	0
2011	0	0	0	0	0	0	1	0	0	0
2012	0	0	0	0	0	0	1	0	0	0
2013	0	0	0	0	0	0	0	3	0	0
2014	0	0	0	0	0	0	0	1	0	0
2015	0	1	0	0	0	0	0	2	0	0
2016	1	1	0	0	0	0	0	2	0	0
2017	2	0	0	3	0	4	2	2	0	0
2018	1	0	0	2	2	0	0	1	0	0
总和	15	2	1	9	4	4	14	13	5	5

表2-6显示了兖矿集团专利申请当前法律状态情况。可以看出，兖矿集团布局的专利类型既包括发明专利和实用新型专利。其中，兖矿集团授权发明专利为36件，驳回5件，兖矿集团的发明专利授权率较高，这表明其具备较高的创新水平。

表2-6 兖矿集团专利申请当前法律状态情况

专利申请类型	法律状态	申请量/件
发明申请	授权	36
	驳回	5
	撤回	4
	公开	4
	实质审查	4
实用新型	授权	9
	权利终止	3

表2-7显示了兖矿集团内不同申请主体的专利申请技术主题分布情况。可以看出，兖矿集团内的申请主体共有3家，分别是上海兖矿能源科技研发有限公司、陕西未来能源化工有限公司以及兖矿榆林精细化工有限公司。其中，上海兖矿能源科技研发有限公司是主要的研发机构，其申请专利的主题涉及反应器、催化剂和工艺领域，申请量分别达到8件、15件、32件；而陕西未来能源化工有限公司侧重反应器和反应工艺的研发，申请量分别是7件、4件；兖矿榆林精细化工有限公司仅在催化剂领域布局专利，申请量为3件。

表2-7 兖矿集团内不同申请主体的专利申请技术主题分布情况 单位：件

申请主体	反应器	催化剂	工艺
上海兖矿能源科技研发有限公司	8	15	32
陕西未来能源化工有限公司	7	0	4
兖矿榆林精细化工有限公司	0	3	0

2.3.5 潞安集团

1. 潞安集团以煤为基础，延伸煤油化产业链

潞安集团前身是成立于1959年1月的潞安矿务局。潞安集团通过煤炭气化多联产发展煤基合成油、IGCC等。煤基合成油厂的主要产品有柴油、石脑油、LPG等。矿井瓦斯经抽取处理后用于煤基合成油及地方民用。另将煤基

合成油厂的合成气（驰放气）及矿井瓦斯用于 IGCC 发电，并积极开发燃料电池技术，实现煤的洁净、高效利用。

2. 专利申请起步较晚，反应器、催化剂、工艺均有所涉及

潞安集团在费托合成技术领域全球专利申请共计 45 件，有 5 件进行了 PCT 申请，整体申请趋势如图 2－25 所示。潞安集团于 2010 年开始费托合成煤制油相关申请。随着山西长治潞安集团 100 万吨/年铁基费托油品项目 2013 年 2 月开工，费托合成煤制油的申请量开始有比较明显的增长，至今仍保持着较高申请量。

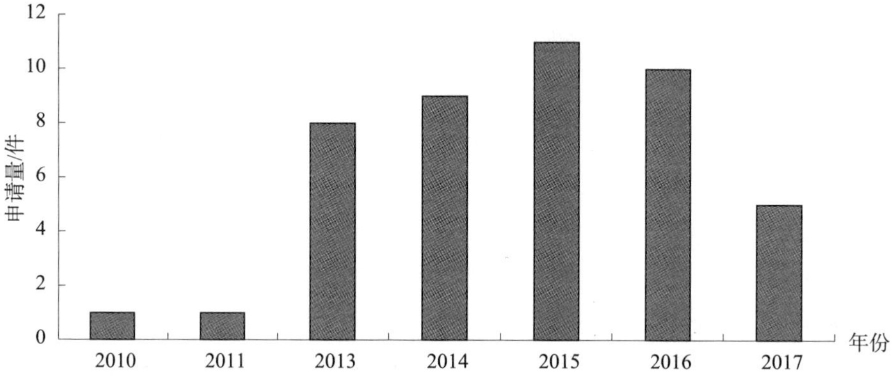

图 2－25　潞安集团费托合成技术专利申请整体态势

潞安集团费托合成煤制油领域国内专利申请的法律状态分布如图 2－26 所示，授权量占 42%，实质审查占 34%。

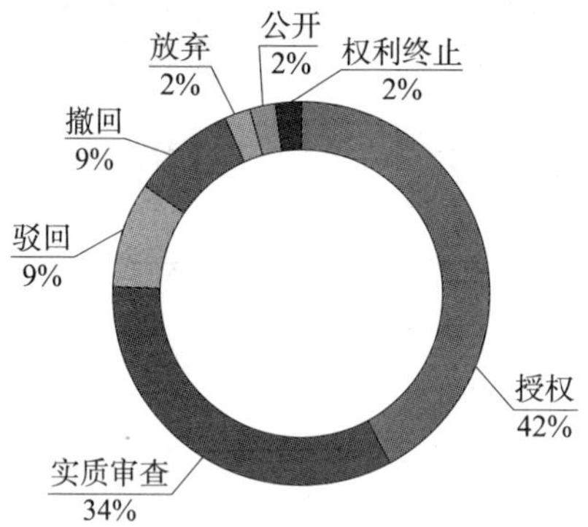

图 2－26　潞安集团费托合成技术国内专利申请法律状态分布

从技术主题分布来看，潞安集团在工艺、催化剂、反应器三大主题都有所涉及，研发重点在于工艺，其次是催化剂，如表 2－8 所示。工艺技术主题方面主要是高低温费托工艺、产品后处理。对于催化剂的研发主要侧重于钴

基催化剂。

表 2-8 潞安集团费托合成煤制油专利申请技术主题分布

主题	二级分支	申请量/件
反应器	固定床反应器	1
	浆态床反应器	7
	其他反应器	1
	通用构件	2
催化剂	铁基	4
	钴基	12
工艺	原料处理	1
	产品后处理	10
	废物处理	4
	高低温费托	11
	工艺链	1
	其他	2

2.3.6 中石化

1. 申请量大，尚未产业化

中石化是我国特大型石油石化企业集团。尽管目前中石化在煤间接制油领域没有实现产业化，作为石化行业龙头企业，中石化在费托合成技术领域有大量申请，申请量在全球范围内排名第二，在中国专利申请量排名第一。

2. 申请量稳步增长，授权比例高

中石化在费托合成煤制油领域全球申请共计 583 件，整体申请趋势如图 2-27 所示。中石化的费托合成相关专利申请始于 1985 年，到 2000 年，费托合成相关专利申请都比较少；2001 年起，中石化加大费托合成相关专利申请，在 2006 年出现申请量的第一个高点；随后两年，专利申请量有所回落；2009 年起中石化在费托合成领域的研发热情不减，呈现快速波动增长的态势。

对中石化的 583 件申请中的 582 件申请进行当前法律状态分析，如图 2-28 所示。其中，授权 410 件，实质审查 148 件，驳回 17 件。可以看出，中石化的相关专利申请具有较高的授权率。

3. 工艺、催化剂、反应器均有所涉猎

从技术主题分布情况来看，中石化在工艺、催化剂、反应器方面都有所涉及。涉及各技术主题的专利申请量及比例如图 2-29 所示，工艺、催化剂为研发重点。

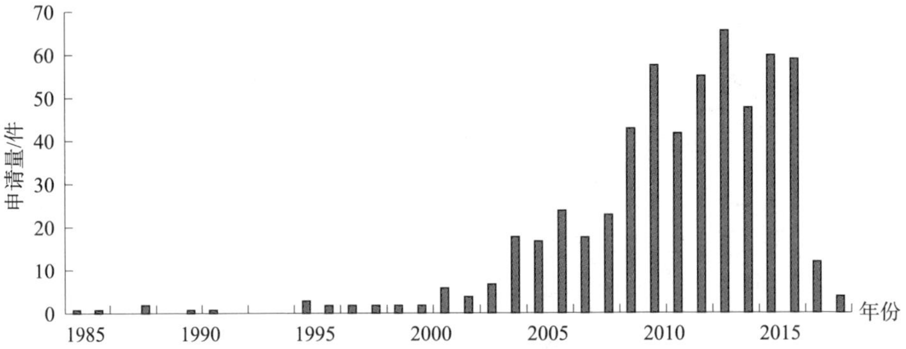

图 2－27　中石化费托合成技术专利申请整体态势

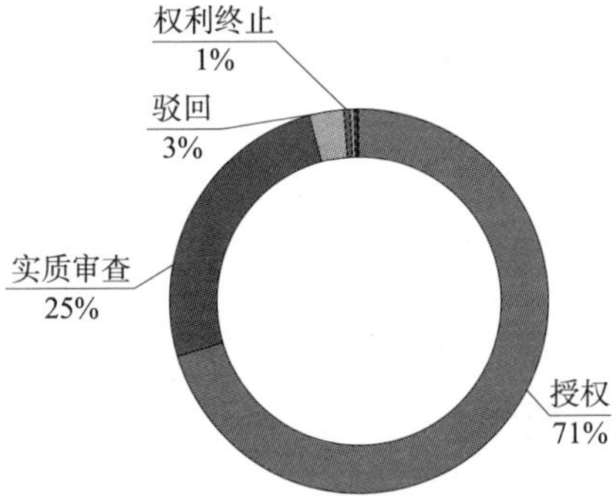

图 2－28　中石化费托合成技术中国专利申请当前法律状态分布

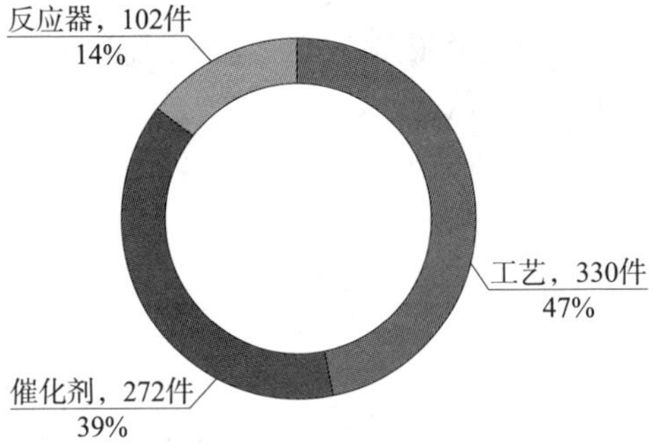

图 2－29　中石化费托合成技术专利申请技术主题分布

表 2－9 展示了不同年份技术主题的分布情况。2000 年之前所有申请主题均涉及工艺，2001 年出现首个催化剂主题申请，2003 年出现首个反应器主题申请，工艺和催化剂的专利申请持续度较高。随着国内对煤间接制油技术的关注度提高，中石化从 2009 年开始加强各技术主题的专利布局。

表 2-9 中石化费托合成技术各年专利申请技术主题分布 单位：件

主题	1985~1999年	2000~2009年										2010~2018年									总计
工艺	20	1	4	4	6	18	15	11	14	23	20	23	24	16	26	30	28	38	6	3	330
催化剂	0	1	2	0	0	0	1	11	5	2	13	35	17	42	44	29	35	27	8	0	272
反应器	0	0	0	0	1	0	0	5	1	2	14	11	8	13	20	0	13	10	3	1	102

2.3.7 神华集团

1. 实力雄厚，煤制油已有产业化

神华集团是我国综合性大型能源企业。神华集团在煤制油领域主要的研发主体为中国神华煤制油有限公司和北京低碳清洁能源研究所。前者是以煤制油、煤化工业务为主的企业；后者是由神华集团管理的国家研究机构，重点进行清洁低碳能源技术的开发和商业化，研究新能源战略和技术路线。

2. 2010 年后申请量持续增长，授权比例高

神华集团在费托合成领域全球申请共计 156 件，整体申请趋势如图 2-30 所示。费托合成相关专利申请始于 2006 年，从 2010 年起申请量稳步增长，可见神华集团在费托合成领域一直保持着非常高的研发热情。

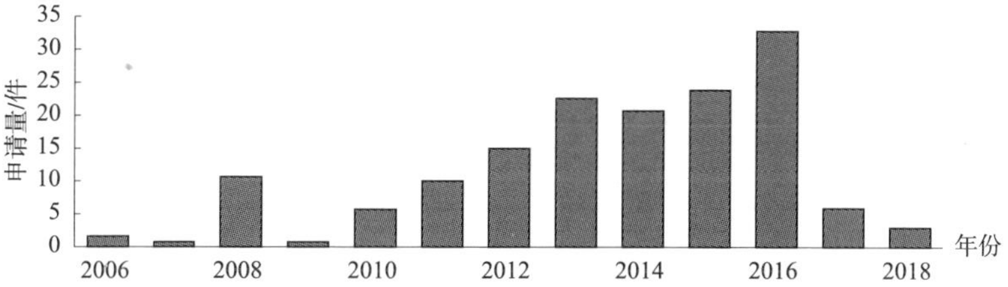

图 2-30 神华集团费托合成技术专利申请整体态势

对神华集团 156 件中国申请进行法律状态分析，如图 2-31 所示。其中，授权 80 件，实质审查 58 件，驳回 10 件。可以看出，神华集团的相关专利申请具有较高的授权率。

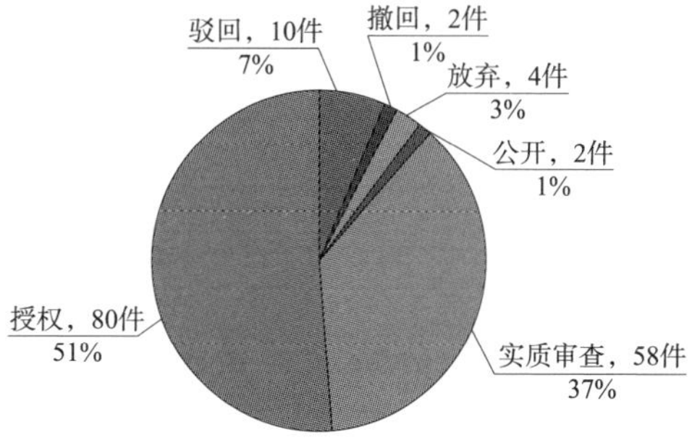

图 2-31 神华集团费托合成技术中国专利申请法律状态分布

3. 工艺、催化剂、反应器均有所涉猎，铁基催化剂为研发重点

从技术主题分布情况来看，神华集团在催化剂、反应器、工艺都有所涉及。涉及各技术主题的专利申请量及比例如图2－32所示，可见，催化剂和工艺为研发重点。

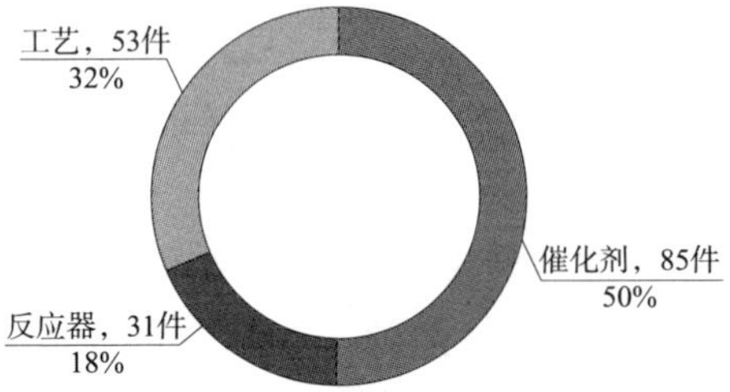

图2－32 神华集团费托合成技术专利申请技术主题分布

表2－10展示了神华集团不同年份技术主题的分布情况。可以看出，在催化剂方面，铁基催化剂是研发重点，并且研究的持续性也较好；在反应器方面，研发重点在于浆态床，研发也比较有持续性；在工艺方面，研发重点在于产品后处理和工艺链，工艺链的研发持续性较优于产品后处理。

表2－10 神华集团各年专利申请技术主题分布 单位：件

一级主题	二级主题	2006	2007	2008	2009	2010	2011	2012	2013	2014	2015	2016	2017	2018	总计
催化剂	钴基	0	0	0	0	0	0	0	3	5	2	4	0	0	14
	贵金属	0	0	0	0	0	0	0	1	0	1	0	0	0	2
	其他	0	0	0	0	0	2	2	0	1	0	0	0	0	5
	铁基	0	1	8	1	2	2	7	11	11	9	12	0	0	64
反应器	固定床	0	0	0	0	0	1	0	0	0	0	0	0	0	1
	浆态床	0	0	3	0	2	2	4	3	0	8	3	1	1	27
	流化床	0	0	0	0	0	1	1	0	0	0	0	0	0	2
	其他	0	0	0	0	0	0	0	0	0	0	0	1	0	1
工艺	产品后处理	0	0	0	0	0	1	0	5	6	1	8	3	1	25
	废物处理	0	0	0	0	0	0	0	0	1	1	6	1	0	9
	高低温费托	0	0	0	0	0	0	0	0	0	1	0	0	0	1
	工艺链	2	0	1	0	2	3	1	3	0	3	2	0	1	18

2.4 我国费托合成产业专利分析

2008年以后，中国申请以国内申请人提交的申请为主，近十年来，我国

煤制油行业取得了长足的进步。

2.4.1 国内申请人在费托合成领域拥有更多专利权

图2－33显示了2008年、2018年费托合成技术整体专利权的分布情况。从费托合成技术整体上来看，在2008年国内申请人持有费托合成相关专利权数量为89件，来华申请人持有专利权数量为129件，国内申请人持有的专利权数量仅占所有专利权数量的41%，国内申请人持有的专利权数量少于来华申请人。此时针对来华申请人的专利权，国内费托合成产业化市场环境还较为严峻。经过十年的发展，2018年国内申请人持有专利权数量为887件，来华申请人持有专利权数量为328件；10年间，国内申请人持有的专利权数量增长了近10倍，而来华申请人持有专利权数量只增长了2.5倍，虽然来华申请人持有的专利权数量也处于增长的状态，但是其增速远远落后于国内申请人。2018年，国内申请人持有专利权数量远远超过来华申请人，为来华申请人的2.7倍，国内申请人持有的专利权数量占所有专利权数量的73%，国内申请人从持有的专利权数量上实现反超，并大幅领先来华申请人。

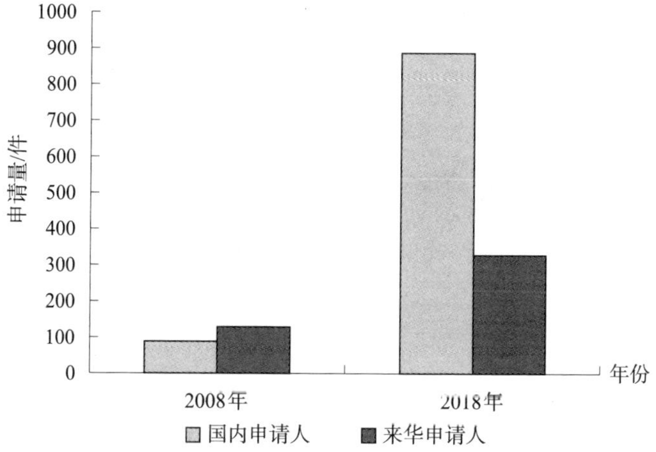

图2－33 2008年、2018年费托合成技术中国国内和来华专利权分布

催化剂是费托合成的关键技术之一。图2－34显示了2008年、2018年费托合成催化剂领域国内和来华专利权比较情况。从费托合成催化剂整体上来看，2008年，国内申请人持有专利权数量为49件，来华申请人持有专利权数量为42件，基本上处于持平状态；2018年，国内申请人持有专利权数量为445件，来华申请人持有专利权数量为118年；10年间，国内申请人持有的专利权数量增长9倍，而来华申请人持有专利权数量只增长2.8倍，国内申请人持有的专利权数量占比由2008年的54%增长到2018年的79%，在催化剂领域国内申请人持有专利权数量远远超过来华申请人。

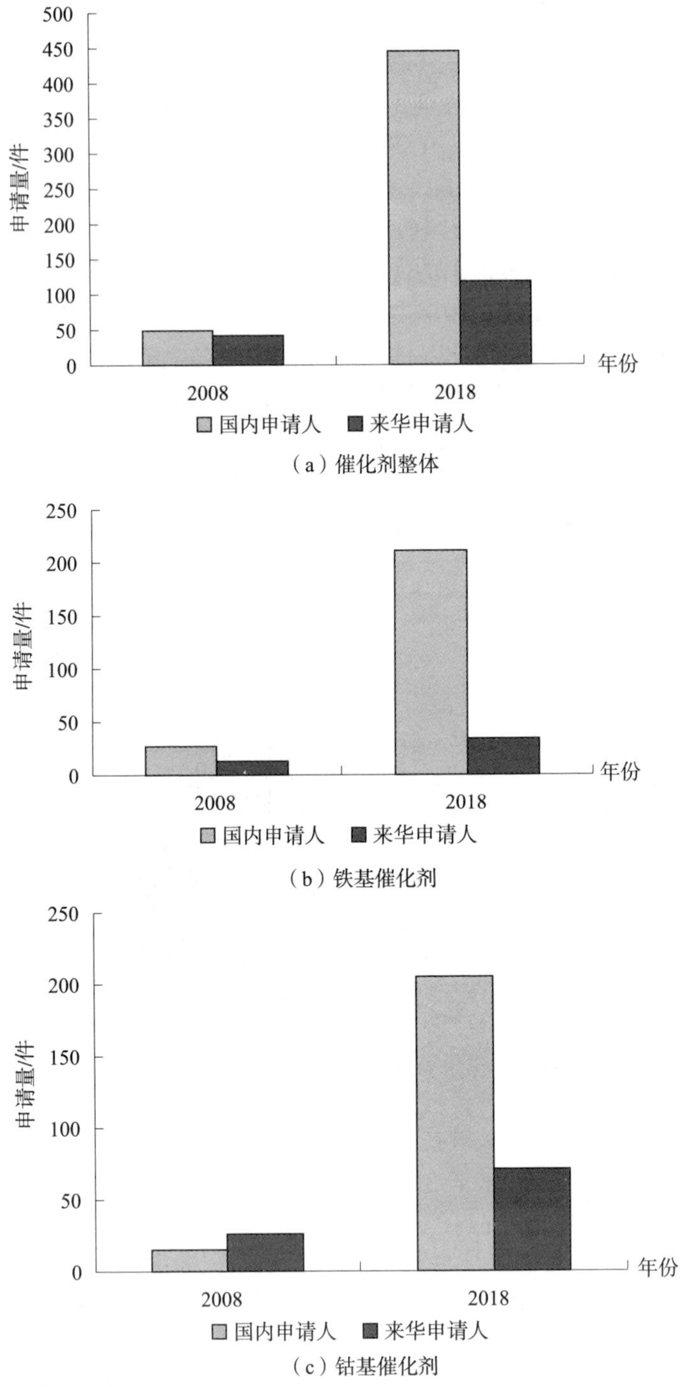

图 2-34　2008 年、2018 年费托合成催化剂领域国内和来华专利权比较

铁基催化剂和钴基催化剂是费托合成实现工业化应用的两种主要催化剂。在铁基催化剂领域，国内申请人持有的专利权数量由2008年的27件增长到2018年的211件，来华申请人持有的专利权数量由13件增长到34件。在钴基催化剂领域，国内申请人持有的专利权数量由15件增长到205件，来华申请人持有的专利权数量由26件增长到71件。可见，在铁基催化剂领域，国内申请人持有的专利权数量在2008年就高于来华申请人，到2018年，国内申请人进一步扩大了铁基催化剂专利权数量优势。在钴基催化剂领域，国内申请人持有的专利权数量在2008年时低于来华申请人，在2018年同样实现了专利权数量的反超。

反应器是费托合成领域另一个关键技术。图2－35显示了2008年、2018年费托合成反应器领域国内和来华专利权比较情况。从费托合成反应器整体上来看，2008年，国内申请人持有专利权数量为17件，来华申请人持有专利权数量为41件，国内申请人所拥有的专利权数量远低于来华申请人。2018年，国内申请人持有专利权数量为235件，来华申请人持有专利权数量为91件；经过10年的发展，国内申请人持有的专利权数量快速增长，国内申请人持有的专利权数量占比由2008年的29%增长到2018年的72%，2018年持有的专利权数量超过来华申请人。

费托合成反应器主要分为浆态床反应器、固定床反应器以及流化床反应器。在浆态床反应器领域，国内申请人持有的专利权数量由2008年的3件增长到2018年的109件，来华申请人持有的专利权数量由19件增长到33件。在固定床反应器领域，国内申请人持有的专利权数量由3件增长到44件，来华申请人持有的专利权数量由1件增长到13件；在流化床反应器领域，国内申请人持有的专利权数量由3件增长到9件，来华申请人持有的专利权数量由8件降到4件。在国内产业化实际应用的浆态床反应器领域，国内申请人持有的专利权数量远远超过来华申请人。

2.4.2 国内申请人在费托合成领域拥有更多在审专利申请

表2－11显示了2018年国内、来华申请人在审专利申请数量对比情况。在费托合成整体领域中，国内申请人在审专利申请数量占比为76%；在催化剂领域中，国内申请人在审专利申请数量占比为81%；在反应器领域中，国内申请人在审专利申请数量占比为74%；除固定床反应器领域外，国内申请人在其他技术领域的专利申请数量也已经远远超过来华申请人。

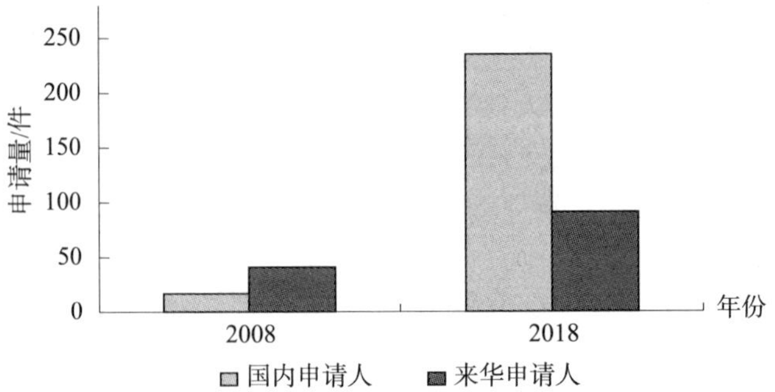

（a）反应器整体

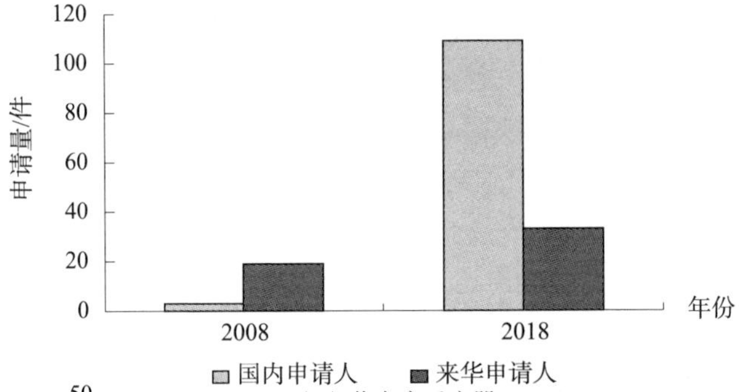

（b）浆态床反应器

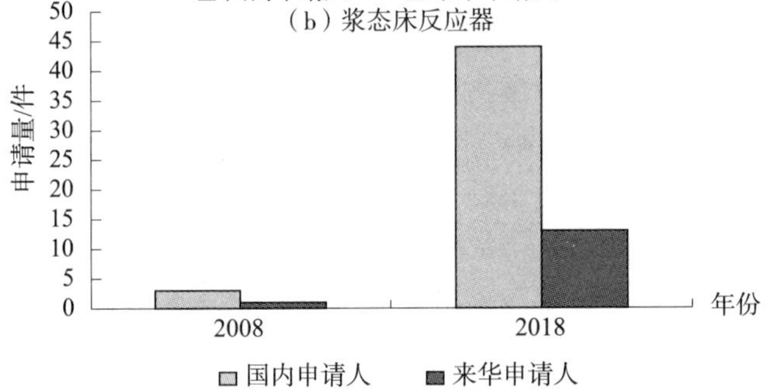

（c）固定床反应器

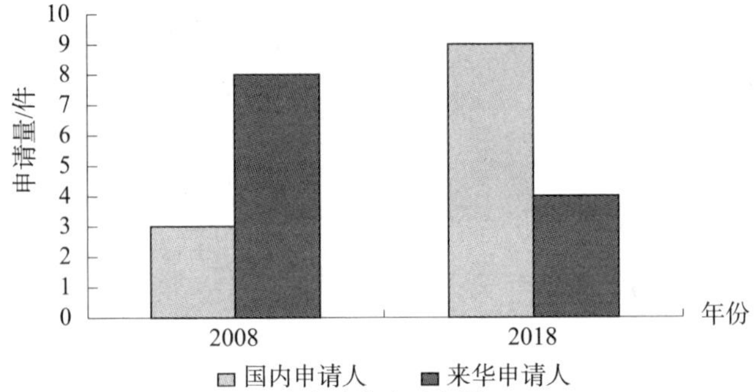

（d）流化床反应器

图 2-35　2008 年、2018 年费托合成反应器领域国内和来华专利权比较

表 2-11 2018 年国内、来华申请人在审专利申请数量对比 单位：件

技术分支	国内申请	来华申请
费托合成整体	393	122
催化剂整体	223	53
铁基催化剂	110	16
钴基催化剂	97	26
反应器整体	64	22
固定床反应器	7	9
流化床反应器	5	0
浆态床反应器	27	3

综合上述分析，2008 年，我国国内申请人整体上持有的专利权数量少于来华申请人，特别是钴基催化剂领域以及浆态床反应器领域；只有铁基催化剂领域以及固定床反应器领域持有的专利权数量多于来华申请人。

经过 10 年的发展，2018 年，从持有专利权数量来看，国内申请人在费托合成整体以及关键的催化剂技术、反应器技术领域都占优势，国内申请人在费托合成领域中拥有更多的专利权。

2.5 我国费托合成企业海外专利分析

费托合成技术依托煤或天然气资源，属于资源依赖性强的产业。费托合成技术的行业领导者如沙索和壳牌纷纷在世界各地能源丰富的地区进行产业输出，如沙索和壳牌在卡塔尔的气制油项目、壳牌在马来西亚的气制油项目，都取得良好的经济效益。

我国费托合成相关企业也纷纷进行海外产业布局的探索，如神华集团在美国进行气田开发的谈判；中科合成油将海外市场的开拓首发站放在俄罗斯；中科潞安则和哈萨克斯坦进行相关的谈判。

2.5.1 目标国的确定

基于费托合成技术的资源依赖性，首先确定矿产资源为确定目标国的主要影响因素之一。世界上煤和天然气资源比较丰富的国家主要有美国、澳大利亚、加拿大、俄罗斯、南非、巴西、德国、印度尼西亚（以下简称“印尼”）等。

其次，目前世界某些国家和地区仍然存在一定的政治不稳定因素，考虑投资环境为确定目标国的第二影响因素，以确保产业输出安全。

再次，目前，我国煤制油费托技术领域的企业已与多国展开关于煤或天然气相关产业的谈判，因而企业的产业输出意愿，也是确定目标国的重要影响因素。

最后，目标国的专利申请量、外来技术占比和重要申请人的分布情况是

衡量该地区是否是费托合成技术热点区域的重要因素，因而也将其作为确定目标国的重要影响因素。

在综合考虑上述因素的基础上，确定澳大利亚、美国、加拿大、德国、俄罗斯、马来西亚、印尼、哈萨克斯坦为我国费托合成企业海外专利布局的主要目标国。

2.5.2 海外专利布局目标国专利布局分析

1. 澳大利亚专利布局分析

图2－36示出了澳大利亚费托合成技术领域专利布局概况。可以看出，澳大利亚专利申请主要集中在近20年内，相关专利申请的高峰集中在2000～2011年。澳大利亚专利申请的主要技术来源国和地区为美国、欧洲以及南非，美国创新主体在澳大利亚专利布局占比优势较为明显，澳大利亚本土创

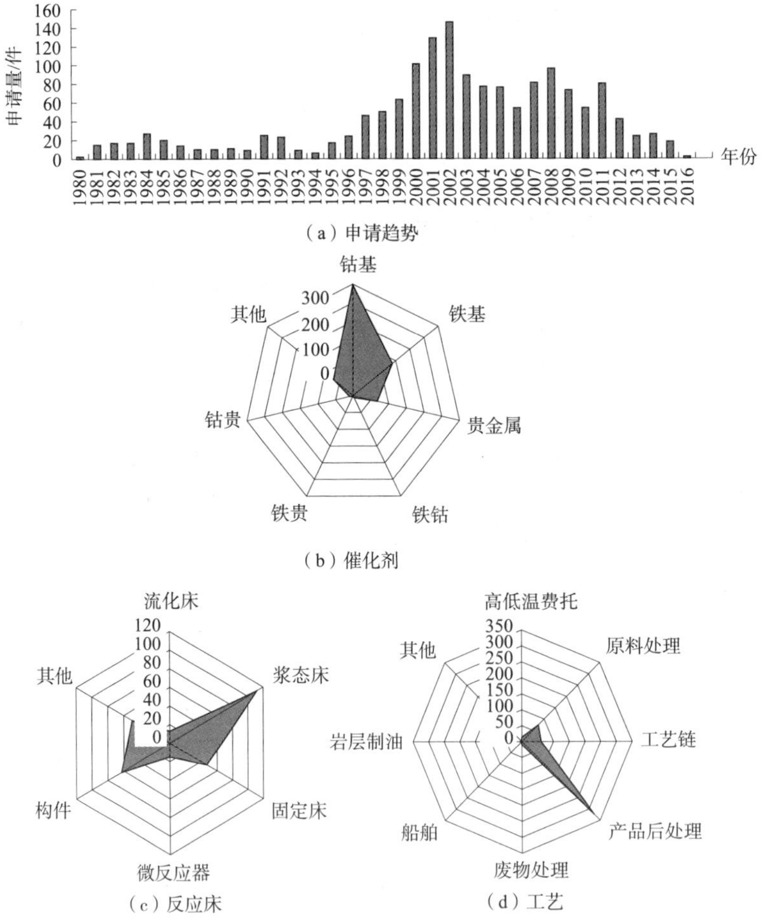

图2－36 澳大利亚费托合成技术领域专利申请趋势及各分支分布

新主体专利布局相对较少。对于技术主题来说，在工艺方面的专利申请主要涉及产品后处理相关方法，在催化剂方面的专利申请主要集中在钴基催化剂，在费托反应器方面的专利申请则主要集中在浆态床反应器。

2. 美国专利布局分析

图 2－37 示出了美国费托合成技术领域专利布局概况。可以看出，美国在费托合成技术领域的专利申请量比较大，专利申请主要集中在 1997 年之后。2001 年以后，美国每年申请量接近 200 件。技术主题主要集中在钴基催化剂、铁基催化剂、浆态床以及产品后处理等方面。在美国的专利申请中，来自美国本土的申请人申请的专利占绝大多数，日本、南非、荷兰、德国和英国也比较重视在美国布局专利。

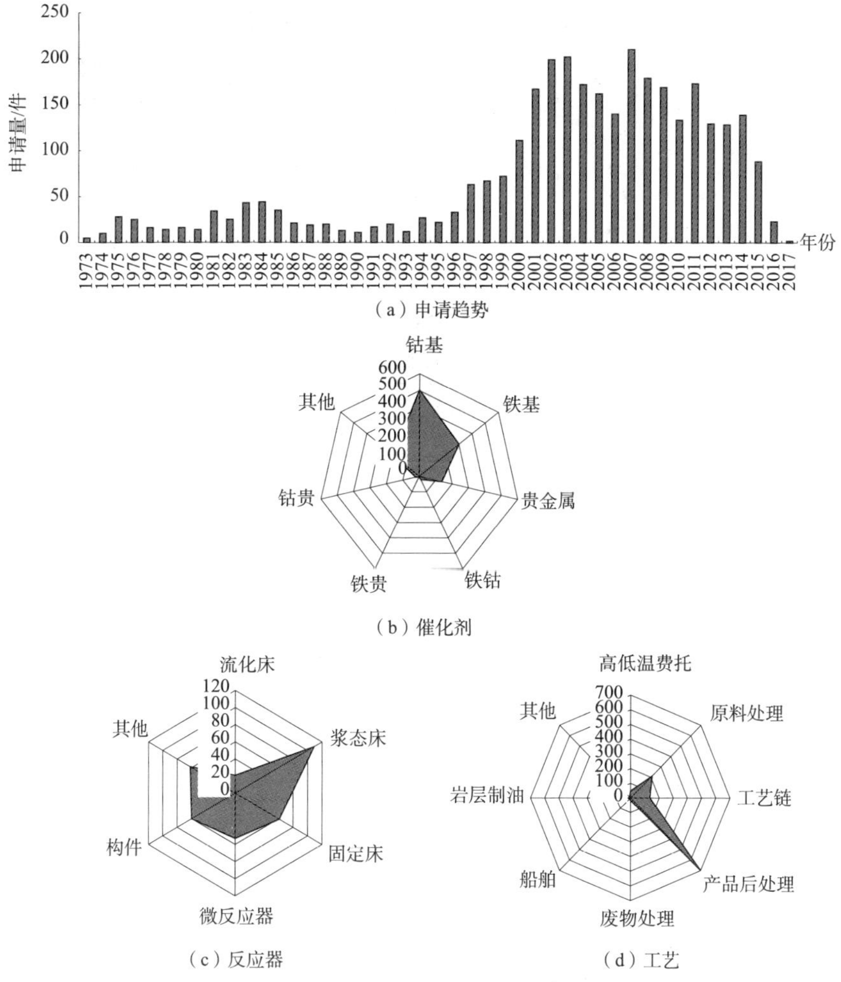

图 2－37 美国费托合成技术领域专利申请趋势及各分支分布

3. 加拿大专利布局分析

图2－38示出了加拿大费托合成技术领域专利布局概况。可以看出，加拿大费托合成相关专利申请的高峰集中在1997～2014年。费托合成相关专利申请的主要技术来源国和地区为美国、欧洲以及英国。不同于其他国家的专利布局，南非申请人在加拿大的专利布局相较于澳大利亚、美国、俄罗斯等国的申请人在数量较少，主要原因在于沙索在加拿大申请量较少。另外，加

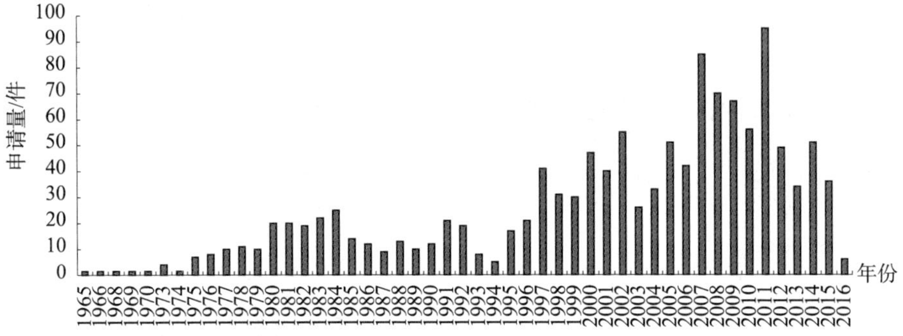

（a）申请趋势

注：图中空缺年份无申请未标出，下同。

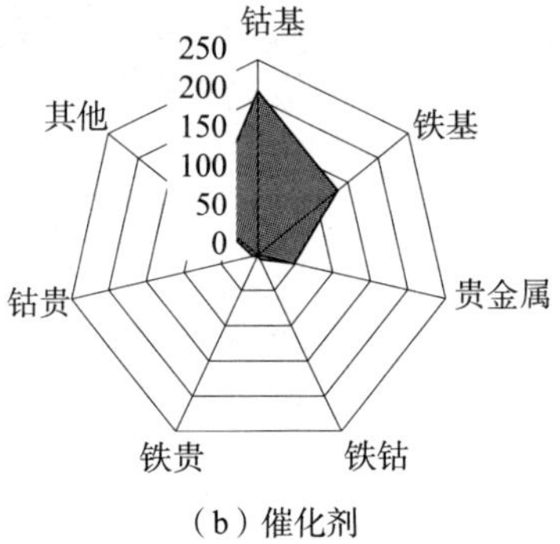

（b）催化剂

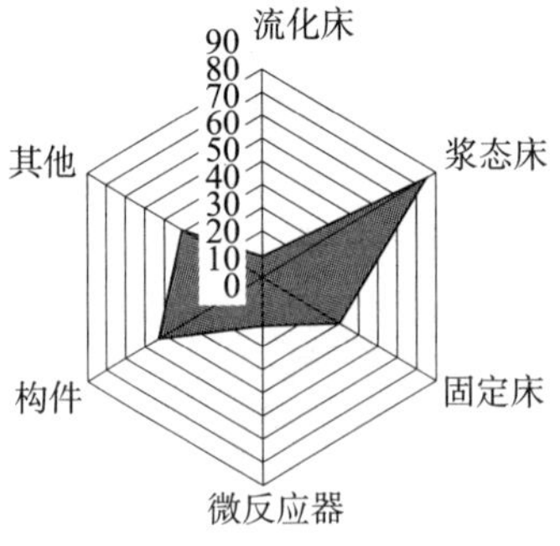

（c）反应器

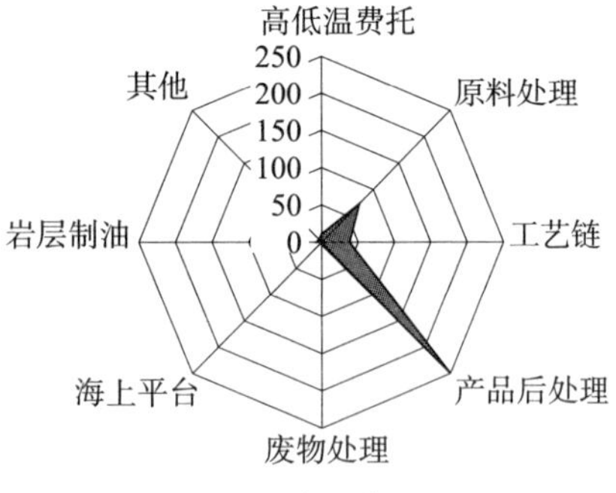

（d）工艺

图2－38　加拿大费托合成技术领域专利申请趋势及各分支分布

拿大本土的申请人专利布局相对较少，美国申请人在加拿大专利布局具有明显优势。在专利布局的技术主题方面，工艺方面的专利申请主要涉及产品后处理相关方法，催化剂方面的专利申请主要申请集中在钴基催化剂，费托反应器方面的专利申请则以浆态床为主。

4. 德国专利布局分析

图 2 –39 示出了德国费托合成技术领域专利。可以看出，德国费托合成相关技术申请出现两个高峰分别为 1976 ~1992 年的小高峰，以及 1997 ~2003 年的大高峰，近几年德国专利布局量虽然不高，但基本维持一定数量的专利布局。从费托合成的技术主题来看，工艺方面的专利申请主要涉及产品后处理相关方法，原料处理和工艺链方面有较少的专利布局；催化剂方面的专利申请主要集中在钴基催化剂，其次为铁基、其他以及贵金属催化剂；反应器方面的专利申请则以浆态床反应器为主，其次为固定床、通用构件。

5. 马来西亚专利布局分析

图 2 –40 示出了马来西亚费托合成技术领域专利布局概况。马来西亚虽然国土面积较小，然而其天然气储量巨大，已探明的储量达 1190 亿立方米。壳牌在马来西亚已经建立气制油的工业化生产线，且非常重视在马来西亚布局专利。马来西亚费托合成技术领域的专利申请自 1997 年开始快速增长，每年的专利申请量都为 20 ~30 件。技术主题主要集中在钴基催化剂、浆态床、固定床和产品后处理方面。日本、美国、英国、意大利、法国、南非、海湾地区国家是马来西亚主要技术来源国和地区。

6. 印尼专利布局分析

图 2 –41 示出了印尼费托合成技术领域专利布局概况。可以看出，印尼费托合成相关技术申请数量较低，1997 年申请量最高，仅为 10 件，随后几年专利申请量仅维持在个位数，专利布局持续到 2014 年。相关专利申请的主要技术来源国为美国、意大利、南非和韩国。在技术主题方面，主要集中在钴基催化剂、浆态床以及反应器构件和产品后处理方向。

7. 哈萨克斯坦专利布局分析

哈萨克斯坦独立以来，逐步完善知识产权保护制度，哈萨克斯坦专利法是独联体国家中第一批颁布的，哈萨克斯坦国家专利局成立于 1992 年。

哈萨克斯坦的专利申请量总体较少，每年全部专利申请量在 1 万件左右。据统计，2009 ~2013 年，中国向哈萨克斯坦共申请专利仅有 20 件，可以预见，哈萨克斯坦费托合成技术领域的专利申请量也较少。因此，中国企业可以围绕自身核心技术及相应的外围技术，加快在哈萨克斯坦的专利布局，赢得先机，为企业赢得国际市场竞争优势掌握主动权奠定基础。

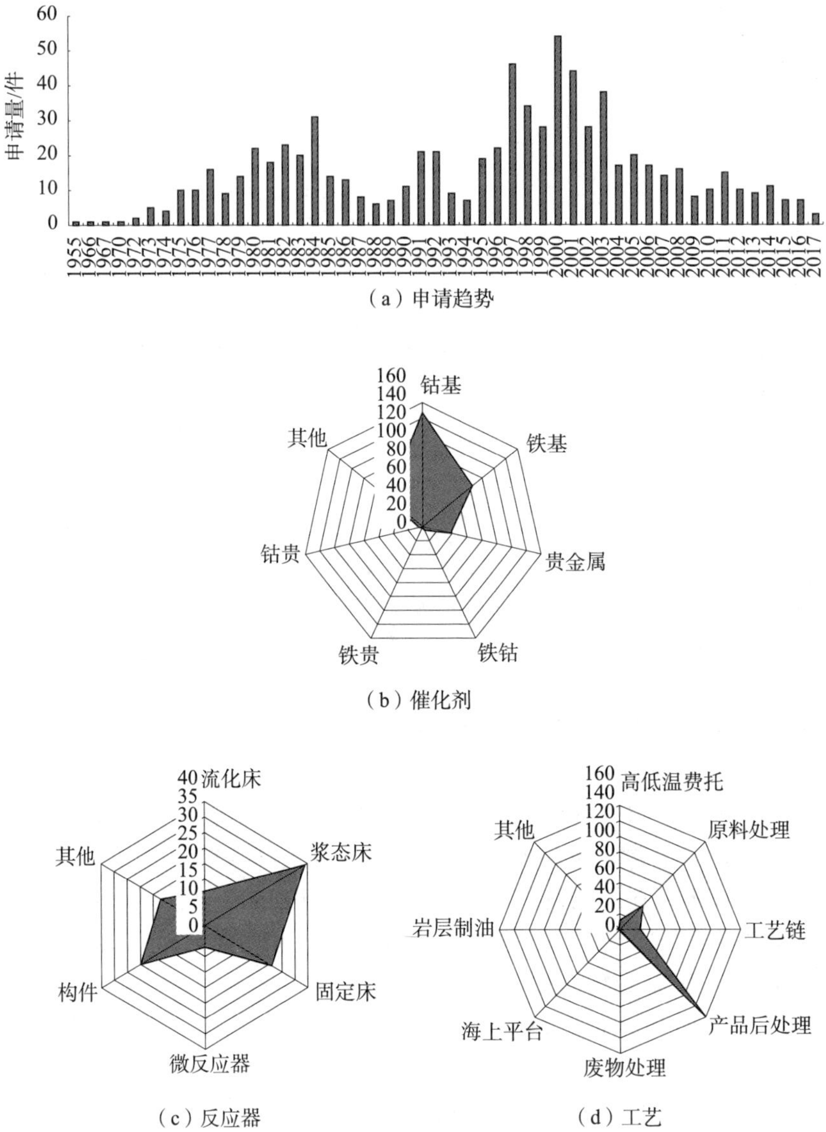

图2－39　德国费托合成技术领域专利申请趋势及各分支分布

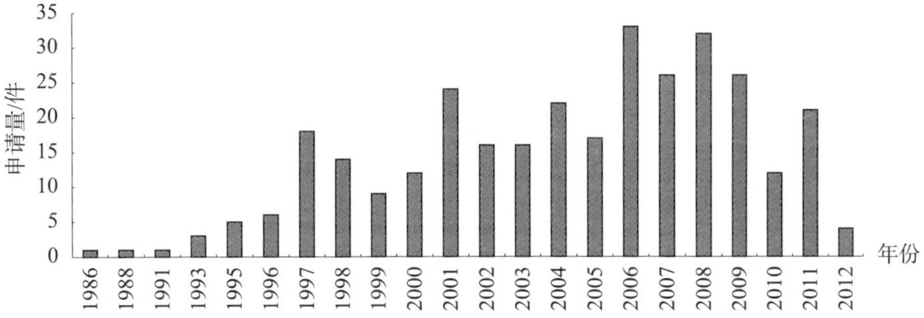

（a）申请趋势

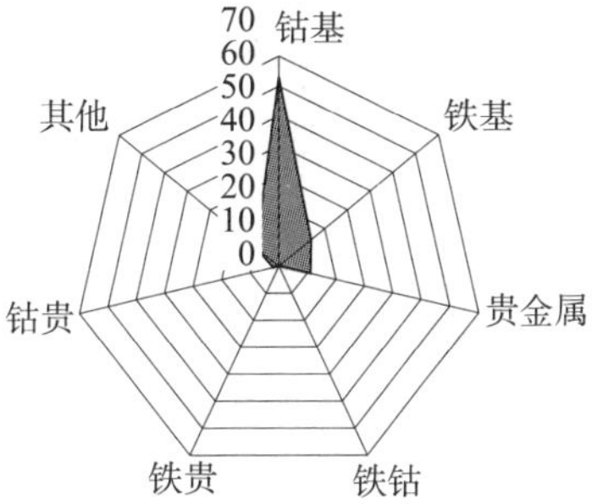

（b）催化剂

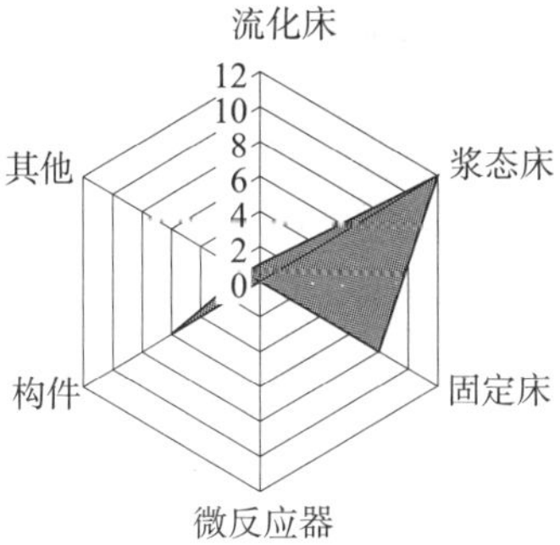

（c）反应器

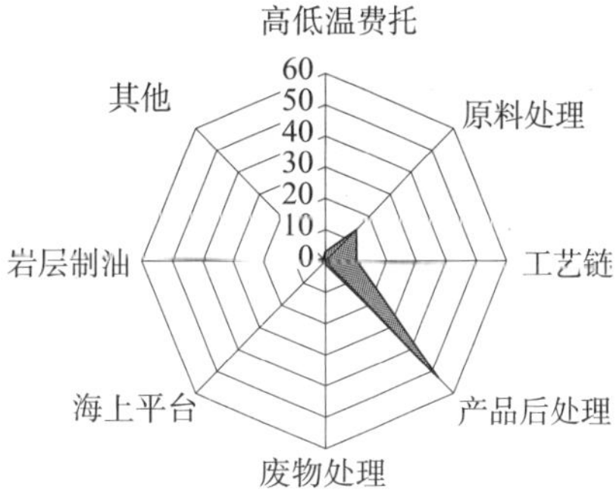

（d）工艺

图 2-40 马来西亚费托合成技术领域专利申请趋势及各分支分布

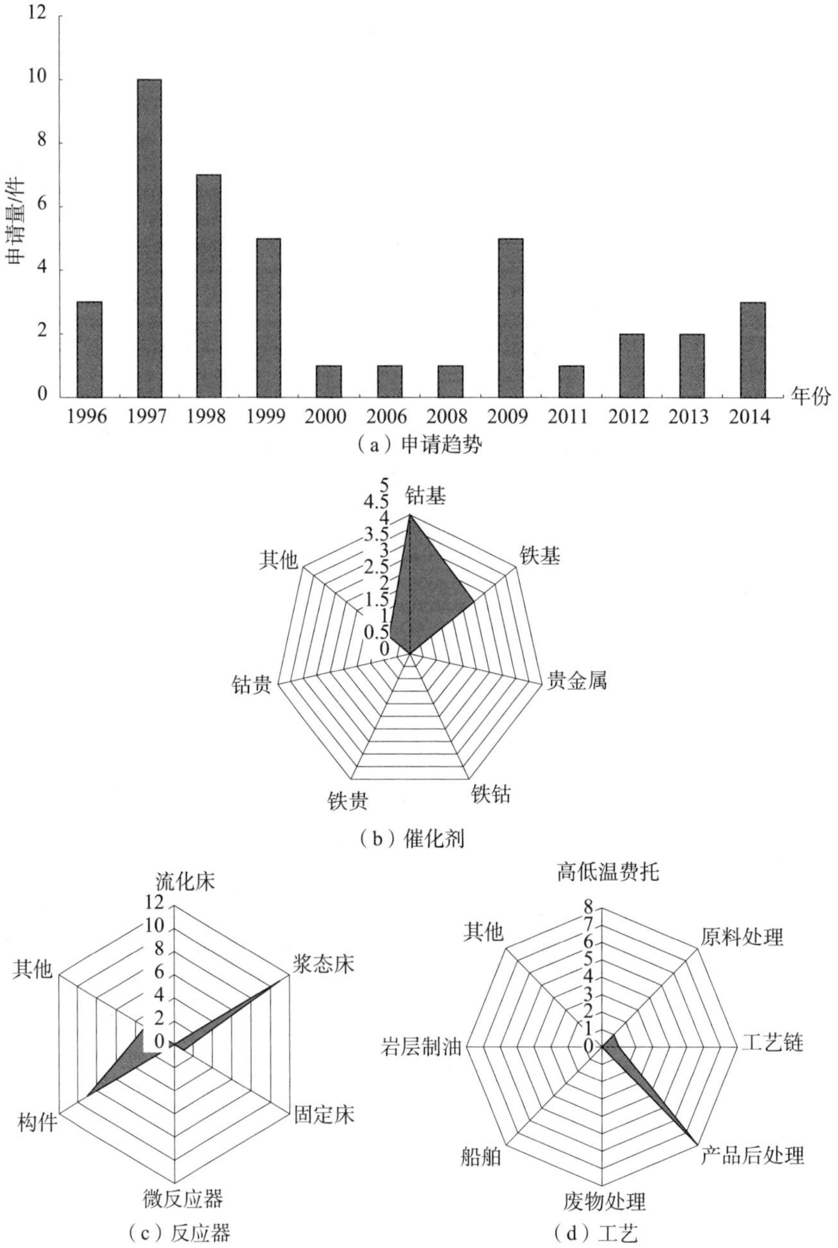

图 2－41　印尼费托合成技术领域专利申请趋势及各分支分布

8. 俄罗斯专利布局分析

图 2－42 示出了俄罗斯费托合成技术领域专利布局概况。可以看出，相关专利申请自 1999 年开始进入快速发展阶段，每年的专利申请量都在 30～

40 件。美国、南非、日本、法国和中国为主要的技术来源国。在技术主题方面，工艺方面的专利申请主要涉及产品后处理；催化剂方面主要申请集中在钴基催化剂，其次为铁基催化剂；反应器方面则以浆态床和固定床反应器为主，而流化床和微反应器方面无专利布局。

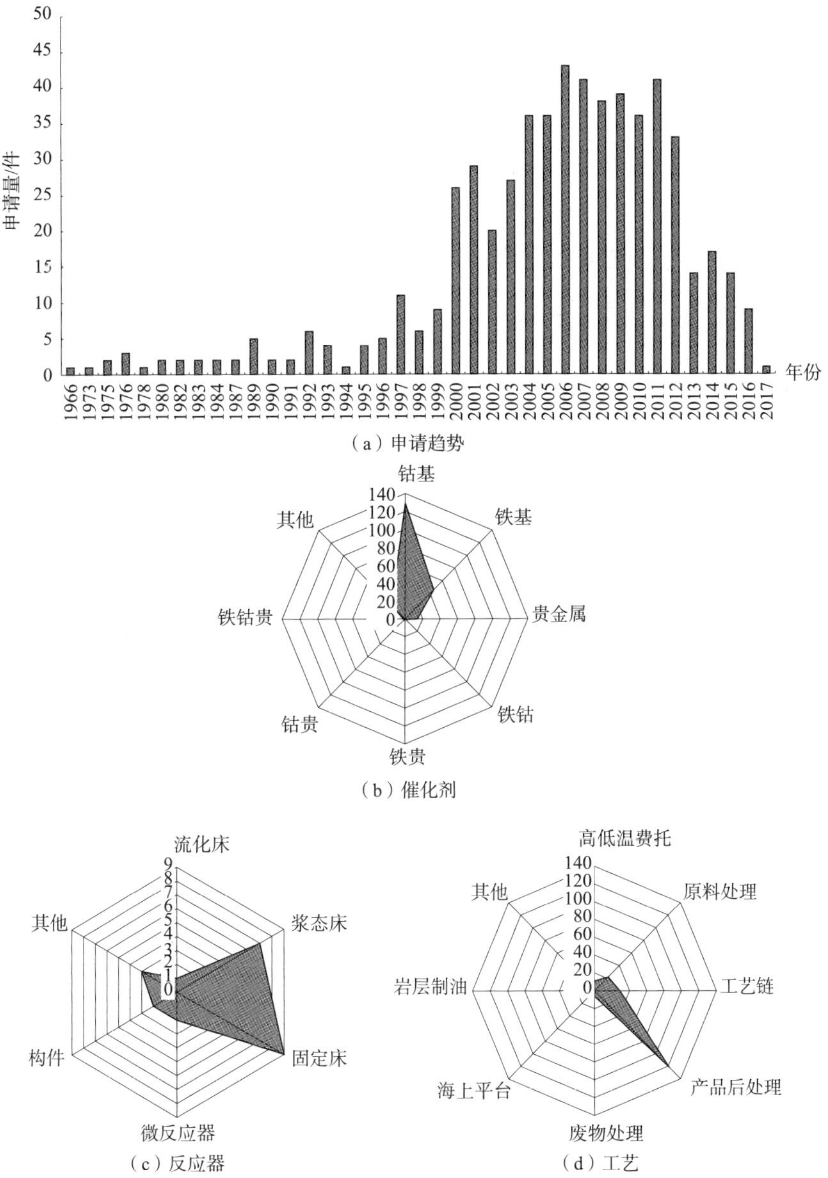

图 2-42　俄罗斯费托合成技术领域专利申请趋势及各分支分布

2.6 结论和建议

1. 继续发展铁基浆态床低温费托技术，完善铁基流化床高温费托技术，提高现有铁基催化剂和反应器的效能

分析结果表明，我国费托合成企业专利布局的重点在于铁基浆态床技术，它是比较适合以煤制合成气为原料的低温费托合成工艺。目前仅有兖矿集团的一个在建项目涉及高温费托合成工艺，采用的是铁基固定流化床技术。铁基浆态床技术比较成熟，已实现较大规模的产业化，但是还有进一步提升性能的空间，比如提高催化剂的耐磨损性能，以及提高催化剂的分离效率等。从产品来看，低温费托合成工艺的产品主要是液化天然气、石脑油和柴油等，产品类型较为单一，附加值较低。高温费托合成工艺相比低温费托合成工艺，产品类型更多，附加值也相对较高。为了扩展产品种类、提高产品附加值，国内企业一方面可以进一步发展以铁基固定流化床为代表的高温费托合成技术；另一方面应进一步拓展产品类型，增加如费托蜡、润滑油等高附加值产品的研发。

2. 加大 GTL 技术的研发力度

从世界范围看，国际巨头壳牌和沙索目前的研发重点及产业化技术集中在天然气制合成油（GTL），采用天然气为制备合成气的原料。其中，壳牌采用的是钴基固定床技术，而沙索采用的是钴基浆态床技术。目前，我国仅有潞安集团的一个产业化项目采用钴基固定床技术，气源采用的是焦炉气，产量和规模相对较小。在主要的能源种类中，煤炭资源开发历史悠久，消耗量大，且为不可再生资源。天然气开采后运输、储存不便，将其转化为油品再加以利用无疑为一个好的方法，并且近年来页岩气、可燃冰等资源的相继开发利用，其也可以作为 GTL 的气源，因此集中优势力量开发 GTL 的可工业化费托技术成为研发重点。钴基固定床技术的关键在于解决固定床的散热问题，避免催化剂失活；而钴基浆态床技术的关键在于提高催化剂本身的耐磨性。

3. 加强企业合作，提质增效，促进我国费托产业走出去

在我国煤制油行业中，不同的技术掌握在不同的创新主体中，比如费托合成技术掌握在山西煤化所、中科合成油和兖矿集团手中，但这类企业在产物后处理上技术薄弱，产物后处理技术掌握在石化行业的申请人中。因此，煤制油行业的企业应加强与石化类企业的合作，借助石化类企业在油品后处理的技术优势，拓展产业链，增强盈利能力。

另外，企业走出去时，需要拥有很强的综合实力，如资金、资源、技术等。国内掌握费托合成技术的煤制油申请人资金相对有限，而大型煤矿、石化类企业的资金实力雄厚，并且能够拿到国外煤矿或者天然气矿等资源，但

这类企业目前煤制油技术相对薄弱，因此在走出去时，应加强国内各种优势企业之间的合作，使资源和技术更好地结合，促进费托产业走出国门。

4. 提高技术开发和专利保护意识，对重点专利及时进行海外布局

我国申请人虽然专利申请量较多，但是在海外布局的情况与国外申请人相比还明显不够，主要是由于对潜在的市场全球化专利保护意识不够。因此，我国申请人需要学习和借鉴国外优秀企业的研发和保护策略，提前对存在潜在市场的海外国家和地区进行专利布局。基于矿产资源分布、投资环境、产业输出意愿、目标国的申请量、外来技术占比和重要申请人的分布情况作为考虑因素，确定9个国家为我国费托合成技术重点海外专利布局目标国。企业应当根据海外目标市场资源环境特点和投资需求适应性地改进研发技术，同步进行海外专利布局，增强专利布局的科学性和针对性。

3

光学膜技术*

光学膜技术是一门涉及光学设计、高分子树脂制备、成膜工艺、精密机械加工、自动控制技术等多学科的综合性技术，具有交叉性强、专业性强、技术门槛高等特点。近年来，随着我国平板显示产业的快速发展，作为其核心元件的光学膜得到了越来越多的关注，支持政策不断出台、企业产能不断提高、研发投入不断加大、专利成果不断涌现。

3.1 光学膜技术及其产业发展现状

3.1.1 光学膜技术概述

光学膜又称光学薄膜、光学功能薄膜，是指具有特定光学、物理、机械特性，并适用于专业用途的高分子薄膜材料。光学膜是一类非常重要的光学

---

* 本章节选自2018年度国家知识产权局专利分析和预警项目《功能性高分子材料——光学膜技术专利分析和预警研究报告》。

（1）项目课题组成员：陈伟（负责人）、陈燕（负责人）、孙跃飞（组长）、孙全亮（组长）、李跃然（副组长）、刘庆琳（副组长）、冯志杰、时钢印、胡萍、朱涛、骆春、彭龙泉、石建博、马莉、秦晨晨、李芳、邓鹏、王瑞阳。

（2）主要撰稿人：李跃然、冯志杰、时钢印、胡萍、朱涛、骆春、彭龙泉、石建博、马莉、秦晨晨。

（3）专利分析指导：李芳、邓鹏、王瑞阳。

（4）项目管理：李芳。

（5）研究组织与质量控制：陈伟、陈燕、孙跃飞、孙全亮。

（6）主要统稿人：李跃然、时钢印。

（7）审稿人：陈伟、陈燕。

（8）课题联系人：李跃然。

（9）本章执笔人：李跃然、时钢印、马莉。

元件，在光的传输与调制、光谱（或能量）的分割合成以及光与其他能态的转换过程中起着不可替代的作用。光学膜技术于20世纪60年代起源于美国，后发展和兴盛于日本。

平板显示（FPD）相较于之前的阴极射线显示管显示（CRT显示），其辉度、对比度、视角、色再现性以及显示均匀性等性能均有大幅的提高，而上述性能的改善多依赖于光学膜。平板显示用光学膜占全球光学薄膜市场的86%以上，平板显示用光学膜市场主导着全球光学膜市场。作为平板显示面板的重要组成部分和核心材料，光学膜成为各创新型国家和企业关注的重中之重。平板显示用光学膜主要包括LCD用光学膜和OLED用光学膜。

1. LCD用光学膜

LCD面板包括液晶显示模组和背光模组两部分。液晶显示模组涉及的功能型膜主要为偏光片。LCD面板成像必须依靠偏振光，液晶显示模组需包含两张偏光片，分别位于液晶组件的上下两侧，下偏光片用于将背光模组产生的光束转换为偏振光，上偏光片用于解析经液晶电调制后的偏振光，产生明暗对比，从而产生显示画面。偏光片主要包括保护膜层、TAC膜、PVA膜、压敏胶层以及离型膜层。其中，PVA膜和TAC膜是偏光片中的关键性光学基膜。PVA膜决定了偏光片的偏振性能，但其具有易吸水、褪色而丧失偏光性能的缺点，因此需要在其两侧各设置一层TAC膜来对其进行保护。TAC膜作为PVA膜的保护膜，除相应的物理机械特性外，还具有高透光率、高洁净度、高均一性、无可见性缺陷、成膜厚度薄、雾度低等一系列优点，且具有光学特性上各向同性的特点以及与PVA膜优异的复合性能，在对光学各向同性有严格要求的液晶显示屏中，有着无法替代的优势。

背光模组涉及的功能型膜包括增亮膜、扩散膜和反射膜，增亮膜用于改善整个背光系统发光效率，扩散膜是为显示器提供一个均匀的面光源，反射膜则影响显示的亮度效果。上述膜一般以PET膜、PE膜、PI膜、PA膜等作为光学基膜加工而成。

2. OLED用光学膜

OLED面板涉及的功能型光学膜主要是阻隔膜。在OLED面板中，包括基底、有机发光层和封装材料等组成部分。由于有机发光层对于水氧高度敏感，阻隔膜不仅要满足OLED的光学性能要求，同时必须有效地防止水汽和氧气的透过。阻隔膜不仅是OLED封装的核心材料，还是OLED面板实现柔性的关键。在传统的OLED封装中，一般采用玻璃基板和玻璃盖板及边缘缝隙封装材料构成的刚性封装材料进行封装，显示面板无法实现折叠和可卷曲的功能。阻隔膜一般采用的是无机氧化物或有机－无机叠层复合材料在有机高分子基材上复合形成。OLED利用柔性阻隔膜对刚性封装材料进行替代封装后，使得 OLED 具有更薄、更轻、柔性等特点，进一步拓宽了 OLED 的应用领域，使得 OLED 有望成为继 TFT - LCD 之后的第三代主流显示技术。

3.1.2 光学膜产业概况

1. 光学膜产业结构

光学膜产业链中，LCD 面板或 OLED 面板的生产制造属于下游；功能型膜组件，包括反射膜、增亮膜、扩散膜、偏光片、阻隔膜的生产制造为中游；光学基膜，包括 TAC 膜、PVA 膜、PET 膜、PE 膜、PI 膜、PA 膜等的生产制造为上游。

2. 全球光学膜产业

光学膜产业的技术和资金密集，进入门槛较高。光学膜产业属于资金密集型和技术密集型产业，涉及基膜的高分子合成、挤出、流延、拉伸、干燥、收卷和功能型膜的表面涂布、光学结构设计等众多工艺，量产前需要积累大量的工业数据。行业进入难度较大，前期投资非常大；此外，光学膜品质控制要求极为严格，缺陷需要控制到微米级别甚至亚微米级别，企业生产管理成本较高。更重要的是，LCD 和 OLED 产品的升级换代速度快，对于光学膜的性能要求不断提升，对企业的资金和研发的持续投入能力均有较高要求。

日本、韩国和美国技术高度集中，市场优势地位明显。全球光学膜供应商主要集中在日本、韩国和美国。大多数从事光学膜生产的企业，都是全球知名的大型企业，技术集中度高，具有雄厚的资金和技术实力，全球光学膜产业呈现集中垄断的态势。例如，在 TAC 膜领域，日本的两家企业占据全球 80% 以上的市场份额。在 PVA 膜领域，日本的一家企业占有绝对的垄断地位，市场占有率超过 70%。在光学级 PET 膜领域，日本、美国和韩国的 4 家企业共占据 80% 以上的市场份额。在 OLED 阻隔膜领域，日本一家企业占有的市场份额全球领先，超过 50%。在偏光片领域，日本、韩国的 3 家企业市场份额为 66%，占据市场主导地位。在扩散膜领域，日本、韩国的 4 家企业占据超过 60% 的市场份额。

传统膜材趋于成熟，阻隔膜材成长可期。虽然近 5 年来，全球液晶面板的出货量一直在增长，但总体上 LCD 出货面积已开始呈现疲态，LCD 用光学膜的需求增长也开始放缓。经过多年的发展，扩散膜、反射膜、增亮膜以及偏光片的技术趋于成熟，全球产能大规模放大的可能性较小，LCD 用光学膜一段时间内呈现稳定发展的态势。而 OLED 用阻隔膜的需求量迅速攀升，并且由于阻隔膜技术发展处于增长期，技术创新十分活跃，随着 OLED 的快速发展，阻隔膜市场未来成长空间较大。

3. 中国光学膜产业

作为平板显示产业重要的核心原料之一，随着我国平板显示产业的迅猛发展，光学膜产业近年来受到国家和地方相关政策的重点关注与支持。国家“十二五”“十三五”中明确指出要积极发展光学膜产业，完善平板显示产业链，科技部、国家发改委等部委以及安徽、江苏、浙江、北京、广东、河北等省市也都推出了大力发展光学膜产业的政策措施。目前，光学膜核心技术多为国外大企业垄断。为了谋求进一步发展，一方面，国内企业纷纷寻求国际合作，积极引进国外的生产线，学习国外的光学膜技术，目前已有多家国内企业已就 TAC 膜或偏光片的生产与国外相关企业实现了合作。另一方面，伴随着平板显示的中游和下游产业逐渐由日韩等国家向中国转移，国内光学膜生产企业陆续掌握了一定的光学膜制备工艺技术，技术水平和生产能力稳步提升。

虽然国家高度重视光学膜产业的发展，国内企业也通过技术合作、技术引进逐渐提高技术能力水平，但是从产业发展进程来看，中国的光学膜产业起步较晚，整体处于较为落后的水平。国内光学膜企业的数量较少，总体规模偏小，产品品质不高，光学膜存在较大的国产化空间。国内光学膜企业在中游的功能型膜如增亮膜、反射膜、扩散膜已经取得了不小的突破，产品能够满足 TFT - LCD 的要求，国产化率稳步提升，并有部分产品开始进入国外市场，但是，制造偏光片的两大核心原材料 TAC 膜和 PVA 膜，制造反射膜、增亮膜、扩散膜的光学级 PET 膜以及用于 OLED 面板的阻隔膜，其光学级切片和特种添加剂等原材料，国内基本无法生产，光学膜所依托的精密涂布设备和技术，没有得到系统的研究和开发，生产高端光学膜的设备仍需依赖进口。加强光学膜技术的研究与保护，发展光学膜产业，提高我国显示面板产业的抗风险能力迫在眉睫。

3.2 光学膜技术专利整体态势

截至 2018 年 9 月 30 日，涉及光学膜技术的全球专利申请共计 41320 项。如图 3 - 1 所示，在历经 20 年（1968 ~ 1987 年）的萌芽期之后，因得益于下游平板显示产业的蓬勃发展，光学膜的专利申请量进入同样为期 20 年的上升通道（1988 ~ 2007 年），并保持平稳发展态势。可以预见，随着显示技术的不断革新，光学膜的专利申请量将有可能迎来下一个快速增长的阶段。

从中国专利申请的情况来看，自 2001 年至今，光学膜技术经历两次跨越式增长。第一次历经约 8 年的时间（2001 ~ 2008 年），年均增长 102 项。因受 2008 年经济危机影响，2009 年申请量下降了 200 多件，此后申请量快速反弹，又迎来新的增长。这主要受国内申请人申请数量提升的带动，得益于强力的政府支持、巨大的自身市场和强大的制造能力。第二次跨越式的增长（2009 年至今）也历经约8年的时间，申请量在2016年再创新高，年均增长78项。

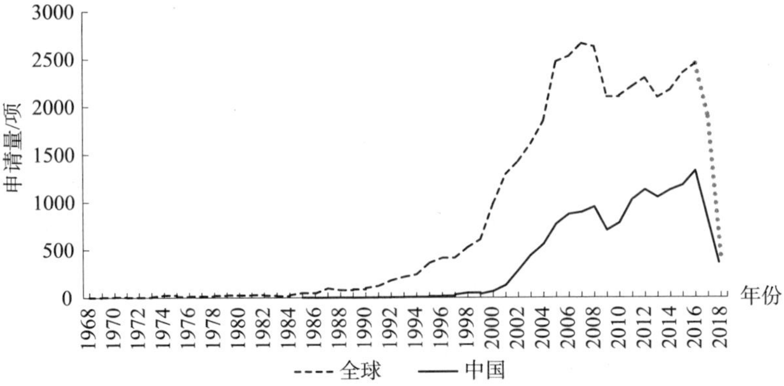

图3－1　光学膜全球和中国专利申请趋势

从光学膜全球专利申请的来源与流向来看，日、中、韩、美四国的专利申请量占全球专利申请总量的92%，如表3－1和图3－2所示。其中，日本占比为60%，同时，它也是全球最大的技术输出国。相比之下，中国作为全球专利申请的第二大来源国，尚未形成良好的专利布局，87%的专利申请都集中在国内。

表3－1　光学膜全球和中国专利申请来源分布

全球		来华		国内	
国家/地区	申请量占比/%	国家/地区	申请量占比/%	省（市）	申请量占比/%
日本	60	日本	67	广东	39
中国	15	美国	13	江苏	14
韩国	10	韩国	13	北京	11
美国	7	其他	7	浙江	6
其他	8	—	—	上海	5
				其他	25

从光学膜中国专利申请的来源来看，57%是国外来华申请。其中，日、韩、美占全部国外来华申请的93%。由此可见，这些光学膜技术强国不仅保持技术领先优势，并且非常重视在中国的专利布局。国内光学膜技术的专利申请主要集中在珠三角和长三角地区，这与我国光学膜产业的分布有密切关系。

在海外布局方面，日、美、韩都彼此重视。其中，日美互为第一大海外布局市场，同时它们都把韩国作为自己的第二大海外专利布局市场，而韩国专利技术申请大多集中在美国。美、日、韩之间的竞争非常激烈。

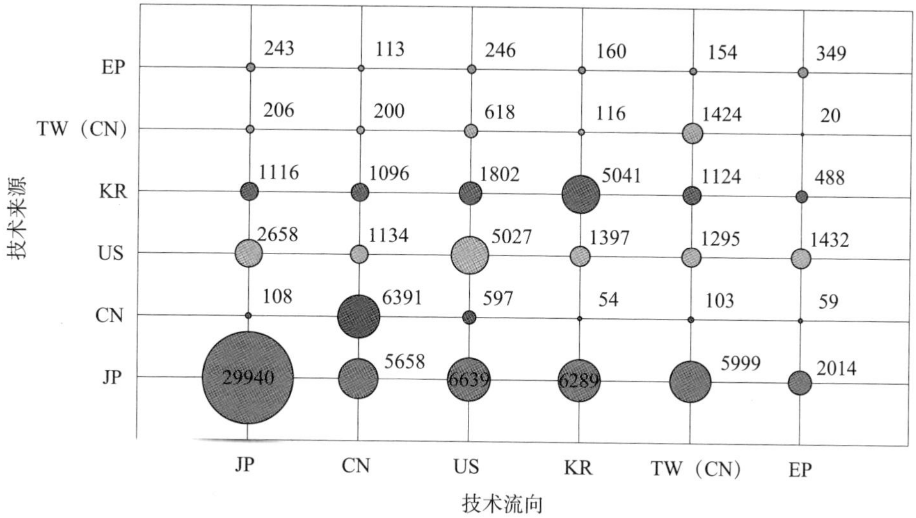

图3－2　光学膜全球专利申请来源和流向分布

注：图中数字表示申请量，单位为项；其中TW（CN）表示中国台湾。

从申请主体方面来看（见表3－2），全球专利申请总量的38%来自全球排名前10位的申请人，其中7位是日本企业（依次是富士胶片、日东电工、柯尼卡美能达、三菱、住友、TOPPAN和DIC），这7家日本企业的申请量占全球申请总量的30%；中国专利申请量的37%来自中国排名前10位的申请人，其中4位是日本企业，这4家日本企业的申请量占在华申请总量的20%。可见，光学膜技术的集中度相当高。

表3－2　光学膜全球和中国专利申请前10位申请人对比

排名	全球			中国		
	申请人	申请量/项	占比/%	申请人	申请量/件	占比/%
1	富士胶片	3959	10	日东电工	1094	7
2	日东电工	2463	6	住友	869	6
3	柯尼卡美能达	2004	5	富士胶片	798	5
4	LG	1265	3	富士康	525	4
5	三菱	1257	3	LG	496	3
6	富士康	1155	3	京东方	407	3
7	住友	1032	2	3M	399	3
8	TOPPAN	884	2	TCL	317	2
9	DIC	867	2	三星	307	2
10	塞拉尼斯	790	2	柯尼卡美能达	295	2

从技术主题方面来看，光学膜按功能划分主要包括增亮膜、偏光片、扩散膜、反射膜及阻隔膜，按基膜划分主要包括 TAC 膜、PET 膜、PVA 膜等。由图 3－3 可知，无论是功能型膜还是光学基膜方面，日本都占有领先地位，韩国也有较深厚的技术积累和成果产出。而中国虽然在增亮膜方面的申请量比较突出，但 40% 以上都是实用新型专利申请，且发明专利申请的授权率仅为 40%，跟日韩相比，存在相当大的差距，在光学基膜方面更是难以与之抗衡。同时，日本和韩国对光学膜领域的上游控制得非常严密，垄断程度较高。中国申请的技术主题分布与全球类似，涉及功能型膜的专利申请量远大于涉及光学基膜的专利申请量。

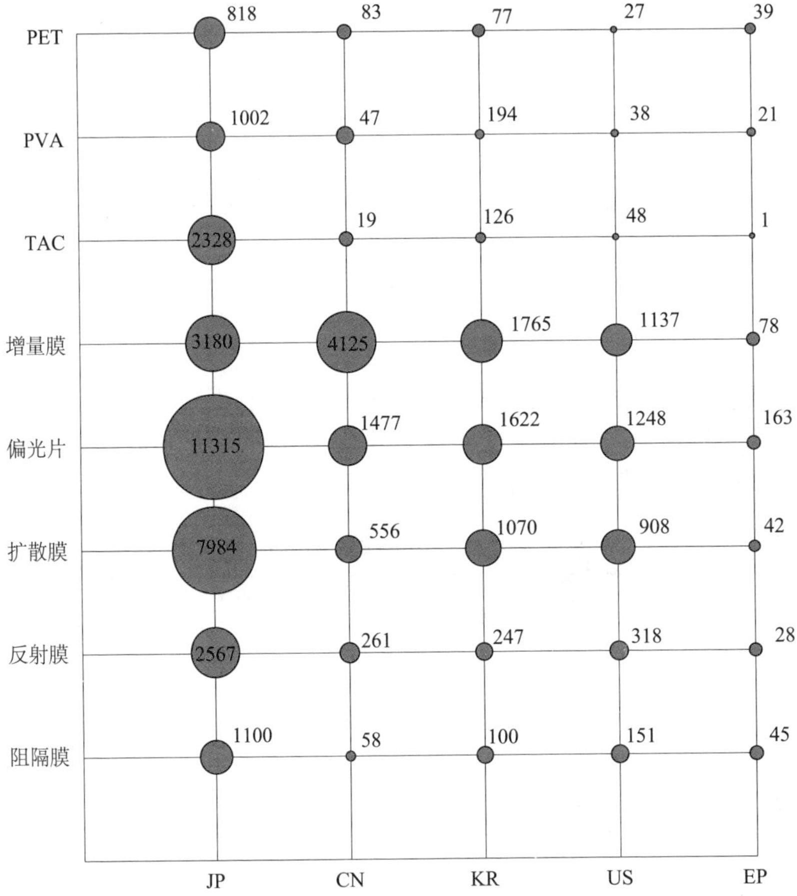

图 3－3　光学膜全球专利申请主要国家和地区技术主题分布

注：图中数字表示申请量，单位为项。

3.3 TAC 膜专利竞争格局分析

TAC 膜（三醋酸纤维素膜）是 LCD 中最重要的光学膜之一，其用于偏光片中 PVA 膜的两侧，以起保护和/或相位补偿的作用。由于每张偏光片中需要两片 TAC 膜，TAC 膜在偏光片的原材料中用量最大，其成本占偏光片总成本的 50% 以上，是偏光片中关键的膜材之一。

TAC 膜最早作为感光片基广泛应用于电影胶片、相机胶卷、航空胶片等领域，随着传统感光行业的没落，作为感光片基的 TAC 膜产品的鼎盛期已经过去，然而 LCD 产业的兴起又为 TAC 膜提供新的发展机遇。由于相比于用作感光片基的 TAC 膜，用作 LCD 偏光片中保护膜的 TAC 膜对薄膜的光学同向性、耐候性以及机械性能均提出新的、更高的要求，因此，TAC 膜的制造工艺也发生了根本性的升级与变革。

3.3.1 TAC 膜全球和中国专利申请态势

截至 2018 年 9 月 30 日，涉及 TAC 膜技术的全球专利申请共计 2569 项。从 TAC 膜全球专利申请趋势来看，TAC 膜技术的专利申请出现于 1995 年以前，从 1996 开始呈现快速增长态势，2005 年到达顶峰，年度申请量达到 284 项，2006 年之后开始回落，年度申请量震荡减少至 2016 年的 46 项，目前，TAC 膜的整体技术已处于成熟期，如图 3－4 所示。

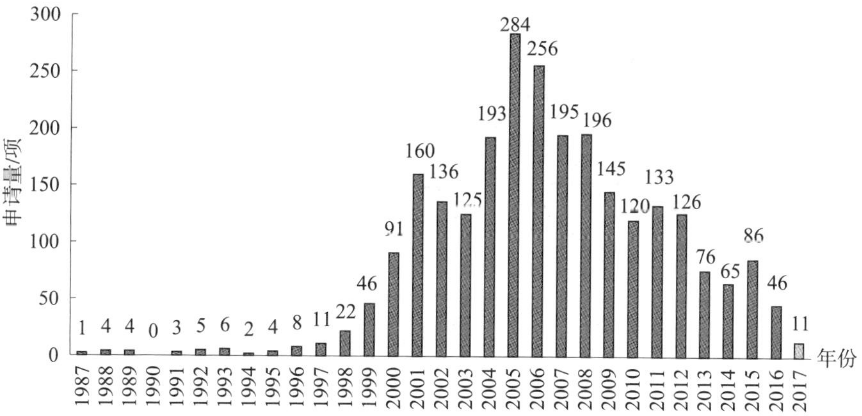

图 3－4 TAC 膜全球专利申请趋势

从 TAC 膜中国专利申请趋势来看，一方面，中国的最早申请出现在 1997 年，而来源于国内申请人的专利申请最早出现在 2006 年，说明中国国内企业在 TAC 膜领域的研发起步较晚；另一方面，1997～2017 年，国内申请总量为 18 件，每年的申请量均不超过 5 件，根据其专利申请数量来看，国内企业在

TAC 膜领域基本没有形成系统的研究，如图 3－5 所示。此外，从来华的专利申请量与全球的专利申请量的比值可以看出，2000 年以前来华进行专利布局的比例较低，说明该时期其他国家/地区的申请人来华进行布局的意愿较低，这与该时期中国在 LCD 领域的发展水平较低、不足以产生威胁有关。从 2001 年开始，来华的专利申请量与全球专利申请量的比值呈现出总体上升的趋势，并在 2016 年达到峰值。表明中国在 LCD 中游产业和下游产业的迅速发展使其他国家/地区的申请人加大在华对 LCD 上游关键原材料进行布局的力度。

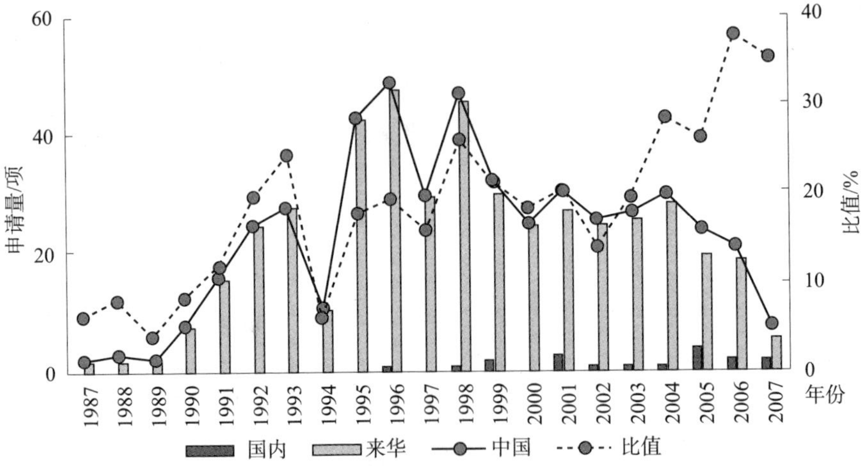

图 3－5　TAC 膜中国专利申请趋势

TAC 膜全球专利申请的主要来源国为日本，其专利申请量为 2328 项，全球占比为 90%，占据垄断地位；韩国是除日本之外专利申请量排名第二的国家，其专利申请量为 126 项，全球占比为 5%；美国、中国以及其他各国的专利申请量之和仅占全球专利申请总量的 5%，在该领域均不能对日本产生有效的威胁，如表 3－3 所示。

表 3－3　TAC 膜全球和中国专利申请来源分布

全球		中国	
国家/地区	申请量占比/%	国家/地区	申请量占比/%
日本	90	日本	89
韩国	5	中国	4
美国	2	美国	4
中国	1	韩国	2
其他	2	其他	1

在中国专利申请中，来源于日本的专利申请占到中国申请总量的89%，可见，日本是在华进行专利申请的主要国家。

从TAC膜全球专利申请主要的流向分布可以看出，一方面，日本是向全球输出TAC膜技术专利的主要国家，美国在海外市场的专利布局更偏重于日本和中国，其他国家/地区在海外的专利申请量均不高；另一方面，全球的专利申请主要集中在日本、中国、韩国、中国台湾和美国，在欧洲的专利申请量较低，如图3-6所示。

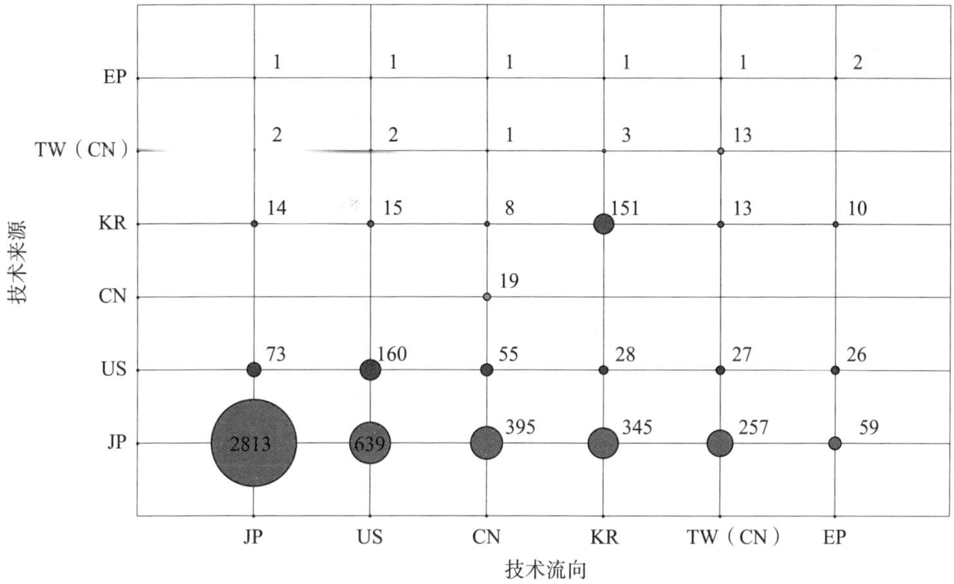

图3-6 TAC膜全球专利申请来源和流向分布

注：图中数字表示申请量，单位为项；其中TW（CN）表示中国台湾。

从全球范围内的主要申请人排名可以看出，富士胶片和柯尼卡美能达的申请量相对于其他申请人而言，具有压倒性的优势，如表3-4所示。此外，全球申请量排名前10位的申请人中，日本企业有7家（富士胶片、柯尼卡美能达、大赛璐化学、DIC、钟化、日东电工、ADEKA），韩国企业有2家（晓星、SK），这足见日本和韩国在TAC膜领域的领先地位。

表3-4 TAC膜全球专利申请前10位申请人对比

排名	申请人	申请量/项
1	富士胶片	1367
2	柯尼卡美能达	736
3	晓星	82

续表

排名	申请人	申请量/项
4	大赛璐化学	65
5	DIC	35
6	SK	22
7	钟化	19
8	日东电工	18
9	ADEKA	15
10	伊士曼化工	14

由表3－5可知，中国专利申请中，富士胶片和柯尼卡美能达的专利申请量之和占中国申请总量的75%，而全球申请量排名第三的晓星并未在中国进行相关的专利申请。国内的主要企业有中国乐凯集团有限公司等，但是专利申请量较低，与国外领先企业差距巨大。

表3－5　TAC膜中国国内和来华申请人专利申请排名

排名	来华		国内	
	申请人	申请量/件	申请人	申请量/件
1	富士胶片	323	中国乐凯集团有限公司	8
2	柯尼卡美能达	46	南通醋酸纤维有限公司	3
3	伊士曼化工	15	太湖金张科技股份有限公司	3
4	大赛璐化学	14	泸州北方化学工业有限公司	3
5	DIC	8	西安北方惠安化学工业有限公司	1
6	SK	8	四川普什醋酸纤维素有限责任公司	1

TAC膜技术主要涉及四个方面：一是保证整个生产过程稳定连续地进行，以便批量化生产的TAC膜量产技术；二是通过抑制纤维素分子取向降低TAC膜面内延迟值和厚度延迟值，同时提高薄膜光学均匀性的光学同向技术；三是降低TAC膜透湿率和提高其抗紫外能力，以保护PVA膜不受环境影响的耐候技术；四是针对偏光片中靠近液晶层一侧的TAC膜，提升其延迟值或改善其波长分散性的相位补偿技术。通过采用相位补偿技术，可以扩大TN－LCD和VA－LCD的观看视角，并提高显示的清晰度。各技术主题在全球和中国专利申请中的占比如表3－6所示。

表 3-6 TAC 膜全球和中国技术主题分布

技术主题	全球占比/%	中国占比/%
量产技术	31	33
光学同向技术	24	32
相位补偿技术	25	26
耐候技术	31	19

如图 3-7 所示，在 2010 年之前，申请主体对于量产技术有着持续的重点关注；相位补偿技术和光学同向技术作为 TAC 膜技术的两个重要分支，两者的发展趋势较为相似，且申请量不相上下；而耐候技术在前期的发展较为缓慢，但在近 5 年有较快速的发展，申请主体对其的关注度逐渐凸显。究其原因，一方面，随着 TAC 膜厚度的减小，其透湿率明显提高，由此导致 TAC 膜在高温高湿环境下的稳定性变差，从而导致偏光片性能的劣化，影响 LCD 的使用寿命，因此，TAC 膜薄型化的需求对耐候性提出更高的要求；另一方面，LCD 新的应用领域的开发如车载触控屏等，由于其工作环境的需要也对 TAC 膜的耐候性产生新的要求。

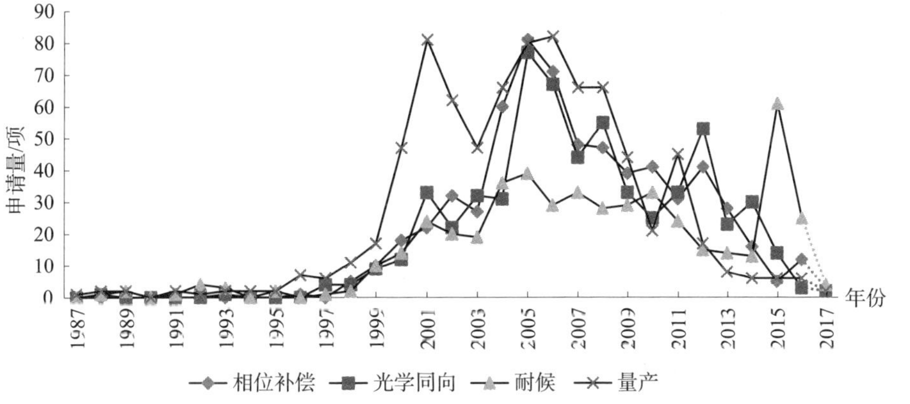

图 3-7 TAC 膜全球各技术主题专利申请趋势

3.3.2 TAC 膜关键技术

1. 量产技术

TAC 膜的制造工艺主要有两种，即溶剂流延法和熔融挤出法，也称为湿法和干法。

（1）湿法。

湿法制造是目前主流的 TAC 膜制造方法，其生产过程主要包括棉胶液制备、流延、湿膜剥离、干燥以及收卷或涂层加工等后处理工序。在通常的湿法工艺中，棉胶液的制备主要采用的溶剂是二氯甲烷和甲醇，而二氯甲烷、甲醇作为有毒有害的危险性溶剂，各国对其的使用都有严格的限制，而且生产过程中溶剂的回收利用是整个工艺中不可缺少的重要配套工序。因此，减少或避免使用二氯甲烷、甲醇对于降低 TAC 膜的生产成本和提高产能具有重大意义。

20 世纪 90 年代末，在液晶显示市场迅速扩大的背景下，TAC 膜的产能需求也迅速扩大，为了缓解增加产能所带来的环保压力以及溶剂回收成本，富士胶片于 1997 年将低温溶解技术应用于 TAC 膜的制造中（JP3619592B2），该技术以使用非卤素溶剂进行冷却溶解为特征。其主要的改进方向在于溶剂、助剂等的选择以及溶解工艺的控制。

此外，随着液晶显示进入 TFT - LCD 时代，产能扩大，显示装置的大型化、薄型化需求促使 TAC 膜生产商对湿法工艺中影响 TAC 膜生产效率的主要技术——剥离技术进行革新，其主要目的是避免剥离所造成的膜的外观缺陷，并提高剥离速度。可改进的方向包括提高膜本身的强度、控制流延膜表面的平滑度、保持流延鼓等设备表面的清洁度等。

（2）干法。

干法制造与湿法制造的主要区别在于其直接将纤维素酯熔融后进行流延，而无须通过溶剂对其进行溶解。与湿法制造相比，干法制造的优势在于生产过程安全环保、生产设备成本低等，但干法制造得到的 TAC 膜由于流延时涂布性不佳，其光学同向性相对较差。

20 世纪 90 年代末，同样受 TAC 膜的产能需求迅速扩大的驱使，柯尼卡美能达公司开始在干法制膜方面进行尝试，并于 1999 年提出 TAC 膜的干法制造工艺（JP5182329B2）。其专利申请的重点，一方面在于对熔体黏度进行调控以满足均匀成膜的需要；另一方面在于对薄膜的输送工艺进行调控以避免薄膜的外观缺陷。

2. 光学同向技术

光学同向技术的研究热点主要包括光学均匀技术和抑制分子取向技术。

在光学均匀技术方面，通常而言，经流延制得的 TAC 膜由于未经拉伸，其分子排列未经取向，因而相对于其他通过拉伸制得的薄膜而言，TAC 膜具有较好的光学同向性。但随着 TFT - LCD 的蓬勃发展，传统 TAC 膜的光学均匀技术已经难以适应彩色液晶屏高清显色的需求，在这一背景下，TAC 膜制造商从各个角度对传统 TAC 膜制造工艺进行改进，以期通过减少薄膜表面缺陷、避免薄膜内助剂析出等方法来进一步提高 TAC 的光学同向性。

在抑制分子取向方面，2004 年之后，新兴的 IPS - LCD 由于可视角度高而无须额外使用广视角膜，因此，在成本上具有明显的优势。但是 IPS - LCD 漏光问题严重，黑色纯度不够，即色偏移现象严重。随着对 IPS - LCD 技术了解的深入，人们认识到，位于液晶盒两侧的 TAC 膜的相位差是引起显示器色偏移的关键因素之一，当液晶盒两侧的 TAC 膜的厚度方向的延迟值都趋向于 0 时，可以有效减少显示器的色偏移，从而提高显示器对比度。2005 年，富士胶片首先提出一种厚度方向延迟值为负值的 TAC 膜，并证实其能够有效地减少 IPS－LCD 的色偏移（JP4594131B2）。目前该技术的研究热点在于通过抑制传统 TAC 膜内纤维素酯分子的取向以实现 TAC 膜的面内延迟值和厚度延迟值均趋向于 0。

3. 相位补偿技术

相位补偿技术主要是为了解决 TN－LCD 和 VA－LCD 观看视角狭小的问题，其研究热点主要包括增大延迟技术和波长分散调控技术。

增大延迟技术的相关专利申请主要涉及延迟剂的开发和纤维素酯分子的取代调控；在延迟剂的开发方面，1998 年，富士胶片首次将至少具有两个芳香环且所述两个芳香环的立体构型不会形成立体障碍的化合物作为延迟剂加入 TAC 膜中（JP4234823B2），打破了人们对 TAC 膜无法具备高延迟性的认知，此后，新型的延迟剂被不断开发，如以含氮六元环为母核的化合物等；在取代调控方面，2012 年，陶氏杜邦提出通过对纤维素酯本身进行特定修饰来提高延迟性（CN103733092B），这也成为提高 TAC 膜延迟性的另一主要方法。

波长分散调控技术是针对 1/4 延迟片而发展起来的，相关的专利申请主要涉及通过纤维素酯分子的取代调控、特定的薄膜拉伸工艺、新型助剂的开发等来改进薄膜的波长分散特性。

4. 耐候技术

耐候技术主要包括抗紫外技术和湿热稳定技术。

TAC 膜需要具备一定的抗紫外线性能，是因为在液晶显示器中偏光片及液晶分子受到紫外线影响容易发生老化衰变，降低显示性能，因此，需要设置在液晶显示器较外侧的 TAC 膜可以吸收大部分紫外线，从而减少紫外线对偏光片及液晶分子的影响。相关专利申请主要通过使用紫外吸收剂而实现。富士胶片和柯尼卡美能达均开发了新型结构的小分子紫外吸收剂，以解决醋酸纤维素膜中常用的苯甲酮类紫外吸收剂容易引起薄膜着色的问题。之后，柯尼卡美能达还开发了聚合物紫外吸收剂，以解决小分子紫外吸收剂容易析出的问题。

湿热稳定技术主要是为了降低 TAC 膜在高温高湿条件下的水汽透过率。在 TAC 膜技术发展的早期，用于 TAC 膜中的磷酸三苯酯类增塑剂在起增塑作用的同时，也能够降低 TAC 膜在高温高湿下的水汽透过率，因此，对于较厚的 TAC 膜，无须特意关注其湿热稳定性。但 TAC 膜的薄型化导致其透湿率的增大，而单纯增加增塑剂，在厚度减薄的情况下，增塑剂很容易从膜表面析出，因此，湿热稳定技术已成为 TAC 膜薄型化趋势下的新热点。相关专利中请主要涉及以下两个方面：一是通过加入光聚合化合物并在干燥时通过光照引发其聚合，从而提高 TAC 膜本身的强度；二是通过开发新的增塑剂以满足薄型 TAC 膜的耐候需求。其中，韩国晓星在新型增塑剂的开发方面作出了较大贡献（KR101716117B1、KR101716118B1、KR101684809B1），这也使得晓星在 TAC 膜技术上有较快的发展。

3.3.3 TAC 膜技术的风险与机遇

国外巨头在中国专利布局的重点是 TAC 膜生产制造必需的量产技术和光学同向技术。在量产技术方面，湿法剥离技术和干法输送技术为布局的重点，如图 3－8 所示；在光学同向技术方面，胶液配制技术和光学均匀技术为布局的重点，如图 3－9 所示。而在相位补偿技术和耐候技术方面，国外巨头在华专利布局还存在薄弱之处，如图 3－10 和图 3－11 所示。国内企业应积极研发，紧跟 TAC 膜的发展趋势。

3.4 阻隔膜产业专利竞争格局

3.4.1 阻隔膜全球和中国专利申请态势

OLED 具有自发光、不需要背光源、可实现超薄显示和柔性显示、驱动电压低、省电、反应速度快等优点，但寿命相对较短是制约其商业化的重要因素之一。影响 OLED 产品寿命的关键在于其中的有机发光层对空气中的水汽和氧气非常敏感，因此，开发兼具更高的阻水氧性、更好的柔性、更优的稳定性等复合性能的阻隔膜成为新的研究热点。

截至 2018 年 9 月 30 日，涉及阻隔膜技术的全球专利申请共计 1538 项。由图 3－12 可知，全球阻隔膜的专利申请整体呈现出起步晚、发展快的态势。2001 年开始，受益于下游 OLED 产业的发展，阻隔膜发展迅速，经历两次快速增长，2001～2005 年属于第一增长期，5 年间年度专利申请量增长了近 10 倍。从 2006 年开始，由于 OLED 产品的市场占有率逐渐升高，阻隔膜性能多元化发展，与之相关的专利申请进入第二个增长期，并在 2014 年达到新高。值得关注的是，随着折叠手机市场的不断扩大，阻隔膜作为其中的关键膜材，有望迎来下一个快速增长的阶段。

从中国专利申请趋势可以看出，2010 年以前，中国在阻隔膜领域发展较慢，专利申请量较低，且以国外来华申请为主；2010 年以后，随着中国显示行业的崛起，国外申请人加大在华专利布局的力度，专利申请量增长迅速，而国内申请人每年的专利申请量仍然较少，如图 3－13 所示。

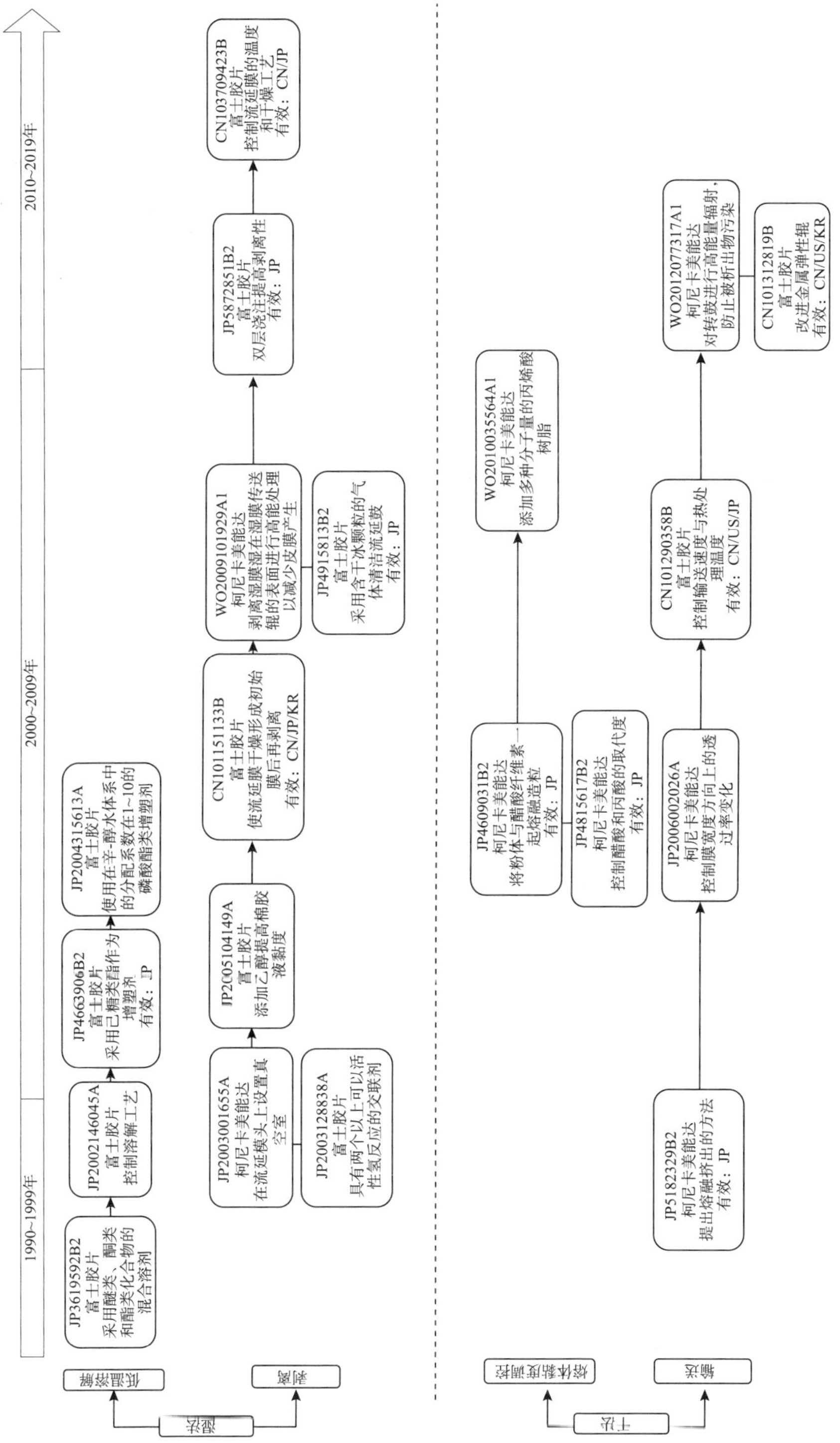

图3-8 量产技术专利发展路线

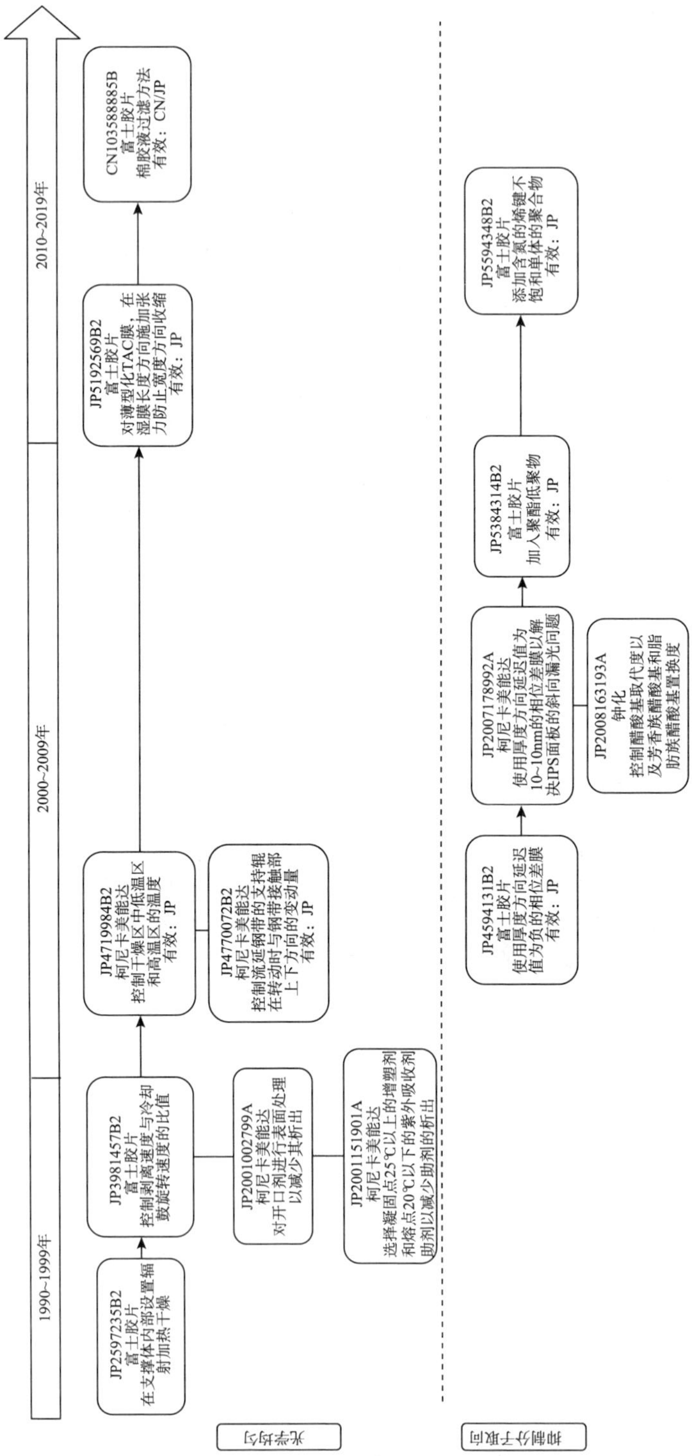

图3-9 光学同向技术专利发展路线

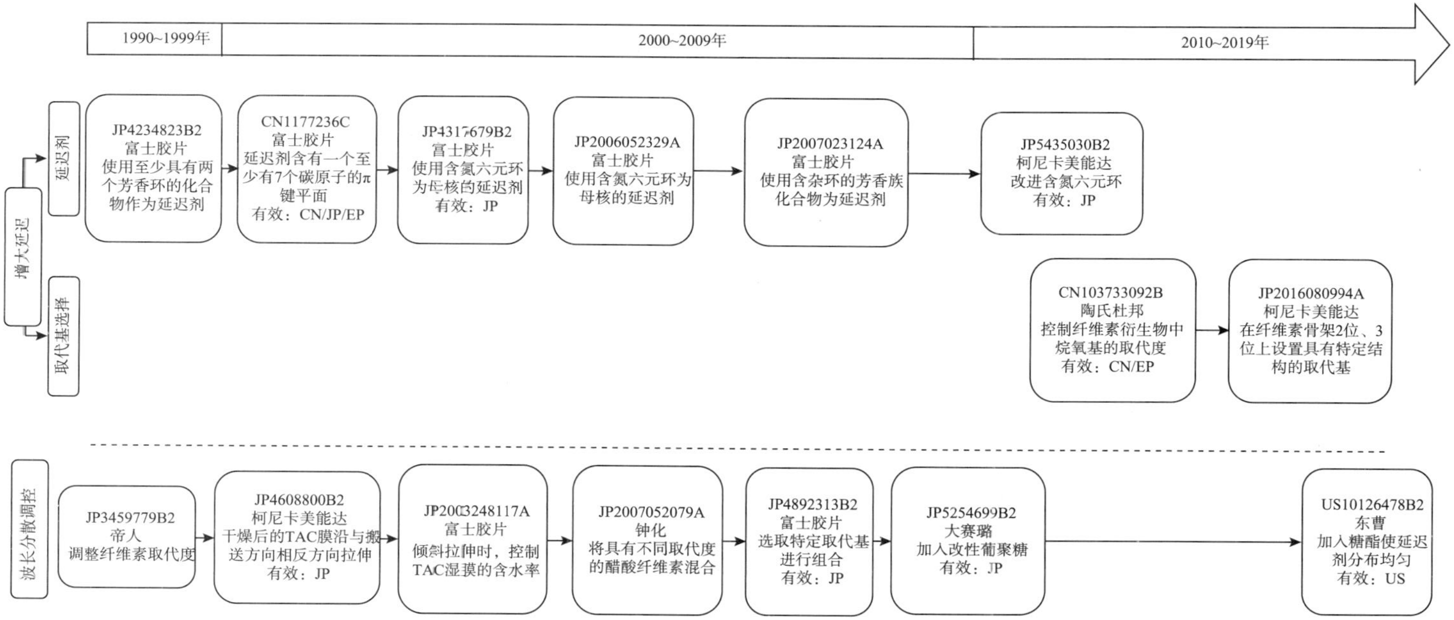

图 3－10　相位补偿技术专利发展路线

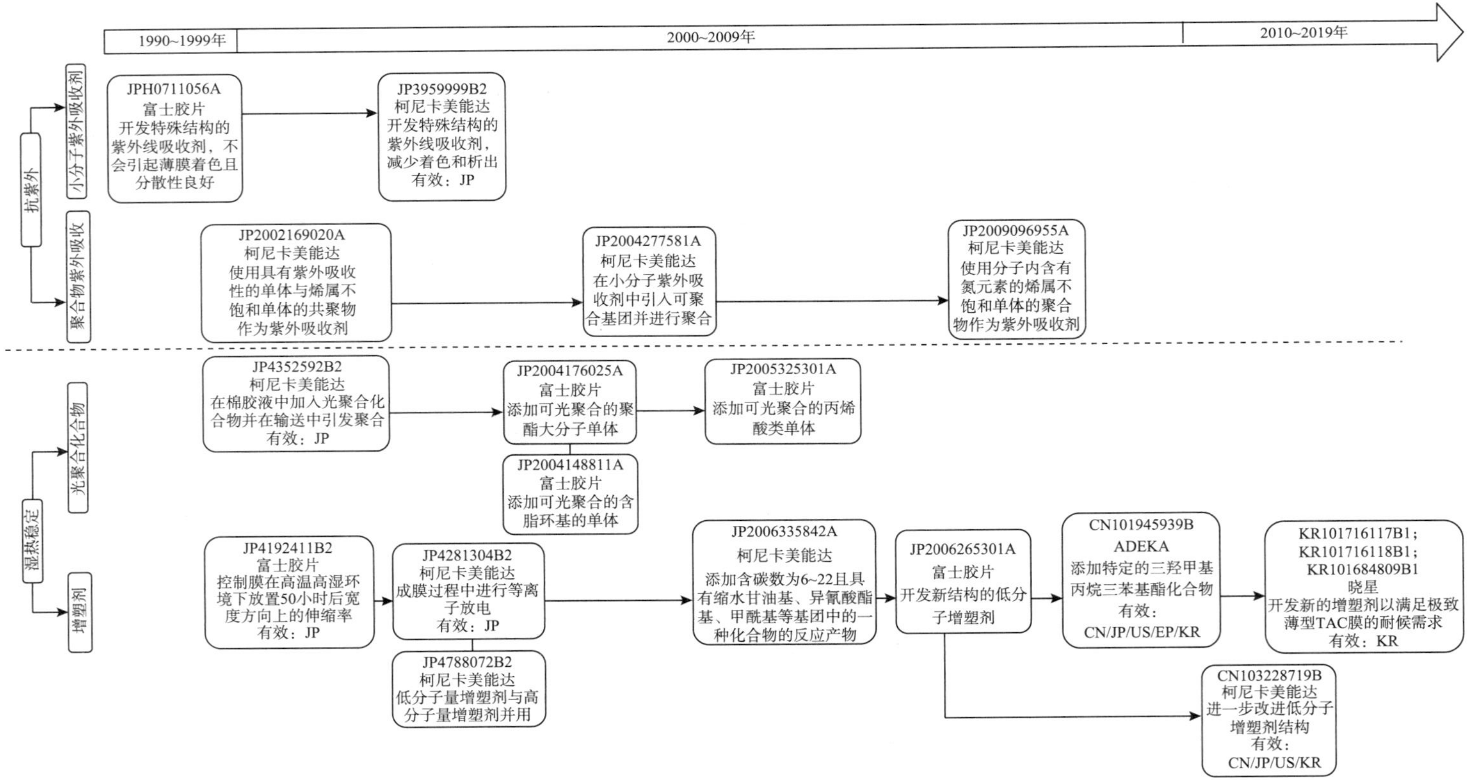

图 3-11　耐候技术专利发展路线

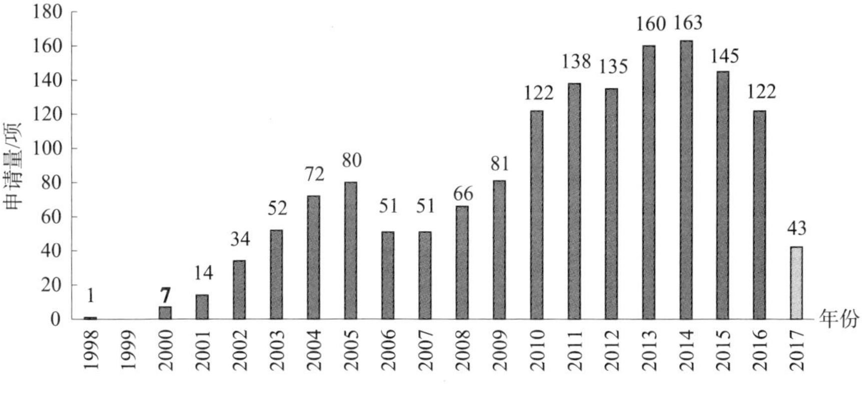

图 3 - 12　阻隔膜全球专利申请趋势

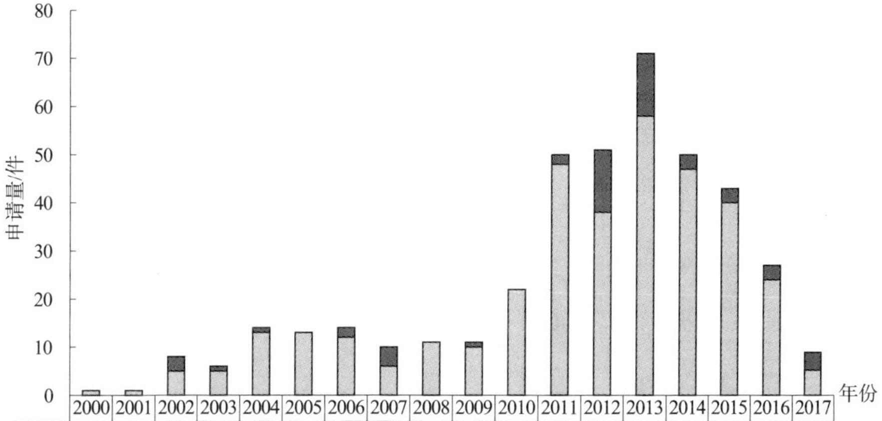

	2000	2001	2002	2003	2004	2005	2006	2007	2008	2009	2010	2011	2012	2013	2014	2015	2016	2017
■国内	0	0	3	1	1	0	2	4	0	1	0	2	13	13	3	3	3	3
□来华	1	1	5	5	13	13	12	6	11	10	22	48	38	58	47	40	24	6

图 3 - 13　阻隔膜中国专利申请趋势

阻隔膜全球专利申请的主要来源国为日本，其专利申请量为 1100 项，占全球专利申请总量的 72%，具有绝对优势；中国专利申请中，国内申请占比为 12%，来华申请占比为 88%，其中，日本申请人在华专利申请量最大，所占比例超过一半，达到 55%，如表 3 - 7 所示。

从全球专利申请的主要流向可以看出，日美是阻隔膜技术的主要输出国，互为第一大海外布局市场，并将中国、韩国、中国台湾、欧洲作为主要的海外布局国家和地区，如图 3 - 14 所示。

表 3-7 阻隔膜全球和中国专利申请来源分布

全球		中国	
国家/地区	申请量占比/%	国家/地区	申请量占比/%
日本	72	日本	55
美国	10	美国	18
韩国	6	中国	12
中国	4	韩国	8
欧洲	3	欧洲	6
其他	5	其他	1

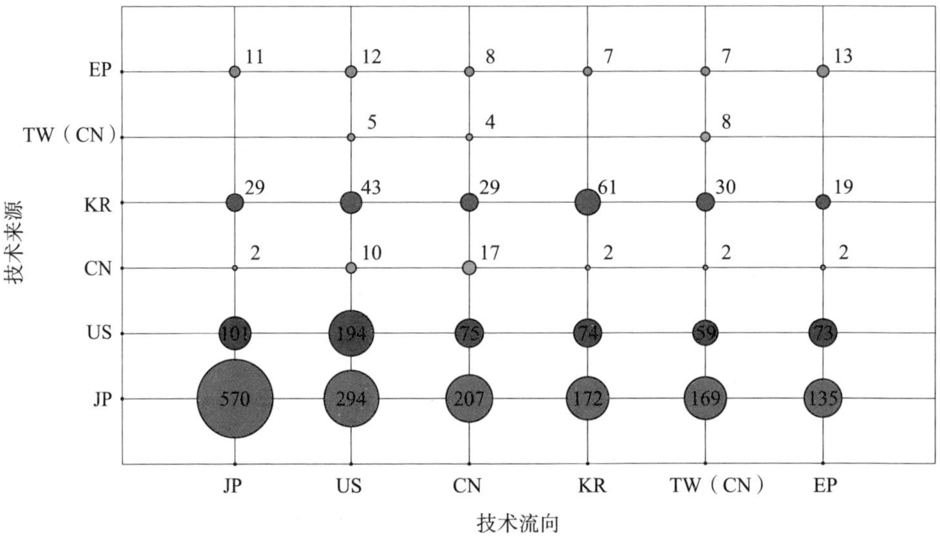

图 3-14 阻隔膜全球专利申请来源和流向分布

注：图中数字表示申请量，单位为项，其中 TW（CN）指中国台湾。

阻隔膜全球专利申请量排名前 10 位的申请人主要是日本、韩国和美国的企业，日本企业的数量占八成，依次是柯尼卡美能达、富士胶片、TOPPAN、琳得科、DIC、三菱、东丽和住友，这 8 家企业的申请量占全球总量的 55%，如表 3-8 所示。其中，柯尼卡美能达的申请量高达 303 项，占全球申请总量的 20%，垄断优势十分明显。

表 3-8 阻隔膜全球和中国专利申请前 10 位申请人对比

排名	全球		中国	
	申请人	申请量/项	申请人	申请量/件
1	柯尼卡美能达	303	琳得科	38
2	富士胶片	149	柯尼卡美能达	35
3	TOPPAN	83	三菱	35
4	琳得科	70	富士胶片	25
5	DIC	68	3M	22
6	三菱	67	LG	14
7	东丽	49	道康宁	14
8	3M	45	住友	14
9	住友	38	三星	12
10	LG	30	东丽	9

中国专利申请量排名前 10 位的申请人中，日本占 6 席，美国占 2 席，韩国占 2 席，这 10 位申请人的申请量之和占中国申请总量的 52%。

阻隔膜主要包括阻隔层、功能层、基材和制备工艺四个技术主题。其中，阻隔层是阻隔膜技术的研发重点和热点，其在全球和中国专利申请中的占比均超过 70%，如表 3-9 所示。

表 3-9 阻隔膜全球和中国技术主题专利占比分布

技术主题		全球占比/%	中国占比/%
阻隔层	阻隔层材料	40	49
	阻隔层结构	20	26
	阻隔层参数	11	3
功能层		15	16
基材		3	1
制备工艺		11	5

阻隔层材料中，元素比（元素比是指阻隔层材料中原料间的比例关系，涉及原子比、物质比、质量比等相关原料比的技术均被归入上述技术分支）、氧化物/氮化物、无机含硅化合物的专利申请量占比较大，分别为 26%、17% 和 10%，是阻隔层材料的主要研发方向。阻隔层结构中，有机/无机层叠是阻隔层结构的主要技术分支，专利申请量占比高达 67%；另一主要三级分支是无机层叠技术，其占比为 23%。阻隔层参数中，阻隔层厚度是最主要的技术分支，其专利申请量在该技术分支中的占比达到 39%，这主要是由于厚度对于改善阻隔性和柔性至关重要，而如何在减薄阻隔层厚度的同时得到

柔性和阻隔性能兼具的阻隔膜是研究的热点（见表3－10）。

表3－10 阻隔层全球下级技术分支分布

技术主题	阻隔层材料	申请量占比/%	阻隔层结构	申请量占比/%	阻隔层参数	申请量占比/%
三级分支及占比	元素比	26	—	—	—	—
	氧化物/氮化物	17	—	—	—	—
	无机含硅化合物	10	—	—	厚度	39
	聚丙烯酸酯	7	有机/无机层叠	67	密度	14
	聚酯	7	有机层叠	23	粗糙度	10
	聚硅氮烷	6	有机层叠	3	折射率	10
	有机无机杂化	4	其他	7	硬度	5
	聚硅氧烷	4	—	—	其他	22
	其他	15	—	—	—	—

主要的功能层为黏合层、保护层、平滑层、吸湿层、应力松弛层等。其中黏合层、平滑层和吸湿层主要是改善阻隔性能，保护层主要是对阻隔膜起到保护作用。此外，其他功能层（如氧化层、光散射层、临时保护层、UV吸收层等）所占比例均较低（见表3－11）。

表3－11 保护层全球三级技术分支专利占比分布

三级分支	黏合层	保护层	平滑层	吸湿层	应力松弛层	其他
申请量占比/%	34	13	13	7	4	29

基材技术可分为基材材料和基材参数两类，其专利申请量占比分别为30%和70%，其中，基材参数又分为热膨胀系数、玻璃化转变温度、厚度、粗糙度等，对应专利申请量占比分别为18%、17%、13%、5%。在基材参数中，热膨胀系数、玻璃化转变温度主要是改善阻隔性能，厚度主要是改善柔性，粗糙度可调节表面光滑性（见表3－12）。

表3－12 基材全球三级技术分支专利占比分布

三级分支	基材材料	基材参数				
		热膨胀系数	玻璃化转变温度	厚度	粗糙度	其他
申请量占比/%	30	18	17	13	5	17

阻隔膜的制备方法较多，主要包括CVD法、UV固化、溅射法、等离子

体处理、涂布法、原子层沉积、真空蒸镀法等，其中，CVD 法是目前产业上的主流方法，如表 3 - 13 所示。

表 3 - 13 制备工艺全球三级技术分支专利占比分布

三级分支	CVD 法	UV 固化	溅射法	等离子体处理	涂布法	原子沉积法	真空蒸镀法	其他
申请量占比/%	17	16	16	14	10	7	7	13

3.4.2 阻隔膜关键技术

1. 阻隔层

阻隔层可进一步细分为阻隔层材料、阻隔层结构和阻隔层参数。

阻隔层材料是实现阻隔膜最基本性能——阻隔性的关键因素。2003 年以前，关于阻隔层材料的研究主要集中于新材料的开发。1998 年，安捷伦科技有限公司提出以氧化物或氮化物作为阻隔层的主要成分（US6146225B）；2001 年，旭硝子提出采用聚硅氮烷（JP2003118030A）；2002 年，普利司通提出采用无机含硅化合物（JP2004151528A）。目前，氧化物、氮化物、硅化物、聚硅氧烷、聚硅氮烷等是阻隔层材料的主流选择。2003 ~ 2007 年，申请主体开始关注阻隔层材料中各元素比例对阻隔性能的影响；2008 年以后，在维持阻隔性的基础上，进一步提高阻隔膜的透明性、柔性、稳定性等开始成为新的发展方向；2013 年以后，提高阻隔膜稳定性成为主流。

阻隔层结构对阻隔膜的性能也有很大影响，一般来说，多层结构比单层结构的阻隔性好，但是随着层数的增加，柔性、透明性等性能随之劣化，同时还对制备工艺提出更高的要求。1998 年，安捷伦科技有限公司提出有机/无机层叠结构（US6146225B），相比于单独的无机层结构，光滑的聚合物表面为无机层提供低缺陷表面，因此，有机/无机层叠结构具有更少的水汽和氧气通道，阻隔性能更佳。目前，有机/无机层叠仍然是阻隔层结构的主流技术，其中以 Vitex Systems 的封装技术为代表（该技术目前为三星所用）。此外，无机层叠是另一重要的阻隔层结构，与有机/无机层叠相比，无机层叠可以采用更少的层数实现高阻隔效果，但降低了阻隔膜的柔性。

阻隔层参数通常包括密度、厚度、硬度、粗糙度、折射率等物理参数，通过选择合适的阻隔层参数可以获得所需性能的阻隔膜。例如，增大阻隔层的密度和厚度可以提高阻隔性，改善弹性可以提高柔性，控制合适的粗糙度可以提高稳定性，调节折射率和反射率可以提高透明性等。各种参数之间往往是相互关联的，例如密度的增大会导致硬度随之增加，硬度的增加又导致弹性下降。因此，相关专利申请多涉及各个参数之间的相互匹配，如日本高等科学技术研究所通过将氮化硅阻隔层的折射率（波长633nm）调节至1.8～1.96，由此获得高透明度的阻隔膜（JP4474840B）。2013年以后，关于阻隔层厚度的研究开始增加，虽然降低厚度可以显而易见地改善柔性和透明性，但也会导致阻隔性和稳定性下降，如何在减小厚度的同时保持所需的阻隔性和稳定性成为研究的重点，如柯尼卡美能达通过设定各个阻隔层之间的厚度关系来改善柔性（JP6349163B）。

2. 功能层

功能层通常不具备显著的阻隔作用，不是阻隔膜必需的部分，但是功能层的设置可以提高阻隔膜的各项性能。常见的功能层主要包括平滑层、黏合层、保护层、吸湿层、应力松弛层等。例如，平滑层可以提高基材和阻隔层的密合性，保护层可以对阻隔膜表面起到防刮伤等保护作用，应力松弛层可以减少阻隔膜在弯曲时的应力等。

早期功能层的出现主要是为了改善阻隔性。例如，DIC在2003年提出通过在基材和阻隔层之间设定平滑层以改善阻隔膜的阻隔性（JP4383077B），三菱在2009年提出通过在阻隔膜中增加吸湿层来增加阻隔膜抵挡水汽影响的能力（JP5424854B）。

近年来，为了满足不同的需求，功能层的种类也呈现多样化的态势。2012年，柯尼卡美能达提出通过在基材和阻隔层之间设定疏水性的黏合层来改善阻隔膜的柔性（JP5741489B2）；2014年，柯尼卡美能达提出在含硅阻隔层表面增加金属氧化物层，金属氧化物中金属元素的氧化还原电位比硅的氧化还原电位低，该氧化层的设定可以抑制阻隔层的氧化，提高阻隔膜的稳定性（CN107848278B）。

3. 基材

基材的厚度在整个阻隔膜中的占比很高，因此其对阻隔膜柔性和光学性能的影响较大。相关专利申请主要涉及材料和参数（玻璃化温度、背面粗糙度、热膨胀系数、厚度等）的改进，以获得所需的透明性、柔性等。

由于基材不是决定阻隔性的关键技术，关于基材的研究开始向其他性能发展。早期基材的组成是研究的重点，2006年，日本合成化学工业提出以聚乙烯醇作为基材获得高透明性的阻隔膜（JP4976116B2）；2009年，柯尼卡美能达提出通过选择柔性基材改善阻隔膜的柔性（WO2010071009A1）。随后基材的研究方向逐渐向参数化转移。2011年，柯尼卡美能达提出通过选择合适热膨胀系数的基材获得高柔性阻隔膜（JP5861644B2）；2016年，柯尼卡美能达提出通过选择65μm以下的基材获得高柔性阻隔膜（WO2017090605A1）。

4. 制备工艺

随着阻隔膜技术的深入研究，阻隔膜的制备工艺也在不断发展。2004

年，柯尼卡美能达提出通过等离子体CVD法制备无机层（JP2005320583A）；2010年，提出采用UV固化聚硅氮烷层（JP5533585B2）；2012年提出采用原子沉积法形成氧化铝的第一阻隔层并采用UV固化形成聚硅氮烷的第二阻隔层（JP5895684B2）。目前，制备工艺相关的专利申请主要涉及溅射法、CVD法、真空蒸镀法、原子沉积法、涂布法、UV固化、等离子体处理等。

此外，柯尼卡美能达还提出多项通过改进制备工艺来改善阻隔膜柔性的专利申请。例如，2010年，提出采用波长200nm以下的真空紫外线对聚硅氮烷进行固化（JP2012086393A）；2013年，提出采用原子沉积法形成无机氧化物层（JP2015003464A）；2016年，提出采用溅射法形成含有过渡金属的阻隔层（JP2017226876A）。

3.4.3 阻隔膜技术的风险与机遇

国外龙头企业的专利申请起步较早，已经在阻隔层材料、阻隔层结构、阻隔层参数、功能层等关键技术上进行较为全面的布局，并形成众多重要专利，如图3－15所示。但是来华专利申请中的技术点并不十分全面，我国企业尚有机会。

3.5 结论和建议

综上，中国光学膜产业起步较晚，技术水平较低，竞争力不足，主要问题体现在：①日本、韩国和美国的巨头公司具有绝对的垄断优势，而国内光学膜企业不仅数量较少，而且技术储备不足，具有竞争力的企业凤毛麟角；②国内研究人才匮乏，基础研究空缺，核心技术被国外垄断；③产业链不完整，国内光学膜产业以功能型膜为主，然而所需关键基膜不能制造，或者产品水平较低、无法满足需求，严重依赖进口。因此，我们提出如下建议。

（1）从中国光学膜技术的路径选择来看，我国要扭转受制于人的技术劣势，要扭转布局缺失的市场劣势，就必须设法围绕先进国家或优势企业的专利布局空缺加大力度进行集中技术研发，并对研发成果进行完善的专利保护。从整体来看，国外企业早期的在华专利布局，特别是细分领域的在华专利布局存在一定的不足，如日本等国家在TAC膜上的早期专利布局并不完善，尤其在相位补偿技术和耐候技术上存在空白，在阻隔膜领域，技术尚处于快速迭代阶段，实力较强的几家外国光学膜企业在华专利布局相对还不完善，这为中国企业借鉴基础技术、增加技术储备、发展细分市场留下了空间。此外，针对大尺寸、薄型化、柔性化等新的技术需求，一方面，我国可积极开发COP、PMMA等替代膜材；另一方面，可通过在助剂和黏着剂上的突破升级现有膜材。

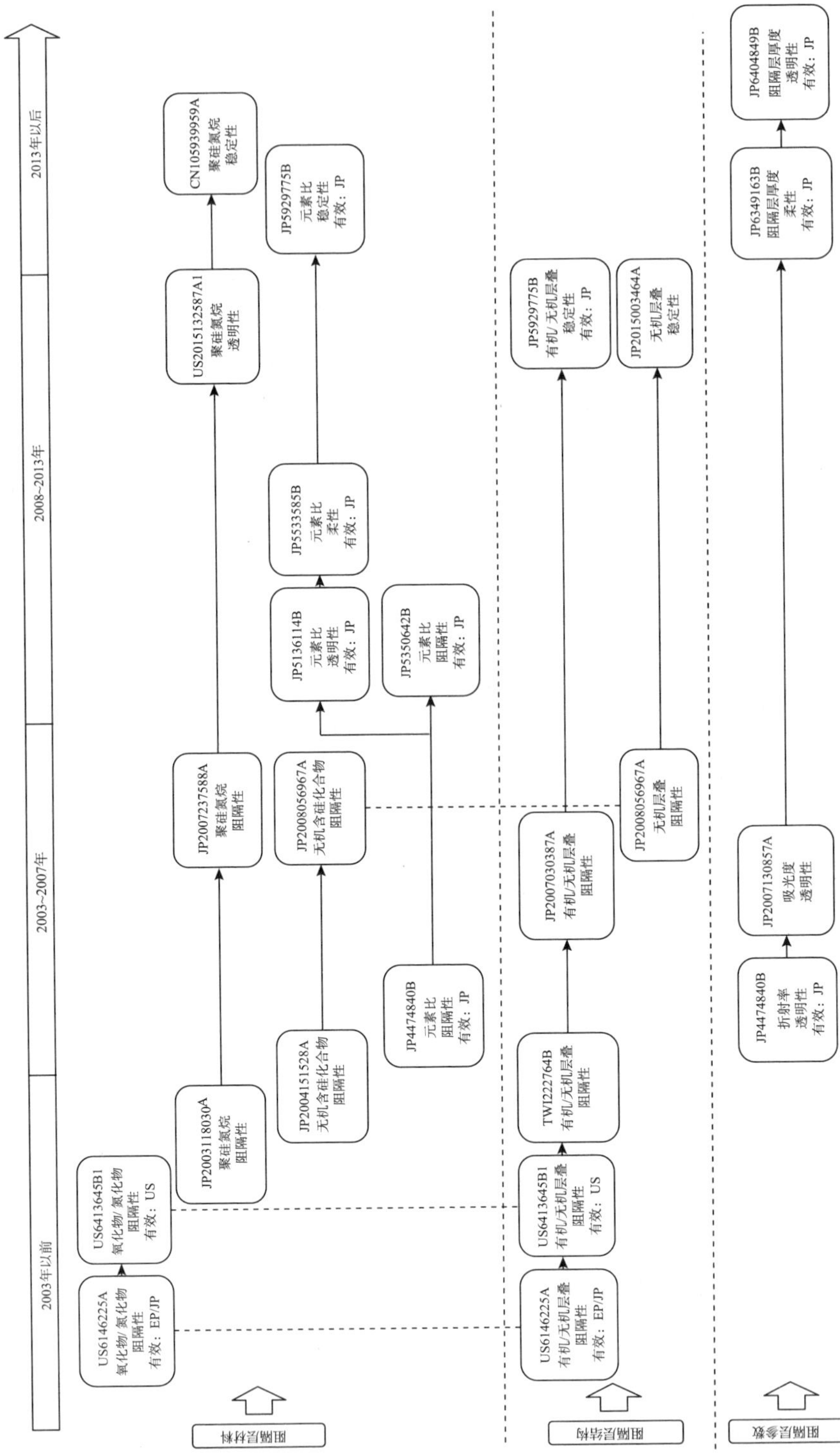

图3-15 阻隔膜技术专利发展路线

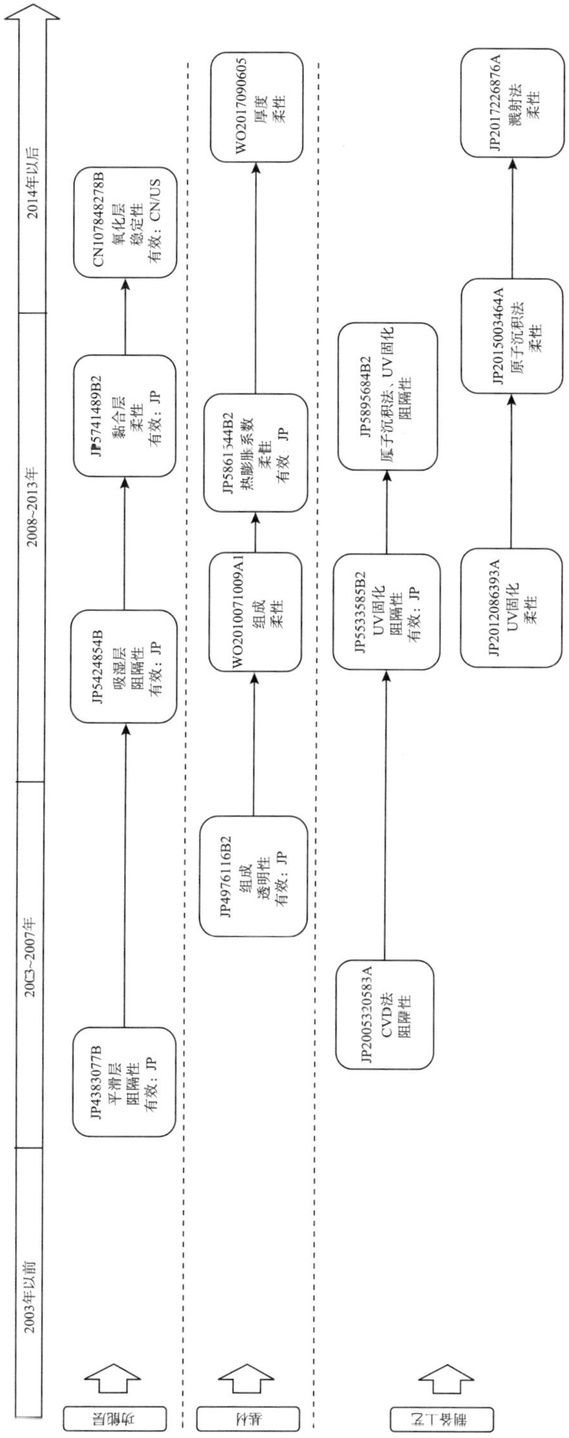

图 3-15 阻隔膜技术专利发展路线（续）

（2）从中国光学膜企业的发展策略来看，“下游带动型”的传统路径和“以市场换技术”的发展模式已经走不通，我国光学膜企业必须在提高技术的吸收能力和转化能力上下功夫。核心技术是买不来的，必须走上下游协同发展的路径，这是当前中国光学膜乃至平板显示行业的历史和实践决定的，也是企业抗风险、求发展的必由之路。随着在中下游产能的不断提高，国内企业对国际市场的敏感度、对产业链协同机制的认知度、与全球光学膜产业联系的紧密度也在相应提高，国内企业利用当前中下游的产能优势和国内市场优势，发挥集聚效应，把握历史机遇，将会有长足的进步。

（3）从中国光学膜产业的政策支撑来看，一方面，国家层面应尽快组建国家级别的研发队伍，配备懂技术、懂专利的人才队伍，加大光学膜基础研究的投入力度，加大专利的保护和布局力度，构建技术保护体系，完善专利保护机制，将专利战略纳入企业发展战略综合考量；另一方面，政府应围绕产业基础良好的省（区、市）和具有竞争优势的企业开展工作，即推动重点省市形成光学膜产业的集聚和规模效应，通过影响和支持优势企业来实现产业升级政策目标，推进具有技术基础的企业，进行转型或技术升级，实行以竞争性企业为立足点的产业政策。具体而言，中国可以借鉴日本的经验，扶持本国大企业成为技术学习的主体，重点培育技术基础较好、创新能力较强、规模较大的企业，帮助企业做大做强，参与上游市场竞争；可以借鉴美国3M和杜邦公司的做法，利用综合性大型化工类企业的技术实力和资金优势，以独资或合资的形式，参与光学膜领域的研发和生产，推动大型企业参与光学膜产业升级；可以通过行业协会加强对企业的横向统筹，形成国内上、中、下游企业的合作与协调机制，形成国内光学膜产业链的合力，避免同质竞争产生产能过剩。

4

高端光刻机投影系统关键技术*

20世纪中叶以来，以电子计算机为代表的电子产品的不断革新使得社会发展日新月异，社会的每个方面都发生了深刻变化，集成电路产业作为技术革命的中心，是整个社会电子产品最不可或缺的要素之一，更是现代信息社会的基石和信息产业核心竞争力的重要体现。作为典型的知识产权密集型产业，集成电路产业需要知识产权的支撑保障，进而推动产业转型升级和创新发展。由于集成电路上的电路图案是通过光刻机几何微缩印制到晶圆上的，集成电路芯片上集成的晶体管数量越多，对光刻机的性能要求也越高，因此，光刻机是集成电路产业发展至关重要的核心关键设备。

我国政府对集成电路产业特别重视，相继出台了《国家中长期科学和技术发展规划纲要（2006—2020年）》《“十三五”国家科技创新规划》等一系列重要文件，目前，我国上海微电子装备股份有限公司（以下简称“上海微

---

* 本章节选自2018年度国家知识产权局专利分析和预警项目《高端光刻机投影系统关键技术专利分析和预警研究报告》。

（1）项目课题组成员：闫娜（负责人）、陈燕（负责人）、张仁杰（组长）、孙全亮（组长）、屠忻（副组长）、刘庆琳（副组长）、黄超峰、顾洪、邓泽微、伏霞、丁文、赵子甲、张凯华、李芳、邓鹏、王瑞阳、彭桃。

（2）主要撰稿人：张仁杰、屠忻、黄超峰、顾洪、邓泽微、伏霞、丁文、赵子甲、张凯华。

（3）专利分析指导：李芳、邓鹏、王瑞阳、彭桃。

（4）项目管理：李芳、邓鹏。

（5）研究组织与质量控制：闫娜、陈燕、张仁杰、孙全亮。

（6）主要统稿人：屠忻、张仁杰。

（7）审稿人：闫娜、陈燕。

（8）课题联系人：张仁杰。

（9）参与研究人员：张乐、杨威、王杰、周勇、孙宏、沈婷婷、薛维琴、严辉、王晶晶。

（10）本章执笔人：顾洪、李芳。

电子”）已经实现90nm深紫外干式光刻机的量产，《国家中长期科学技术发展规划纲要（2006—2020年）》中成立的“02专项”也正在对极紫外光刻技术开展攻关研究。目前，我国的光刻机技术与西方国家相比存在巨大差距，同时，还面临西方国家的技术封锁、研发成本高昂、技术鸿沟、人才短缺、国外巨头专利壁垒等诸多问题。

本章以极紫外光刻机为研究对象，以其核心部件之一——极紫外投影系统为切入点，对其关键技术开展纵深性专利分析，以期从专利信息的角度为我国产业发展提供帮助。

4.1　专利申请总体态势分析

4.1.1　全球专利申请态势

截至2018年12月，极紫外投影系统全球专利申请数量为1426项，大致经历萌芽期、快速增长期，目前处于平稳发展阶段，总体呈现波动上升的态势。1997年之前，极紫外投影系统发展缓慢，申请人的数量也较少；从1998年开始，该领域全球专利申请进入快速增长期，申请人的数量也随之迅速增加；2005年至今，全球申请量开始平稳发展，申请量和申请人都呈现波动上升态势，特别是2012年以后申请人的数量持续减少，但全球申请总量在增加，说明该技术领域的技术集中度逐渐提高。

全球专利申请主要来源国家/地区分别是欧洲（502项，占比35.2%）、日本（429项，占比30.1%）、美国（290项，占比20.3%）、中国（138项，占比9.7%），其中欧洲、日本、美国三者之和超过85%，技术较为集中。

主要专利申请国家/地区主要分别是日本（1097件，占比20.8%）、美国（1084件，占比20.6%）、欧洲（953件，18.1%）、中国（506件，占比9.6%）、韩国（498件，占比9.4%）、中国台湾（387件，7.3%），其中日本、美国、欧洲的专利申请数量明显高于其他国家/地区，且三者的专利申请之和占全球的59.5%，中国和韩国的专利申请数量相当。

在技术领域分布上，根据投影系统的特点，本节将技术领域划分为物镜设计及加工技术（侧重于单个物镜性能）和光机稳定性技术（侧重于物镜系统整体性能），在全球1426项极紫外投影系统专利申请中，804项涉及物镜设计及加工技术，622项涉及光机稳定性技术，两者的占比分别为56.4%和43.6%，物镜设计及加工技术略多于光机稳定性技术。

提出极紫外投影系统专利申请的全球排名前10位的申请人中，有8位来自国外，而且均是企业，国内仅有2家。德国的蔡司排名第一，其申请量有502项，占比35.2%，占据全球申请量的1/3，处于领先地位；荷兰的阿斯麦（ASML）排名第二，申请量有 205 项，占比 14.4%；日本的尼康排名第三，其申请量有 196 项，占比 13.7%；日本的佳能排名第四，其申请量有 130 项，占比 9.1%。前 4 名申请人的申请总量占到全球申请总量的 72.4%，这也反映了极紫外投影系统的专利申请主要集中在蔡司、ASML、尼康、佳能这些大公司手中，技术集中度非常高（见表 4－1）。

表 4－1　极紫外投影系统领域全球专利申请概况

<table>
<tr><td>总申请量</td><td colspan="6">1426 项</td></tr>
<tr><td>申请量
变化趋势</td><td colspan="4">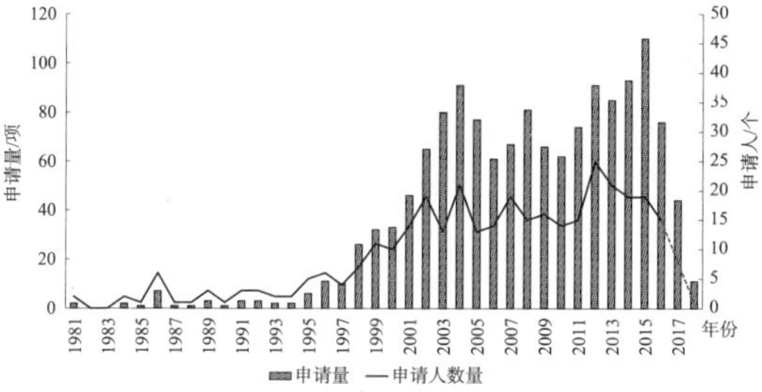
</td><td colspan="2">1981 ~ 1997 年：萌芽期
1998 ~ 2004 年：快速增长期
2005 ~ 2018 年：平稳发展期</td></tr>
<tr><td rowspan="2">申请国家/
地区分布情况</td><td colspan="3">主要来源国家/地区分布</td><td colspan="3">主要申请国家/地区分布</td></tr>
<tr><td colspan="3">欧洲（35.2%）、日本（30.1%）、美国（20.3%）、中国（9.7%）</td><td colspan="3">日本（20.8%）、美国（20.6%）、欧洲（18.1%）、中国（9.6%）、韩国（9.4%）、中国台湾（7.3%）</td></tr>
<tr><td rowspan="3">技术领域分布</td><td colspan="2">一级技术分支</td><td colspan="2">全球申请量/项</td><td colspan="2">全球申请量占比/%</td></tr>
<tr><td colspan="2">物镜设计及加工</td><td colspan="2">804</td><td colspan="2">56.4</td></tr>
<tr><td colspan="2">光机稳定性</td><td colspan="2">622</td><td colspan="2">43.6</td></tr>
<tr><td>全球前 10 位
申请人</td><td colspan="6">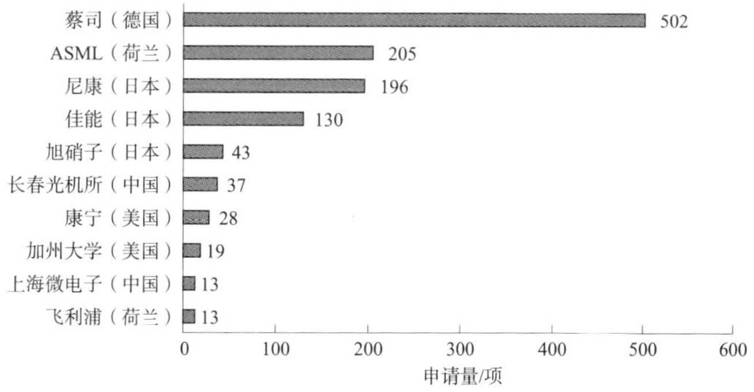
</td></tr>
</table>

4.1.2 中国专利申请态势

极紫外投影系统中，我国专利申请数量为 506 件。其中，国外来华的专利申请为 383 件，占比 75.7%；国内申请的数量为 123 件，占比 24.3%。国外来华申请量远多于国内申请量，国外来华申请占据主导地位。从专利申请类型而言，除了少量实用新型之外，其他均为发明专利；从专利申请趋势来说，中国专利申请起步于 1994 年，比全球专利申请的起步晚了大约 10 年，2002 年以前，中国专利申请量只有零星几件，从 2003 年至今，中国专利申请的数量呈现波动式增长。

在技术领域分布上，中国专利申请中，272 件涉及物镜设计及加工技术，234 件涉及光机稳定性技术，两者的占比分别为 53.8% 和 46.2%，物镜设计及加工技术略多于光机稳定性技术，该占比与全球情况基本一致。

在中国提出专利申请的前 10 位申请人中，国外申请人占 6 席，均为企业，蔡司和阿斯麦是国外来华主要申请人，国内申请人占 4 席，除了上海微电子之外均为科研院所。在华的专利申请绝大多数掌握在蔡司和阿斯麦手中，其申请总量远超其他申请人（见表 4-2）。

表 4-2 极紫外投影系统领域中国专利申请概况

<table>
<tr><td rowspan="2">总申请量</td><td rowspan="2">506 件</td><td>国内申请 383 件</td><td>发明/实用新型 373 件/10 件</td></tr>
<tr><td>国外申请 123 件</td><td>发明/实用新型 113 件/10 件</td></tr>
<tr><td>申请量变化趋势</td><td colspan="2">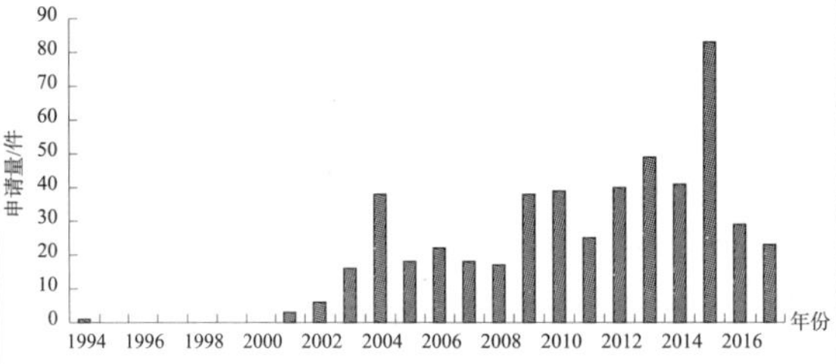
</td><td>1994 ~ 2000 年：技术起步期
2002 ~ 2018 年：快速增长期</td></tr>
<tr><td>国外来华与国内申请趋势</td><td colspan="2">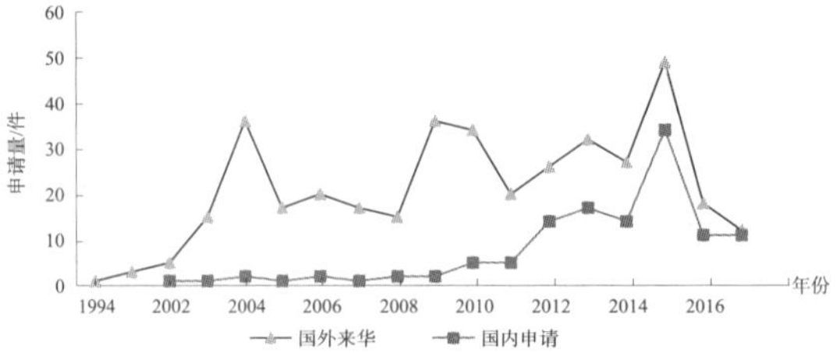
</td><td>国外来华申请占据主导地位；
国内申请起步较晚，2012 年起国内申请量明显有所增加</td></tr>
</table>

续表

<table>
<tr><td rowspan="3">技术领域分布</td><td>一级技术分支</td><td>中国申请量/件</td><td>中国申请量占比/%</td></tr>
<tr><td>物镜设计及加工</td><td>272</td><td>53.8</td></tr>
<tr><td>光机稳定性</td><td>234</td><td>46.2</td></tr>
<tr><td>国内前10位
申请人</td><td colspan="3">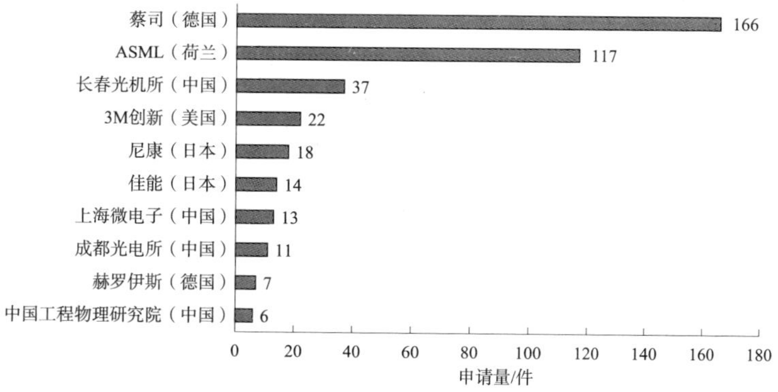
</td></tr>
</table>

4.2 重要技术分支专利分布及演进

课题组对膜系设计、光路设计、物镜加工、工作环境稳定性、像质补偿等方面开展了专利分析和技术路线梳理，在介绍技术路线时，选取具有代表性的膜系设计和像质补偿这两条路线。

4.2.1 物镜设计及加工技术

1. 物镜设计及加工技术整体情况

如图 4 - 1 所示，物镜设计及加工技术的全球专利申请量趋势与极紫外投影系统全球申请趋势基本一致，1997 年之前，专利申请量较少，1998 ~ 2004 年快速增长，2005 ~ 2016 年全球申请量整体上平稳，呈现波动式上升的趋势。申请人数量与专利申请量的变化趋势基本一致，2012 年以后申请人的数量持续减少，但全球申请总量在增加，说明这个技术领域的技术集中度越来越高。

如图 4 - 2 所示，中国专利申请起步于 1994 年，比全球专利申请晚了大约 10 年。在 2002 年之前，物镜设计及加工技术仅有零星的几件，2003 年起中国专利申请的总量呈现波动式增长。从整体上看，国外来华申请始终占据主导地位，自 1994 年开始在中国申请专利，每年的申请量均不大，最高也不到 35 件，整体呈现波动式增长。

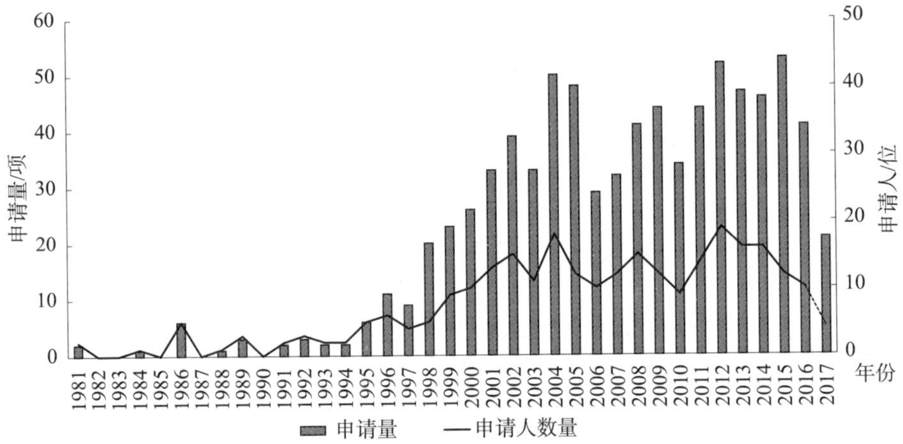

图 4-1　物镜设计及加工技术全球专利申请趋势

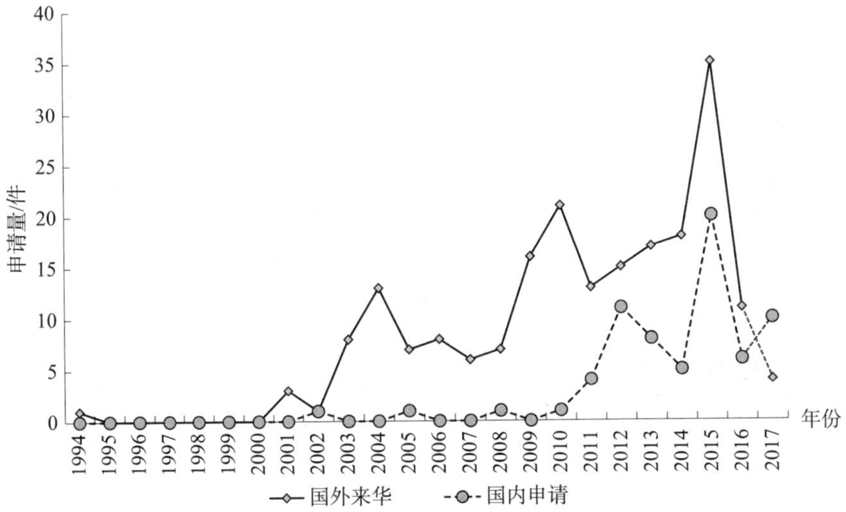

图 4-2　物镜设计及加工技术中国专利申请趋势

物镜设计及加工技术在全球的前 10 位申请人中，大多数为国外企业，国内仅有 2 家，均为研究机构，如表 4-3 所示。蔡司排名第一，其申请量有 240 项，占比 29.9%，处于绝对的领先地位；尼康排名第二，申请量有 129 项，占比 16%；佳能排名第三，其申请量有 82 项，占比 10.2%。前 3 位申请人的申请总量占到全球申请总量的 56.1%，这也反映物镜设计及加工技术的专利申请主要集中在蔡司、尼康、佳能手中。国内 2 位申请人中，长春光机所的专利申请量为 23 件，成都光电所的专利申请量 9 件，我国在物镜设计及加工技术的研发产出还比较少。

表 4 – 3 物镜设计及加工技术专利申请概况

申请量	全球（804 项）	中国（272 件）	
		来华（202 件）	国内（70 件）
前 10 位申请人	蔡司（德国）：240 项 尼康（日本）：129 项 佳能（日本）：82 项 阿斯麦（荷兰）：50 项 旭硝子（日本）：41 项 康宁（美国）：28 项 长春光机所（中国）：23 项 加州大学（美国）：18 项 信越（日本）：12 项 成都光电所（中国）：9 项	蔡司（德国）：91 件 阿斯麦（荷兰）：33 件 长春光机所（中国）：23 件 3M 创新（美国）：22 件 尼康（日本）：15 件 成都光电所（中国）：9 件 赫罗伊斯（德国）：7 件 中国工程物理研究院（中国）：6 件 应用材料（美国）：5 件 浙江工业大学（中国）：5 件	
技术分支	物镜加工：314 项，占比 39.1% 膜系设计：245 项，占比 30.5% 光路设计：197 项，占比 24.5% 膜层加工：48 项，占比 6%	物镜加工：87 件，占比 32.0% 膜系设计：81 件，占比 29.8% 光路设计：77 件，占比 28.3% 膜层加工：27 件，占比 9.9%	

把技术领域进一步细分，物镜设计及加工技术包括物镜加工、膜系设计、光路设计和膜层加工四个二级技术分支，分别研究发现，我国在这些技术分支中与全球存在很大的差距，并且在我国总共 254 件专利中，还有近 200 件为国外来华申请，且大多仍掌握在四大企业手中。

如图 4 – 3 所示，在全球范围内，1994 年之前，物镜设计及加工技术下各二级分支的专利申请数量极少，1994 年以后，各分支开始变得活跃，除了膜层加工逐年增加的申请量处于较低水平外，其他分支均在 25 件以内波动。自 2007 年至今，物镜加工、膜系设计、光路设计的专利申请明显比膜层加工要多。起步最早的是物镜加工，其专利申请在 1994 ~ 2001 年迅速发展，2008 ~ 2014 年再次迅速发展；膜系设计自 1989 年开始出现专利申请，2001 年前的年度专利申请数量均在个位数，2002 年起迅速增长，近几年的发展趋势与物镜加工的基本一致，处于上涨的趋势；光路设计在 2001 年之前的年均申请量也仅有个位数，2002 年出现小的高峰，近几年专利申请量很少，年均少于 15 件。膜层加工的专利申请量极少，年度专利申请量一直在 10 件以内。整体而言，在物镜加工、膜系设计、光路设计等方面的研发相对较为活跃。

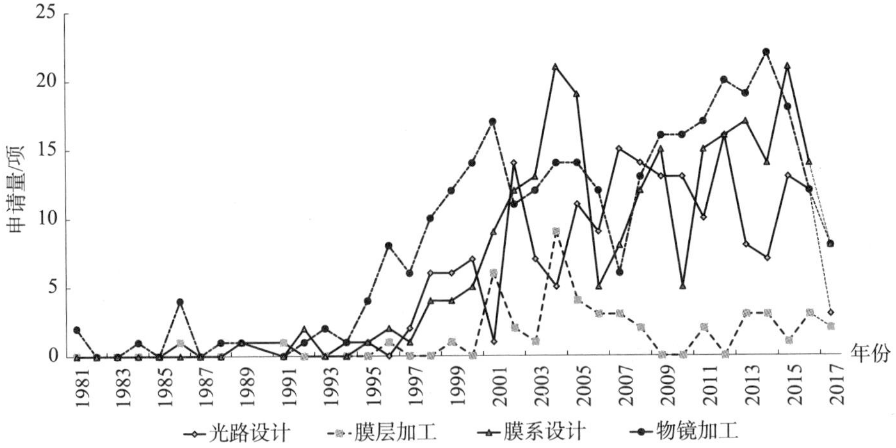

图4－3　物镜设计及加工技术各分支全球专利申请趋势

该技术在中国的专利申请趋势整体上与其在全球的趋势类似。

2. 膜系设计技术发展路线分析

膜系设计技术的发展主要从膜的反射率和稳定性两方面开始。其发展路线如图4－4所示。

在极紫外波段，任何材料都表现出极强的吸收特性，采用多层膜实现高反射率是构建正入射式光学系统的唯一途径，由于反射镜的反射率损失会造成系统整体的光能利用率降低，膜系设计中的反射率对于系统的光利用率非常重要。在反射率方面，难点在于选择应用于极紫外波段的合适高低折射率材料以及对膜层进行层间结构设计。在膜层材料的重要专利方面，加州大学早期申请了采用Mo2C/Be等材料的多层膜来提高反射率；之后，为了提高对更短波长的反射率，GKSS、阿斯麦就相关的层材料申请了相关专利。在膜层结构的重要专利方面，2001年尼康与FRAUNHOFER分别就拓展接收角特性下的防止光学特性劣化以及简化镜子生产进行相关申请；之后，尼康与蔡司同样在上述特性下，分别从防止产生透过率不均以及高精确度形成膜层的角度进行申请。在反射率发展脉络中，主要通过改变单层与周期层厚度比、层间结构厚度的改变以及材料的选择上提高反射率，且国外申请人非常关注基础材料的研发应用。

此外，由于极紫外投影反射镜工作在高温的环境中，高温的环境会造成例如间隔层和吸收层之间的热扩散，同时真空环境中不可避免地会出现杂质对膜层的性能造成影响，因此多层膜的稳定性对于系统的工作稳定也非常重要，在稳定性方面的技术主要包括防污染、抗氧化以及防扩散三个方面。在防污染方面，前期的重要专利主要关注在碳污染方面，申请人包括极紫外LLC、

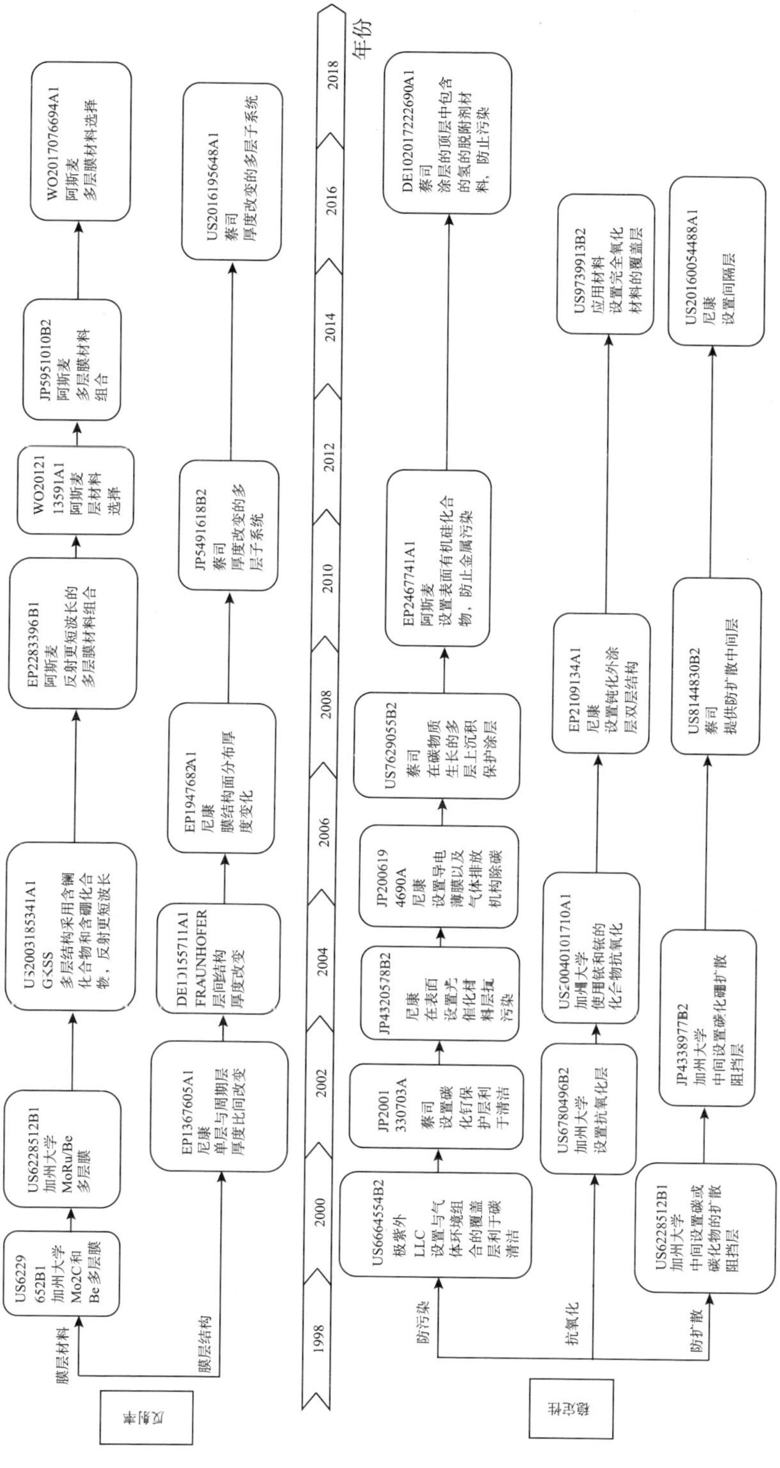

图4-4 膜系设计技术专利发展路线

蔡司和尼康，后期阿斯麦申请了设置表面有机硅化合物以防止金属污染、蔡司申请了设置氢脱附剂防氢污染的相关专利。在抗氧化方面，早期的申请人为加州大学，其分别申请了设置抗氧化层来防止层间扩散以及通过选择使用铱和铱的化合物抗氧化的相关专利，之后尼康申请了设置双层钝化外涂层，应用材料公司申请了设置完全氧化材料的覆盖层实现抗氧化的专利。在防扩散方面，早期的申请人同样为加州大学，为了防止层间扩散，增加膜层稳定性，加州大学于1999年、2001年分别申请了设置扩散阻挡层防止层间扩散的相关专利，之后蔡司与尼康也就通过设置间隔层防止层间扩散进行了申请。

在反射率方面，国外申请人开展大量基础研究，研发涉及更为前沿的用于反射更短波长的膜层；在稳定性方面，国外申请人同样开展大量基础研究并拥有核心专利。总体来看，我国在膜系设计技术上与国外申请人相比存在较大差距。

4.2.2 光机稳定性技术

1. 光机稳定性技术整体情况

如图4－5所示，光机稳定性技术与极紫外投影系统全球申请趋势基本一致，1997年之前几乎没有专利申请，1998～2004年快速增长，2005～2016年全球申请量整体平稳，呈现波动式上升趋势。申请人数量与专利申请量的变化趋势基本一致。

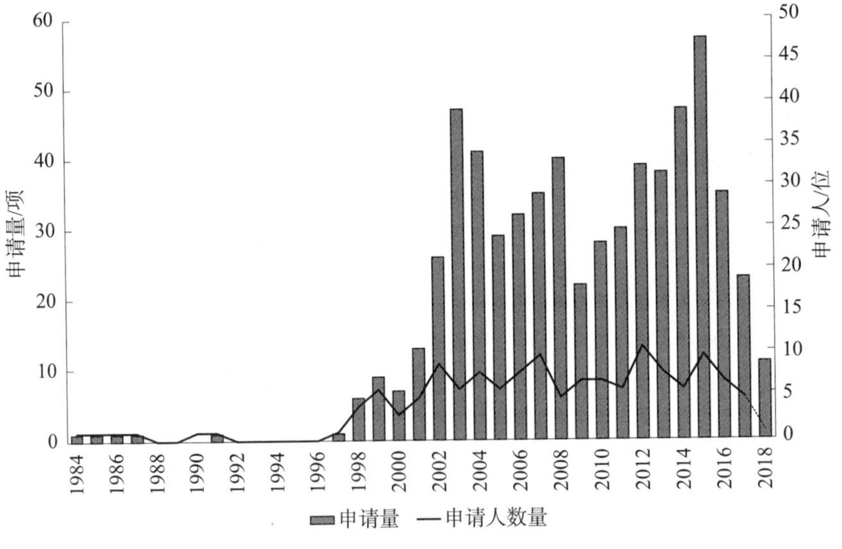

图4－5 光机稳定性技术全球专利申请趋势

中国专利申请起步于2002年，比全球专利申请的起步晚了大约20年，且国外来华申请较多，国内申请起步较晚，2003年起才开始有少量专利申请出现，2014 年之前的专利申请量均在 10 件以内，且申请量一直不大。

光机稳定性技术全球前 10 位申请人中，蔡司排名第一，其申请量有 262 项，占比 42.1%，处于领先地位；阿斯麦排名第二，申请量有 155 项，占比 25%。前两位申请人的申请总量占全球申请总量的 67.1%，说明光机稳定性技术主要集中在蔡司、阿斯麦手中。

从技术领域进一步细分，光机稳定性技术包括工作环境稳定性、像质补偿以及机械支撑三个二级技术分支。其专利申请概况如表 4－4 所示。在全球范围内，像质补偿有 326 项，占比 52.4%，比另外两个分支的专利申请量总和还要多；工作环境稳定性有 245 项，占比 34.9%；机械支撑有 79 项，占比 12.7%。在中国范围内，像质补偿有 129 件，占比 54.2%；工作环境稳定性有 73 件，占比 30.7%；机械支撑有 36 件，占比 15.1%。三个技术分支中国专利申请与全球专利申请的占比基本一致。

表 4－4　光机稳定性技术专利申请概况

申请量	全球（622 项）	中国（234 件）	
		来华（182 件）	国内（52 件）
前 10 位申请人	蔡司（德国）：262 项 阿斯麦（荷兰）：155 项 尼康（日本）：67 项 佳能（日本）：48 项 长春光机所（中国）：14 项 上海微电子（中国）：11 项 飞利浦（荷兰）：9 项 中科院空间中心（中国）：6 项 EUV LLC（美国）：5 项 中科院电工所（中国）：4 项	阿斯麦（荷兰）：84 件 蔡司（德国）：75 件 长春光机所（中国）：14 件 佳能（日本）：13 件 上海微电子（中国）：11 件 中科院空间中心（中国）：6 件 中科院电工所（中国）：5 件 飞利浦（荷兰）：4 件 尼康（日本）：3 件 成都光电所（中国）：2 件	
技术分支	像质补偿：326 项，占比 52.4% 工作环境稳定性：245 项，占比 34.9% 机械支撑：79 项，占比 12.7%	像质补偿：129 件，占比 54.2% 工作环境稳定性：73 件，占比 30.7% 机械支撑：36 件，占比 15.1%	

如图 4－6 所示，在全球范围内，1997 年之前，光机稳定性技术的各二级分支的专利数量极少，1997 年以后，各分支专利申请量逐步开始活跃。可以明显看出，2009 年至今这个阶段，像质补偿、工作环境稳定性、机械支撑的专利申请量分别位于第一、第二和第三。像质补偿自 2002 年起迅速增加，2003～2011 年比较平稳，年申请量为 10～15 件，2012 年之后专利申请量迅速提升，是目前三个技术分支中最活跃的。工作环境稳定性自 2003 年起迅速增加，2004 年后专利申请数量相对稳定，年申请量为 5～20 件。机械支撑是

三个分支中专利申请量最少的，年申请量始终处于个位数水平。

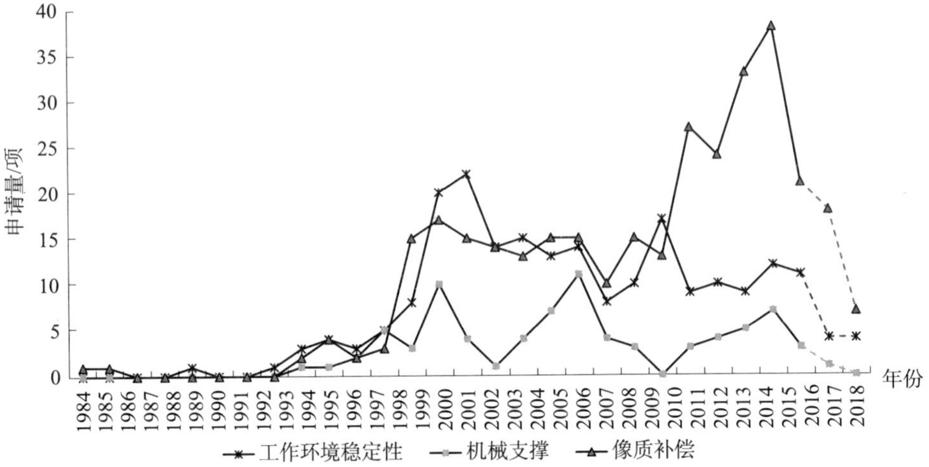

图4-6　光机稳定性技术各分支全球专利申请趋势

如图4-7所示，在中国范围内，工作环境稳定性、机械支撑、像质补偿这三个技术分支发展得较为均衡，发展趋势也大体一致，在2004～2010年，三个技术分支的专利申请量都在15件以内波动，2013年以后，像质补偿的专利申请量相比其他两条分支有逐渐增加的趋势。

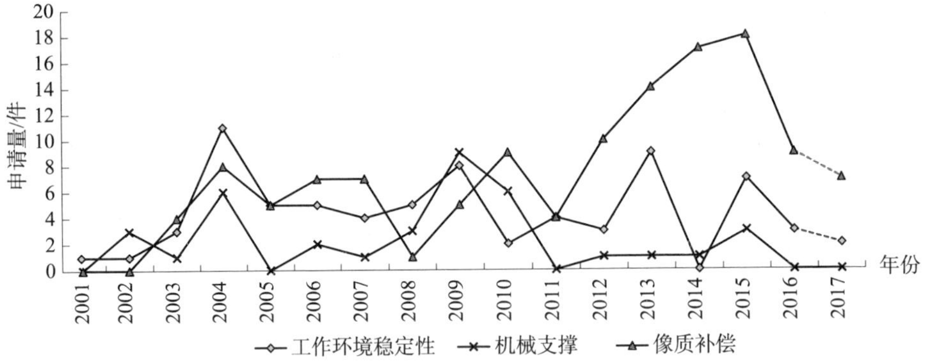

图4-7　光机稳定性技术各分支中国专利申请量趋势

2. 像质补偿技术发展路线分析

为解决成像质量和加工误差之间的矛盾，像质补偿技术成为提高光刻分辨率的关键技术之一，目前主要的高精度像差补偿手段是主动变形镜和可动镜片，像质补偿技术的发展主要是从主动变形镜和可动镜片这两个方面的研发开始的。其发展路线如图4-8所示。

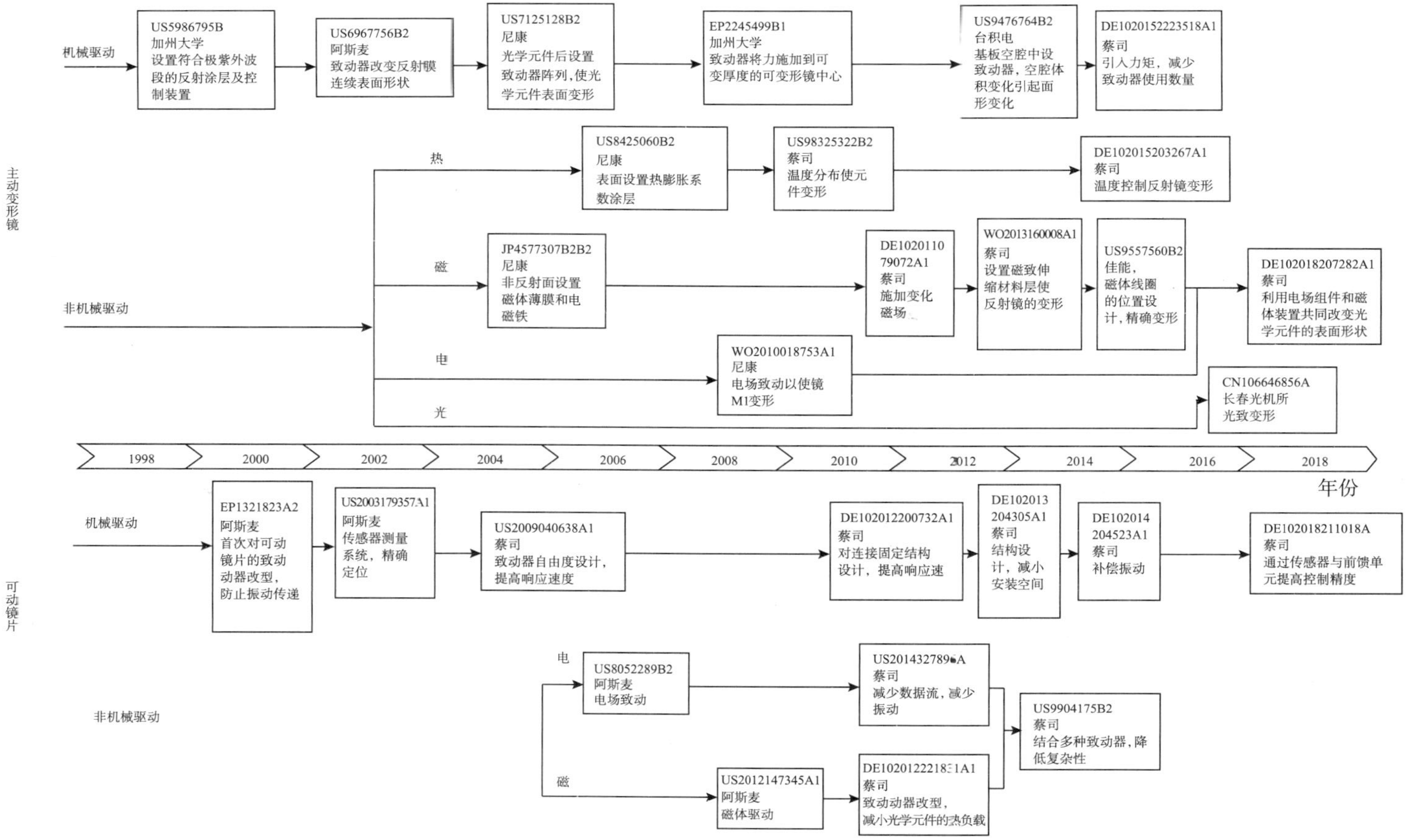

图 4-8 像质补偿技术专利发展路线

主动变形镜是通过分布在反射镜背面的致动器阵列向反射镜施加轴向作用力控制精密变形，以补偿像差。主动变形镜的发展逐渐从机械驱动变形发展到非机械驱动变形。其中，非机械驱动变形因具有变形精度高、产生副效应少、变形效率高等优点成为目前研发的热点，主要技术点包括磁致变形、电致变形、热致变形、光致变形等。尼康、蔡司、佳能等跨国公司在对这些技术进行积极的布局。

可动镜片是其通过驱动器调节光学元件的位姿以实现像差的补偿，也可分为机械驱动方式和非机械驱动方式。处于技术领先地位的阿斯麦、蔡司对该相关技术进行相应布局。

我国主要在机械驱动变形技术方面有部分研发成果。

4.3 重要申请人

4.3.1 重要申请人专利申请总体情况

基于前文的研究，蔡司、阿斯麦、尼康和佳能的申请量显著高于其他申请人，因此本节主要对这4位申请人进行分析。

1. 全球专利申请态势

如图4－9所示，在极紫外光刻投影系统技术发展早期，特别是2004年之前，尼康和佳能的专利申请量占据主导地位（2004年以前，两家专利申请186项，占全球专利申请量的62%），2004年以后，尼康和佳能专利申请量明显下滑，近几年很少有专利产出，而与此同时，蔡司和阿斯麦的专利申请

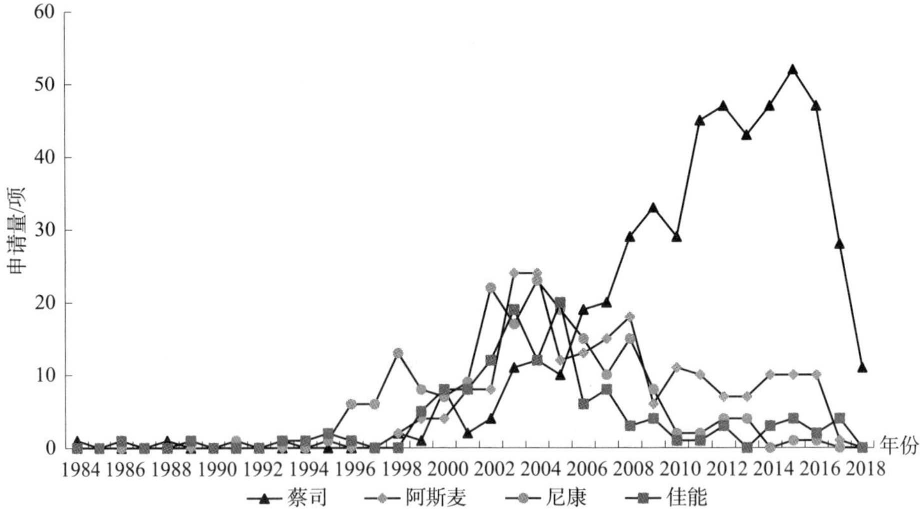

图4－9 极紫外投影系统全球重要申请人的专利申请态势

量却迅速增加，很快代替尼康、佳能的主导地位（2004 年至今，两家专利申606 项，占全球专利申请量的 78%），特别是蔡司的专利申请量超过全球专利申请总量的 35%。

2. 主要国家/地区申请量分布

如图 4－10 所示，从 4 个重要申请人在全球主要国家/地区的申请量分布来看，蔡司、尼康、佳能在各自所在国家/地区的专利申请量最大，且明显高于其他主要国家/地区。但阿斯麦则呈现出不同状态，在美国拥有的专利申请量最多，在日本的数量次之，在欧洲、韩国、中国和中国台湾的申请量相差不大，这在一定程度上表明，作为目前唯一的极紫外光刻机生产企业，阿斯麦对主要国家/地区市场的重视程度相当。

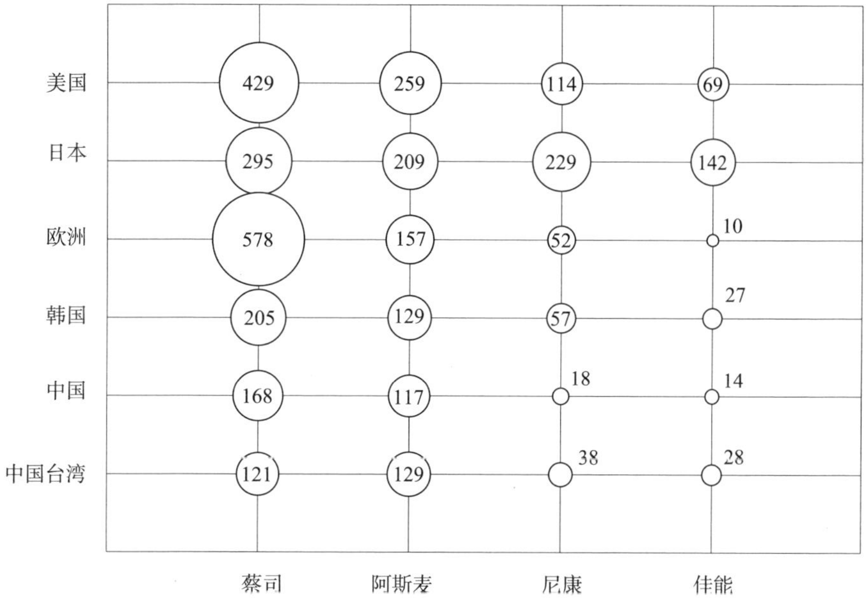

图 4－10 极紫外投影系统重要申请人全球主要国家/地区申请量分布

注：图中数字表示申请量，单位为件。

3. 专利申请技术主题分布

如图 4－11 所示，从 4 个重要申请人全球专利申请的技术主题分布可以看出，蔡司、阿斯麦、尼康和佳能在各技术分支下都有相关申请，其中，蔡司在上述各技术分支下的申请量均为最高的。具体而言，除物镜加工方面与佳能旗鼓相当外，蔡司在其他技术分支的优势都非常明显，尤其在光路设计和像质补偿两个技术分支下的申请量超过其余 3 家总和。阿斯麦则明显侧重于工作环境稳定性和像质补偿两个技术分支。尼康在上述各个技术分支上大致均衡发展，成果产出稍偏重于物镜加工、膜系设计和光路设计。佳能则在物镜加工和像质补偿方面优势明显。

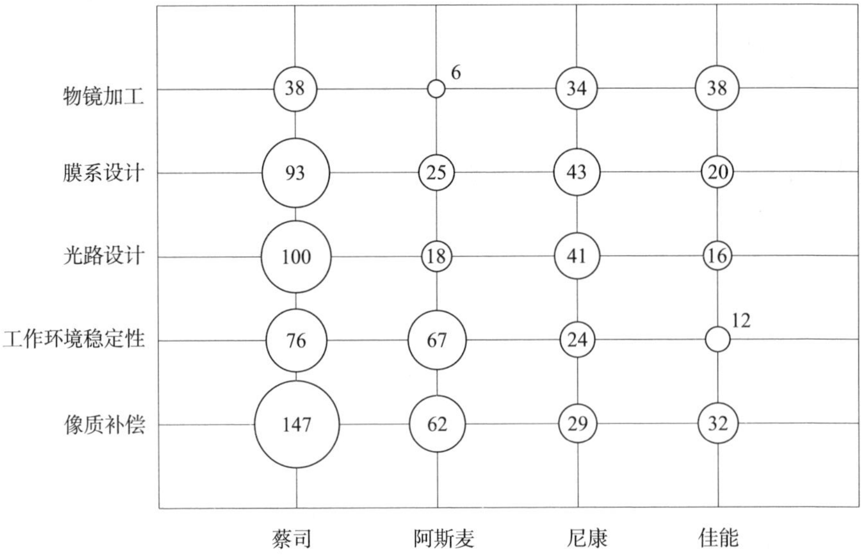

图 4-11 极紫外投影系统重要申请人全球各技术主题专利申请分布

注：图中数字表示申请量，单位为件。

4.3.2 重要申请人分析

1. 蔡司

作为主要制造光学系统、工业测量仪器和医疗设备的德国企业，蔡司在极紫外光刻机领域，主要为阿斯麦的极紫外光刻机提供先进的投影物镜系统。蔡司于2009 年研制出极紫外光学系统 Starlith 3100（数值孔径为0. 25），被搭载于阿斯麦研制的第一代极紫外光刻机 NXE 3100 中，实现了 27nm 的分辨率，之后又相继研发出新的光学系统，进一步将极紫外光刻机的分辨率提升到 13nm。

蔡司在极紫外投影系统领域的专利申请量最高，在各技术分支下都拥有一定数量的核心专利，涉足较为全面。如图 4-12 所示，早在 20 世纪 80 年代，蔡司在物镜加工方面研发的技术就已达到探索适用于极紫外光刻范畴的高度，但因技术的特殊性导致专利申请数量不大且间隔时间长，1997 年后，蔡司在上述各个技术分支下基本呈现齐头并进的态势，其中，像质补偿技术分支的申请自 2012 年起持续保持较高活跃度。

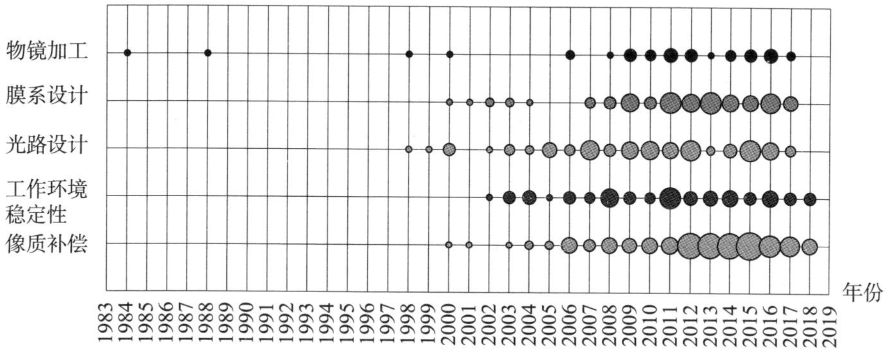

图 4-12 极紫外投影系统蔡司全球各技术分支专利申请年度分布

注：图中圆圈大小表示申请量的多少。

如表 4-5 所示，蔡司在所述各个技术分支下都拥有一定数量的核心专利，且在华各分支均有核心专利；对照蔡司在所述各个技术分支下的专利申请数量，其物镜加工技术分支下拥有的核心专利比率最高，而且这些核心专利都围绕着物镜加工中的打磨抛光技术，意味着蔡司在这一方面拥有高水平的创新成果。

表 4-5 极紫外投影系统蔡司核心专利技术分支分布

专利申请	工作环境稳定性	光路设计	膜系设计	物镜加工	像质补偿	总计
全球专利申请量/项	83	100	93	38	152	466
核心专利总量/项	7	2	3	5	4	21
核心专利占比/%	8.4	2.0	3.2	13.2	2.6	29.4
核心专利进入中国/项	5	1	1	3	3	13

进一步将蔡司在相应技术分支下拥有的核心专利进行整理，如表 4-6 所示。

2. 阿斯麦

阿斯麦是全球最大的半导体设备制造商之一，总部设在荷兰，是目前全球唯一的极紫外光刻机生产企业。阿斯麦与上下游企业开展深入合作，英特尔、台积电、三星等下游企业均是阿斯麦的股东，阿斯麦也入股蔡司，加强光刻技术的研发。

表 4-6　极紫外投影系统蔡司核心专利

公开/公告号	申请年	发明名称	法律状态	被引用频次/次	同族专利	技术要点	保护期限/年	技术分支
EP1095379B1	1999	用于 EUV 的基底设置方法	授权失效	24	US/JP/EP/DE/KR/TW（CN）/WO	晶体基底设置非晶层	18	物镜加工
US7129010B2	2003	用于高精度元件的基板具有基层和覆盖层	有效	22	US/JP/EP/DE	反射镜包括覆盖层和基质层及热膨胀系数	15	物镜加工
US8976927B2	2013	用于极紫外光刻的镜子基板，具有基体和高反射抛光层	有效	4	JP/DE/CN/US/WO	铝合金基底设置抛光层	5	物镜加工
CN102686972B	2009	测量测试对象的光学表面形状的方法	有效	11	US/JP/CN/EP/WO	基于干涉测量每个测量位置处的表面区域形状，而确定光学表面的实际形状	9	物镜加工
CN104685317B	2013	一种用于确定光学元件的光学表面的实际形状与预期形状的偏差的方法	有效	1	WO/EP/JP/KR/CN	检测波之一是具有非球面波前且适配于光学表面的预期形状的测量波	5	物镜加工
JP5491618	2010	用于 EUV 波长范围的反射镜	有效	18	CN/DE/EP/TW（CN）/US/KR	厚度改变的多层子系统	8	膜系设计
US7629055	2005	多层膜反射镜的制造方法	有效	20	AU/DE/WO	在碳物质生长的多层上沉积保护涂层	13	膜系设计
US8144830	2009	一种用于 EUV 光刻设备的多层反射光学元件，包括第一和第二附加中间层	有效	11	EP/JP/KR/DE/TW（CN）/US/WO	提供防扩散中间层	9	膜系设计

续表

公开/公告号	申请年	发明名称	法律状态	被引用频次/次	同族专利	技术要点	保护期限/年	技术分支
US6710917B2	2001	八镜像微光刻投影光学系统	未缴费失效	60	JP/US/TW（CN）/EP/KR/WO/DE	8 个反射镜镜	11	光路设计
US8576376B2	2010	成像光学器件进行微光刻的成像光学器件和投影曝光设备	有效	12	EP/US/KR/CN/JP/TW（CN）	8 个反射镜，镜的至少 3 个包括供成像光经过的通孔	8	光路设计
US8325322B2	2010	光学校正装置	有效	11	KR/TW（CN）/US/JP/CN	温度分布使元件变形	8	像质补偿
US2009040638A1	2008	六自由度执行器反应质量	有效	3	US/EP/WO	致动器设计，提高响应速度	10	像质补偿
US2014327896A1	2014	光学部件	有效	7	US/JP/EP/WO/DE/CN	减少定位反射镜元件所需的数据流，抑制反射镜元件的振动	4	像质补偿
US9904175B2	2015	EUV 成像设备	有效	2	US/JP/KR/WO/DE/CN/TW（CN）	结合多种致动器，降低复杂性	3	像质补偿
US2012224153	2012	光学装置，EUV 光刻的投影曝光装置	有效	6	US/KR/WO/TW（CN）/DE	净化子框架、框架内部至外部的净化气流偏转	6	工作环境稳定性
JP5349697	2010	反射光学元件和用于操作 EUV 光刻设备的方法	有效	3	WO/CN/EP/KR/US/JP	顶部保护膜，避免污染黏附	8	工作环境稳定性

续表

公开/公告号	申请年	发明名称	法律状态	被引用频次/次	同族专利	技术要点	保护期限/年	技术分支
JP6382856	2014	极紫外光刻的光学元件和光学系统及处理这种光学元件的方法	有效	5	JP/US/KR/WO/CN/DE	防污染保护膜，阻挡氢扩散	4	工作环境稳定性
US8717531	2010	引导辐射束的镜子	有效	2	DE/JP	帕尔贴元件上设置反射涂层	8	工作环境稳定性
US8457281	2010	用于制造多层膜的方法、光学元件和光学布置	有效	2	WO/JP/US/CN/EP/KR	热稳定膜层结构	8	工作环境稳定性
US9709770	2014	EUV 投射曝光设备的反射镜布置及其操作方法，及 EUV 投射曝光设备	有效	3	CN/JP/WO/KR/EP/US	膜层，负热膨胀层，热源加热	4	工作环境稳定性
US9134504	2012	光学系统中的光学装置，特别是微米级投影曝光装置中的光学装置	有效	3	WO/TW（CN）/US/CN/JP/KR/DE	第二热屏蔽吸收第一热屏蔽发射的热量，第二热屏蔽同样地与冷却装置机械接触	6	工作环境稳定性

注：同族专利项下，TW（CN）指中国台湾，下同。

在极紫外投影系统领域，阿斯麦在世界主要国家/地区的申请相对均衡，侧重于工作环境稳定性和像质补偿，其在多条技术路线上分布的核心专利都有在华同族专利。如图4－13所示，在所述各个技术分支中，阿斯麦最先于1995年在光路设计技术分支下提出申请，但是此后在该分支下的申请不连续，且呈离散状态，同样情形出现在物镜加工技术分支下。而膜系设计、工作环境稳定性和像质补偿这三个技术分支下则持续有申请提出，其中在工作环境稳定性技术分支下，2003～2006年出现申请量的明显增长。

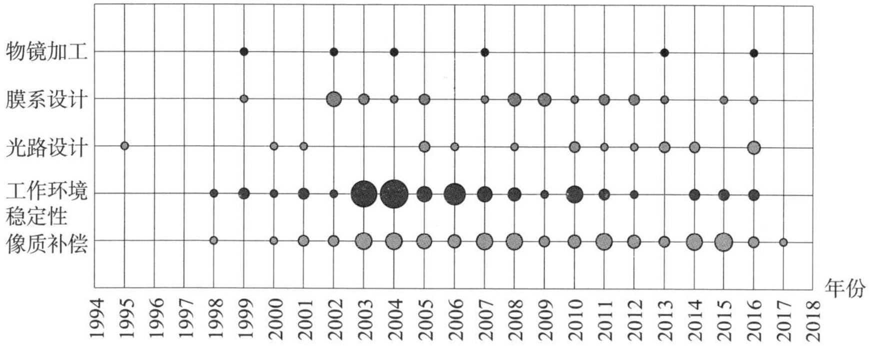

图4－13　极紫外投影系统阿斯麦全球各技术分支专利申请年度分布

注：图中圆圈大小表示申请量的多少。

如表4－7所示，阿斯麦在工作环境稳定性技术分支下的核心专利最多，像质补偿和膜系设计次之，显然阿斯麦强项在整机集成相关的工作环境稳定性和像质补偿。而在华情况，阿斯麦在膜系设计、工作环境稳定性、像质补偿这三个技术分支下的部分核心专利有在华同族专利。

表4－7　极紫外投影系统阿斯麦核心专利各分支分布

专利申请	膜系设计	光路设计	工作环境稳定性	像质补偿	物镜加工	总计
全球专利申请总量/项	25	18	67	62	6	178
核心专利量/项	5	1	10	5	0	21
核心专利占比/%	20.0	5.6	14.9	8.1	0.0	48.6
核心专利进入中国/项	2	0	7	4	0	13

从上述信息来看，阿斯麦在物镜加工技术分支下没有核心专利，在其他四个技术分支下都拥有一定数量的核心专利，进一步对表4－7中列出的所有核心专利及其在华同族情况进行统计，如表4－8所示。

表 4-8 极紫外投影系统阿斯麦核心专利

公开/公告号	申请年	发明名称	法律状态	被引用频次/次	同族专利	技术要点	保护期限/年	技术分支
EP2283396	2009	多层镜和光刻设备	有效	2	CN/EP/JP/KR/TW（CN）/US	反射更短波长的多层膜材料组合	9	膜系设计
JP5951010	2012	多层镜面、方法及微影装置	有效	2	TW（CN）/US	多层膜材料组合	6	膜系设计
CN103380401	2012	掠入射反射器、光刻设备、掠入射反射器制造方法及器件制造方法	有效	5	PH/TW（CN）/KR/JP/US/EP	层材料选择	6	膜系设计
EP2467741	2010	多层反射镜，EUV 曝光系统和多层反射镜碳污染清除方法	有效	1	EP/US/JP/DE	设置表面有机硅化合物，防止金属污染	8	膜系设计
US7629055	2005	多层膜反射镜的制造方法	有效	20	AU/DE/WO	在碳物质生长的多层上沉积保护涂层	13	膜系设计
EP0779528B1	1996	高数值孔径环场光学还原系统	授权失效	125	US/EP/DE/JP/CA/KR/US	6 个反射镜	15	光路设计
US6967756B2	2004	光刻设备	有效	28	US/JP/EP/KR/TW（CN）	制动器可改变反射多层膜的表面形状	14	像质补偿
EP1321823A2	2002	光刻装置及器件制造方法	有效	75	US/JP/KR/EP/CN/TW（CN）/SG	对制动器与光学元件之间的连接结构设计，通过设置反作用体（弹簧）防止制动器振动传递到光学元件	16	像质补偿

续表

公开/公告号	申请年	发明名称	法律状态	被引用频次/次	同族专利	技术要点	保护期限/年	技术分支
US20030179357A1	2003	光刻设备和装置的制作方法	有效	14	US/JP/KR/EP/CN/TW（CN）/SG	设置位置测量系统，精确定位光学元件	15	像质补偿
US8052289B2	2006	用于光刻术的反射镜阵列	有效	11	US/JP/KR/EP/CN/TW（CN）/SG	采用电场驱动致动器	12	像质补偿
US2012147345A1	2010	光学设备和定向反射元件的方法	有效	3	US/JP/KR/WO/CN/TW（CN）	通过设置两个磁体，第二磁体驱动第一磁体，第一磁体驱动反射元件，提供更低的力输出（避免驱动器与光学元件机械接触的影响）	8	像质补偿
US7384149	2003	光刻投影装置、气体净化方法、器件制造方法以及净化气体供应系统	有效	106	US/CN/KR/SG/TW（CN）/EP/WO	净化气体加湿	15	工作环境稳定性
US6603130	2000	使用于真空室之气体轴承及其在微影蚀刻投影装置的应用	有效	264	US/KR/JP/EP/TW（CN）	真空下降低污染分解的气体轴承	18	工作环境稳定性
DE69933257	1999	一种微影装置	有效	58	DE/KR/US/TW（CN）/EP/JP	介面区域净化管加冲洗气流	19	工作环境稳定性
US9776218	2015	用于清洁光学元件的受控流体流动	有效	0	US/TW（CN）/CN/WO	不同位置处净化流体受控	3	工作环境稳定性

续表

公开/公告号	申请年	发明名称	法律状态	被引用频次/次	同族专利	技术要点	保护期限/年	技术分支
JP6382856	2014	极紫外光刻的光学元件和光学系统及处理这种光学元件的方法	有效	5	JP/US/KR/WO/CN/DE	防污染保护膜，阻挡氢扩散	4	工作环境稳定性
US2003096193	2001	光刻投影设备，器件制造方法和由此制造的器件	有效	21	CN/DE/EP/JP/KR/SG/TW（CN）/US	低压分子氧	17	工作环境稳定性
US6924492	2001	光刻设备，装置的生产及其装置	有效	19	DE/EP/JP/KR/TW（CN）/US	微波或红外	17	工作环境稳定性
US7151588	2004	光刻设备和补偿光刻设备中热变形的方法	有效	11	CN/US/JP/SG/EP/KR/TW（CN）	根据模型数据计算形变量进行处理	14	工作环境稳定性
US2012267550	2012	热调节光刻设备的部分的系统和热调节方法	有效	10	CN/US/TW（CN）/SG/KR/JP/EP	两相热调节系统保持流体恒温	6	工作环境稳定性
EP1477855	2004	光刻设备和器件制造方法	有效	6	CN/EP/KR/TW（CN）/US/JP	热辐射护罩定位成阻隔到达或来自支撑结构表面和/或镜的热辐射	14	工作环境稳定性

注：同族专利项下，TW（CN）指中国台湾，下同。

3. 尼康

尼康成立于1917年，于1980年开始销售半导体光刻设备，有着很好的基础，但是其销售产品只是止步于浸没式光刻机，分辨率也停留在2008年的38nm。随着阿斯麦一步步占据市场统治地位，尼康在高端光刻机市场逐渐衰落。

如图4-14所示，尼康最先于1995年在物镜加工技术分支下提出申请，并持续活跃近10年，然后逐渐沉寂。在其余四个技术分支方面均能看到类似态势。2014年之后，尼康仅有的2项专利申请属于光路设计技术分支，意味着尼康在高端光刻机领域并未止步，至少在光路设计方面的研发仍在持续。

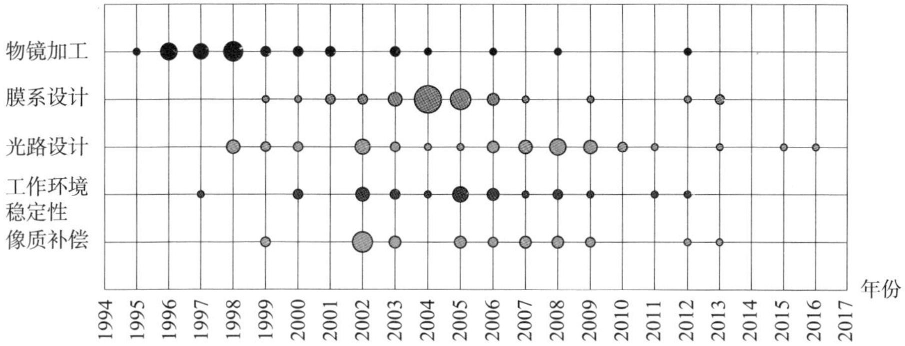

图4-14 极紫外投影系统尼康全球各技术分支专利申请年度分布

注：图中圆圈大小表示申请量的多少。

尽管尼康自2004年之后全球专利申请量开始下滑，但是核心专利有半数以上是在2004年之后申请的，表明尼康自2004年之后仍然拥有高水平的创新成果。尼康拥有的核心专利仅1项有在华同族专利，如表4-9所示。

表4-9 极紫外投影系统尼康核心专利分布 单位：项

	物镜加工	膜系设计	光路设计	工作环境稳定性	像质补偿	总计
全球	0	5	0	1	3	9
在华	0	1	0	0	0	1

从上述信息来看，尼康仅在膜系设计、工作环境稳定性和像质补偿三个技术分支下拥有核心专利。进一步地，将分析得出的尼康在相应技术分支下拥有的核心专利进行整理，如表4-10所示。

表 4 – 10　极紫外投影系统尼康核心专利

公开/公告号	申请年	发明名称	法律状态	被引用频次/次	同族专利	技术要点	保护期限/年	技术分支
EP1947682	2006	多层反射镜，多层反射镜制造方法	有效	2	CN/EP/JP/TW（CN）/HK（CN）	膜结构面分布厚度变化	12	膜系设计
EP1367605	2002	多层膜反射镜和包括光学系统	撤回失效	26	JP	单层与周期层厚度比间改变	4	膜系设计
JP2006194690	2005	极紫外系统的多层膜反射镜	有效	2	JP	在膜层上设置气体排放机构除碳	13	膜系设计
JP4320578	2003	一种具有高光催化功能的多层膜反射镜	有效	1	JP	在表面设置光催化材料层抗污染	15	膜系设计
EP2109134	2008	光学元件，使用光学元件的曝光装置和器件制造方法	未缴费失效	8	EP/JP/ US/WO	设置表面侧层抗氧化	10	膜系设计
US7125128B2	2004	自适应光学制动器阵列和使用这种阵列的方法	有效	15	US	在每个光学元件后面都设置制动器阵列，在相应轨迹施加力，使光学元件表面形成期望形状	14	像质补偿
JP4577307B2	2005	光学元件、投影光学系统和曝光设备	有效	1	JP/WO	反射镜非反射面设置磁体薄膜和电磁铁，利用磁力进行变形	13	像质补偿
US8425060B2	2007	用于高热负荷光学系统的自校正光学元件	授权失效	4	US/WO	表面设置热膨胀系数涂层	9	像质补偿
US9041900	2008	带有液态金属的高热负荷光学元件，用于极紫外光刻系统	有效	0	US/WO	热交换器面与液态金属接触	10	工作环境稳定性

4. 佳能

佳能是日本的一家生产影像与信息产品的综合集团，从1937年成立以来，佳能已将自己的业务全球化并扩展到多个领域。佳能仅在中低端光刻机领域具有优势，并未涉及高端光刻机。

如图4-15所示，佳能早在1986年即从光路设计的角度探索极紫外光刻技术，但是直至2002年才继续提出专利申请，2010年之后再次沉寂。类似情形也出现在膜系设计技术分支方面。在物镜加工技术分支下，佳能自1993年起涉足，2000年前后有过申请小高潮，但是在2006年之后趋于沉寂。工作环境稳定性和像质补偿这两个技术分支方面，佳能最早于2002年开始涉足，但是2012年之后只有像质补偿分支在持续提出专利申请，这或许是其在某种战略思考下的选择。

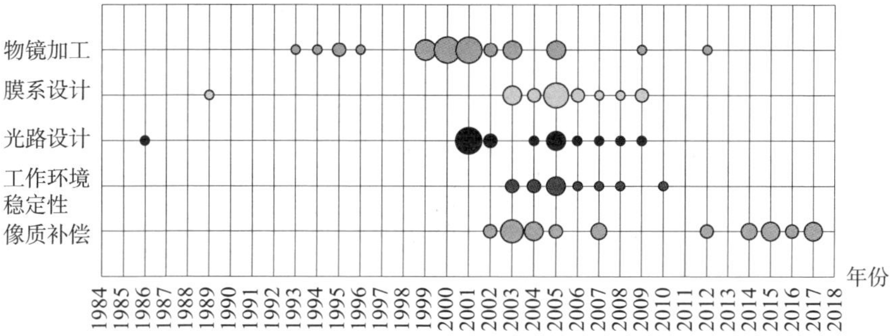

图4-15 极紫外投影系统佳能全球各技术分支专利申请年度分布

注：图中圆圈大小表示申请量多少。

如表4-11所示，佳能拥有的核心专利数量相对较少，而且有5项是其在极紫外光刻投影系统领域的全球专利申请相对活跃的2005年之前，表明佳能的研发活动在早期有一定贡献。

表4-11 极紫外投影系统佳能核心专利分布 单位：项

	物镜加工	膜系设计	光路设计	工作环境稳定性	像质补偿	总计
全球	3	0	1	2	1	7
在华	0	0	0	0	1	1

作为老牌跨国公司，佳能都有一定的核心专利积累，且仍然维持着这些核心专利的有效性。进一步地，将分析得出的佳能在相应技术分支下拥有的核心专利进行整理，如表4-12所示。

表 4-12 极紫外投影系统佳能核心专利

公开/公告号	申请年	发明名称	法律状态	被引用频次/次	同族专利	技术要点	保护期限/年	技术分支
JP3673703B2	2000	用于抛光透镜的研磨工具：抛光垫可变形	未缴费失效	1	JP	抛光垫可变形	12	物镜加工
JP3787457B2	1999	用于光学元件的抛光工具	未缴费失效	15	JP	用于光学元件的抛光工具，例如透镜、镜子，具有板形层压弹簧，位于抛光机和弹性单元之间	17	物镜加工
US7304749 B2	2005	点衍射干涉仪	未缴费失效	8	US/JP	点衍射干涉仪	11	物镜加工
EP0252734B1	1987	软紫外射线曝光设备	授权失效	65	JP/DE/EP/US	3 个反射镜	20	光路设计
US9557560B2	2014	反射镜单元和曝光装置	有效	7	JP/US/CN/KR	磁体线圈的位置设计，精确变形	4	像质补偿
US2005069433	2004	抑制暴露气氛污染影响的技术	有效	4	JP/US	净化框架，净化气流，真空度，压差	14	工作环境稳定性
JP4262031	2003	曝光装置及其制造方法	有效	24	JP	提出温度控制，未曝光时冷却镜子	15	工作环境稳定性

5. 阿斯麦与蔡司的竞争与合作

阿斯麦与蔡司之间既有合作也有竞争。阿斯麦与蔡司的合作对它们超越尼康、占据极紫外光刻投影系统领域的主导权具有重要作用。其合作申请专利数量为21项，其中涉及主要技术分支的申请有19项：膜系设计5项、光路设计2项、像质补偿1项、工作环境稳定性11项。阿斯麦在各技术分支上与蔡司既有合作也有竞争，详细情况如表4－13所示。

表4－13 极紫外投影系统阿斯麦与蔡司在各分支上的合作与竞争

技术分支	合作与竞争状况
工作环境稳定性	阿斯麦、蔡司在关于氢清除污染技术上的联合，意在突破EUV LLC此前的基础专利
膜系设计	阿斯麦与蔡司的合作在与尼康的竞争中起重要作用
物镜加工	蔡司强烈关注且有5项打磨抛光核心专利，阿斯麦相距甚远，不具备合作基础
光路设计	阿斯麦和蔡司公司各自的重心不同，且蔡司的实力占明显优势，因此它们虽然有合作申请，但合作申请都不是重要申请
像质补偿	可动镜片：蔡司的申请数量占有优势，但阿斯麦掌握核心基础专利，两者各自为战，保持着一定的技术竞争关系
	主动变形镜：蔡司优势明显，不轻易与阿斯麦联合申请

6. 尼康对阿斯麦和蔡司的两次反击

2001年和2017年，尼康两次发起针对阿斯麦和蔡司的反击，先后获得1.45亿美元和1.5亿欧元，成功攫取了竞争对手的商业利润。

从尼康首次反击时机来看，尼康作为专利技术的拥有者，根据自身市场竞争策略的需要，主动把握挑起争端、精准打击竞争对手的时机和地点，在美国对发展态势良好的后起之秀阿斯麦采取打压遏制措施。在阿斯麦与蔡司已经稳固占据光刻机市场主导地位、尼康处在被加速排挤出高端光刻机市场的时期，尼康积极运用其掌握的专利权资源，选择在本土日本以及竞争对手阿斯麦和蔡司的主场即荷兰和德国进行，向市场竞争对手发起挑战。

尼康两次成功反击所凭借的有效专利群具有两方面的鲜明特征：第一，在重要市场所在的国家/地区分布并且长期维持有效；第二，以重要专利或者核心专利为基础，持续深入跟进，构建难以突破和规避、高度密集的立体专利保护网络。

从尼康专利布局着眼，存在基础专利重要、关联专利多、地域分布广、时间跨度长的特点，尼康能够利用专利权保护重要创新成果并且在激烈的市场竞争中有效运用其掌握的专利权利，周密的知识产权管理制度、成熟的知识产权管理团队、高效的知识产权管理运行是不可或缺的强有力的保障。

4.4 结论和建议

4.4.1 结论

通过上述分析可以看出，高端光刻机技术领域具有两个突出特点。

一是高端光刻机领域投入大、研发难，技术集中度很高，欧洲一家独大，技术封锁严重。

自20世纪80年代到2018年12月近40年的时间里，极紫外投影系统全球专利申请仅有1426项，技术主要集中在德国蔡司、荷兰阿斯麦、日本尼康和佳能手中，其申请总量占全球的72.4%。其中，阿斯麦是全球唯一的高端光刻机中极紫外光刻机的生产企业，蔡司为它提供投影物镜，两者互为战略合作伙伴，2004年之后，它们更是垄断了高端光刻机技术领域。

二是国外大学积极研发基础技术、企业布局周密且拥有较多核心专利。

极紫外投影系统早期的基础性研究频现加州大学的身影，例如在膜系设计技术中，加州大学首次采用Mo2C/ Be等材料的多层膜来提高膜的反射率、首次设置抗氧化层来防止膜的层间扩散以及首次通过选择使用铱和铱的化合物提高膜的抗氧化性能。此外，在像质补偿技术中，加州大学首次将主动变形镜技术引入极紫外投影系统。跨国公司方面，蔡司和阿斯麦等企业在各个技术分支上布局周密，拥有较多的核心专利，且核心专利被引证次数极高，最高达264次，当前有效专利的保护期限最长已达到19年。

4.4.2 建议

一是建议国家向基础学科投入更多的资源，进行技术积累。

光刻机是光学、材料学、机械学等学科的结合体，一定程度上依赖于上游产业，尤其是毛坯制作、膜层材料等方面涉及的基础材料工业，且对其研究需要跨学科的知识。一方面，建议在高校开设与光刻机相关的跨领域、跨学科专业性课程，培养专业人才，提供基础支撑；另一方面，在加强对高端光刻机技术领域投资的同时，应当将资源向玻璃、膜层等基础材料方面的制造及加工企业延伸，整合基础研究领域的资源，进一步带动制造业和材料产业的发展，促进我国相关产业结构调整，形成完整产业链。

二是加大对重要申请人、重要专利技术的政策支持。

一方面，对重要申请人加强对其在知识产权创造、保护和运用方面的指导，加强知识产权保护意识，以创新成果得到有效保护为目标进行专利申请和布局，结合后续的研发改进，在围绕同一技术主题的专利分布上、在相关技术的全球主要国家/地区分布上形成有效的核心专利群，同时需要将面向专利的扶持资助政策精准施用于维持我国研究机构的基础专利、核心专利长期有效，从而使创新成果成为受专利有效保护的技术，为产业发展维系有效专利技术的存量；另一方面，持续完善适合自身的知识产权管理制度，打造知识产权专业团队，在专利运用和管理方面切实保障创新对竞争和发展的推动作用。

三是建议加强产学研合作，形成突破。

我国相关研发机构、大专院校及企业应对国外极紫外技术的发展进行跟踪研究，关注国外技术的发展情况，加强关键技术的创新和储备，同时，引导企业和高校科研院所之间开展更紧密的合作交流，培养和储备光刻机所需的高端人才，共同攻克在光刻机技术方面存在的难题，同时需要尽快将科研成果及时运用到产业上，规范完善专利转化交易平台，推动产业化应用，将一些成熟的研究成果应用到实际产品中，以提高科研成果转化率以及企业竞争力。

5

重型燃气轮机高温合金材料*

“十三五”期间，国务院将“‘两机’专项”技术发展列为国家重大科技专项之首，要求“开展材料、制造工艺、试验测试等共性基础技术和交叉学科研究，攻克总体设计等关键技术”。发展集新技术、新材料、新工艺于一体的燃气轮机产业，是国家高技术水平和综合实力的重要标志之一，具有十分突出的战略地位。重型燃气轮机是“‘两机’专项”重点内容之一，攻克重型燃气轮机的核心技术，不仅能够带动我国电力产业的发展、提升我国的核心竞争力，而且对构建可持续发展的能源电力系统具有重要的意义。

5.1 高温合金材料专利整体态势

截至2018年10月31日，全球重型燃气轮机高温合金材料相关专利申请

---

* 本章节选自2018年度国家知识产权局专利分析和预警项目《重型燃气轮机高温合金材料专利动向分析研究报告》。

（1）项目课题组成员：刘志会（负责人）、陈燕（负责人）、马玉（组长）、孙全亮（组长）、闫晓明（副组长）、赵哲（副组长）、杨建勇、弋慧丽、胡彬彬、田恩华、冯冰、章平、苑海威、王慧萍、张健苹、刘肖、李艳、王瑞阳、彭桃。

（2）主要撰稿人：马玉、闫晓明、杨建勇、弋慧丽、胡彬彬、田恩华、冯冰、章平、苑海威、王慧萍、张健苹、刘肖。

（3）专利分析指导：王瑞阳、彭桃、张谦。

（4）项目管理：王瑞阳。

（5）研究组织与质量控制：刘志会、陈燕、马玉、孙全亮。

（6）主要统稿人：马玉、闫晓明。

（7）审稿人：刘志会、陈燕。

（8）课题联系人：闫晓明。

（9）本章执笔人：马玉、闫晓明、胡彬彬、章平、冯冰、苑海威、李艳、王瑞阳。

达 17837 项；中国重型燃气轮机高温合金材料相关专利申请达到 7224 件，如表 5－1 所示。

表 5－1 重型燃气轮机高温合金材料各技术分支专利文献数量

技术主题	技术分支	全球/项	中国/件
重型燃气轮机高温合金材料	基体材料	3608	1355
	制造加工工艺	9666	5106
	热障涂层	7909	2431
总计		17837	7224

5.1.1 全球专利发展态势

1. 专利发展趋势

如图 5－1 所示，重型燃气轮机高温合金材料全球专利申请趋势分为以下四个主要阶段。

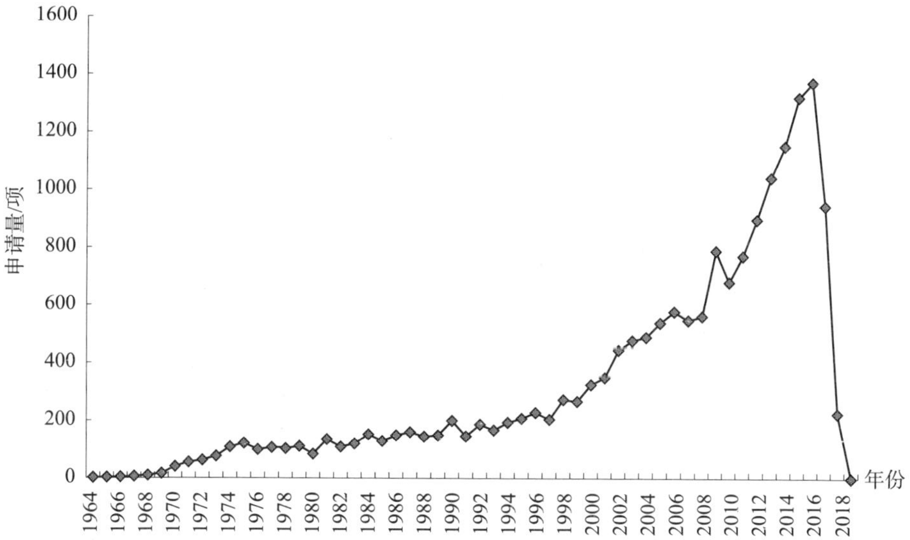

图 5－1 重型燃气轮机高温合金材料全球专利申请量趋势

（1）起步阶段（1972 年以前）：该阶段专利制度的发展普及程度并不很高，专利申请维持在较低水平。在此期间，专利申请主要集中于美国、德国、英国等发达国家。

（2）初始发展阶段（1973～1994 年）：这一阶段的燃气轮机技术发展仍相对缓慢，期间燃气轮机高温合金材料全球专利申请量在长达 20 多年的时间内维持在每年 200 项以下。

（3）稳速增长阶段（1995～2006 年）：这一阶段的显著特征是日本作为一个新兴的工业强国，其申请量超越之前一直处于领先地位的美国，同时通过 EPO 和 PCT 途径提交的申请量飞速增长。随着中国在国际上的影响力逐步加大，各国申请人在中国的专利申请也取得较大幅度的增长。

（4）快速增长阶段（2007～2018 年）：这一时期全球申请量维持在快速增长的水平。该阶段各国申请人对美国、德国、俄罗斯、英国、法国的专利申请量都处于比较高的水平，对中国的申请量也急速攀升，中国的技术研发和市场已得到国内外申请人的充分重视。而与前述国家相反，日本由于受国内政治、经济形势等影响，专利申请量则明显回落，但并没有过多影响全球专利申请的整体趋势。

2. 技术产出构成

由图 5－2 可知，美国、中国、日本、欧洲等国家和地区是燃气轮机高温合金材料领域全球技术创新的重要来源。其中，美国的专利产出规模最大，申请量占比 31.52%；中国的专利产出规模位列第二，申请量占比 27.08%，日本的专利产出规模位列第三，申请量占比 16.86%；欧洲的专利产出规模位列第四，申请量占比 15.34%。

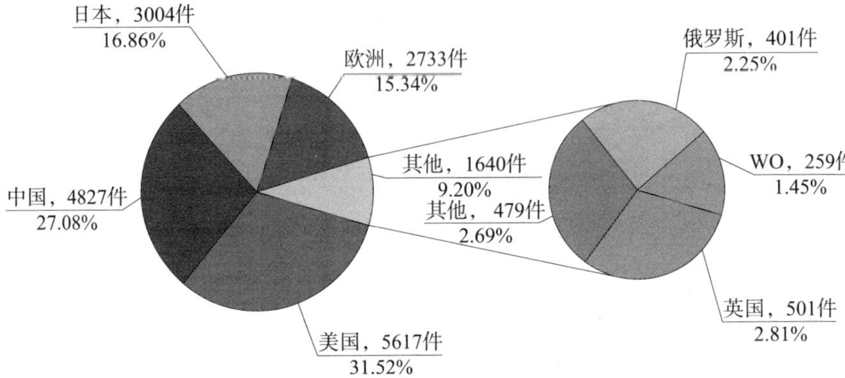

图 5－2 重型燃气轮机高温合金材料全球专利技术产出分布

3. 主要布局区域

如图 5－3 所示，全球专利申请主要布局的目标市场是美国、中国、欧洲以及日本，其所占比例分别是 29.08%、25.04%、21.46% 以及 21.40%，反映出美、中、欧、日是燃气轮机高温合金材料最重要的市场。

4. 重点技术构成

对燃气轮机高温合金材料的基体材料、制造加工工艺、热障涂层三大技

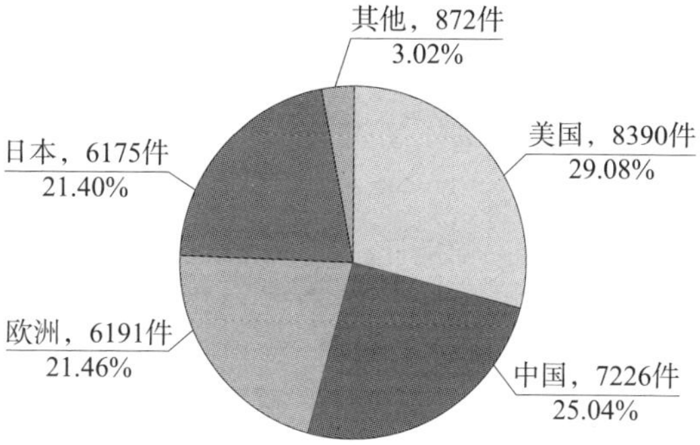

图5－3 重型燃气轮机高温合金材料全球专利布局分布

术分支相关专利统计，如图5－4所示。其中，制造加工工艺的比重最大，占54.19%，占比超过一半；基体材料的比重最小，占20.23%。制造加工工艺和热障涂层在重型燃气轮机高温合金材料中占比较大。热障涂层技术成本较低，效果明显，是发展先进重型燃气轮机的核心技术之一。制造加工工艺方向的专利申请不仅包括重型燃气轮机重要的热端部件的制造加工，而且包括除热端部件以外的各类部件的制造加工，申请量的占比也相对较大。而基体材料主要涉及基体合金成分，对合金成分的创新难度较大，申请量占比较小。

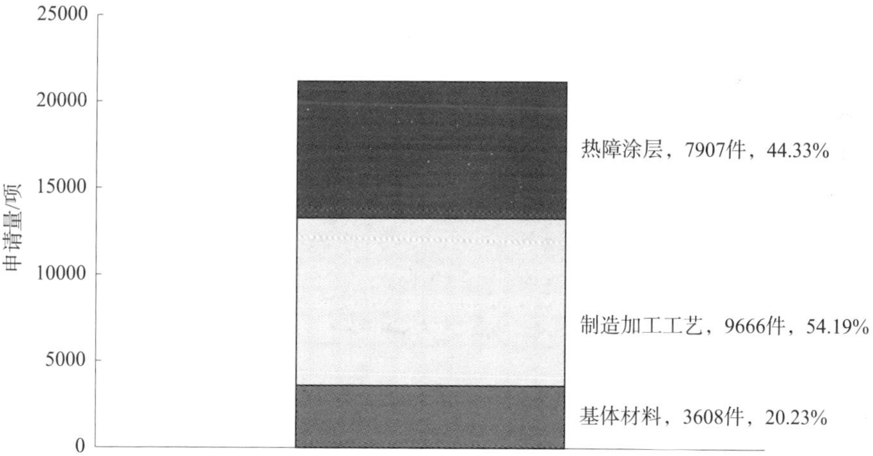

图5－4 重型燃气轮机高温合金材料全球专利重点技术分布

注：各分支专利内容有交叉，总数量大于总申请量，下同。

5.1.2 中国专利发展态势

1. 专利发展趋势

如图5-5所示，重型燃气轮机高温合金材料在中国的专利申请经历了起步阶段（2000年以前）、中期发展阶段（2001~2008年）、近期飞跃阶段（2009年以来）。总体来看，重型燃气轮机高温合金材料国内专利申请呈现指数增长的态势，海外来华专利申请增长相对稳定，说明我国十分重视重型燃气轮机的技术研发，正在大力发展重型燃气轮机新材料和新工艺。

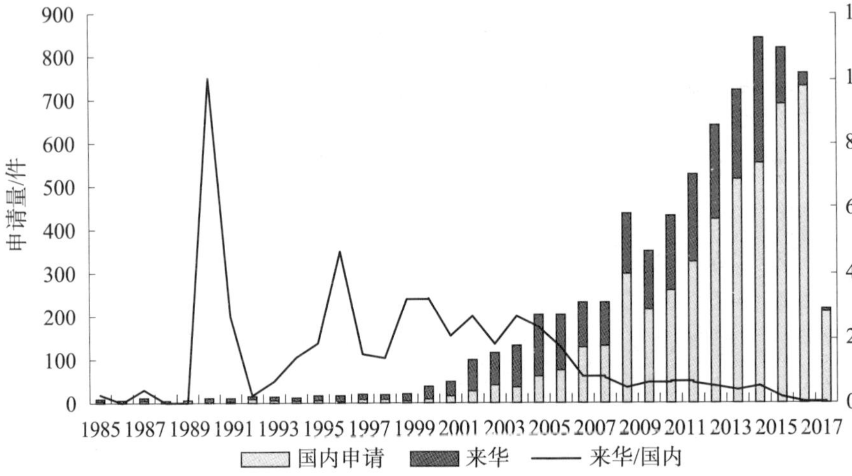

图5-5 重型燃气轮机高温合金材料中国国内和来华专利申请趋势

2. 专利来源构成

图5-6给出了重型燃气轮机高温合金材料国内和在华申请的专利分布。其中，中国的申请量最大，达到4825件，占比66.79%，一定程度上体现了中国的创新能力；美国排名第二，达到1163件，占比16.10%；欧洲申请量为731件，占比10.12%；日本申请量为289件，占比4%。

3. 重点技术构成

如图5-7所示，来华专利中热障涂层的占比最大，为60%；制造加工工艺的占比次之，为44%；基体材料的占比为21%。热障涂层在重型燃气轮机高温合金材料中占据重要地位，热障涂层和制造加工工艺的申请量呈现快速增长的态势，仍然是未来国外公司来华布局的重点领域。

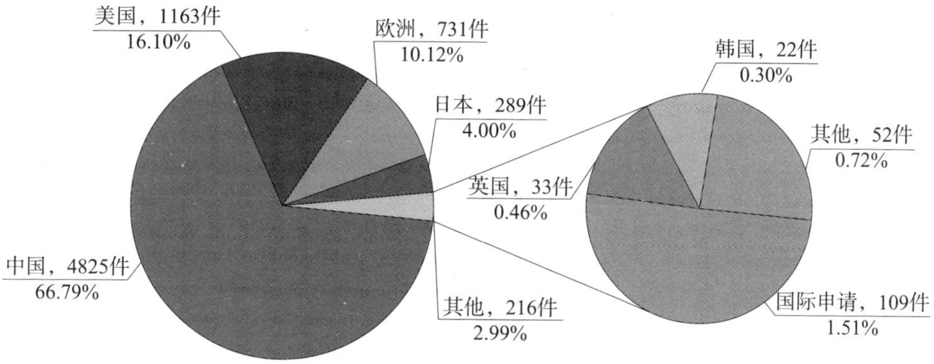

图 5－6　重型燃气轮机高温合金材料中国国内和来华专利申请分布

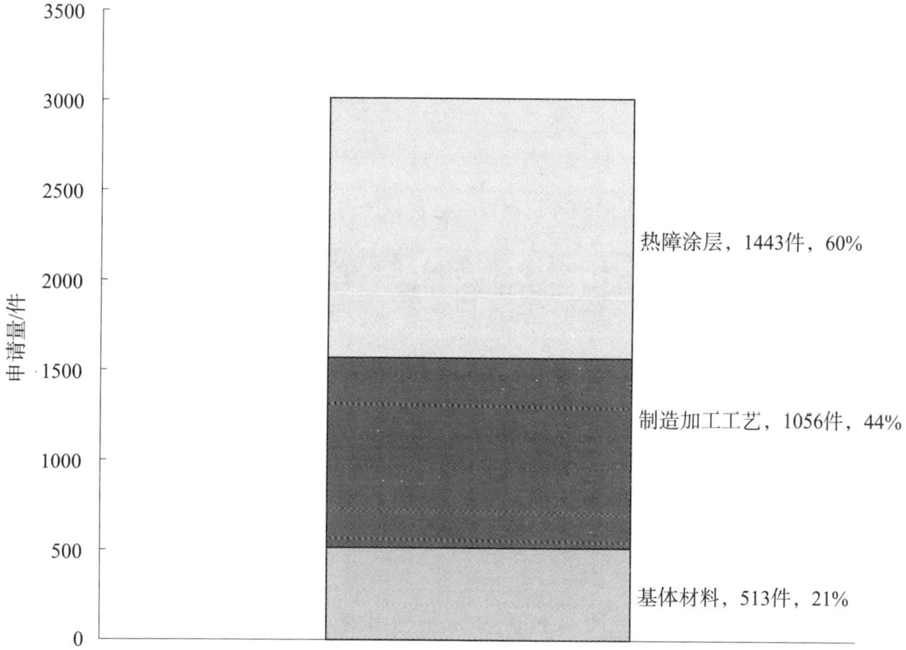

图 5－7　重型燃气轮机高温合金材料来华重点技术专利分布

国内申请中，制造加工工艺的申请量最大，占比达 80%；基体材料和热障涂层的占比仅为 16% 和 19%。国内申请以制造加工工艺为主，在基体材料和热障涂层领域的专利申请量较少（见图 5－8）。

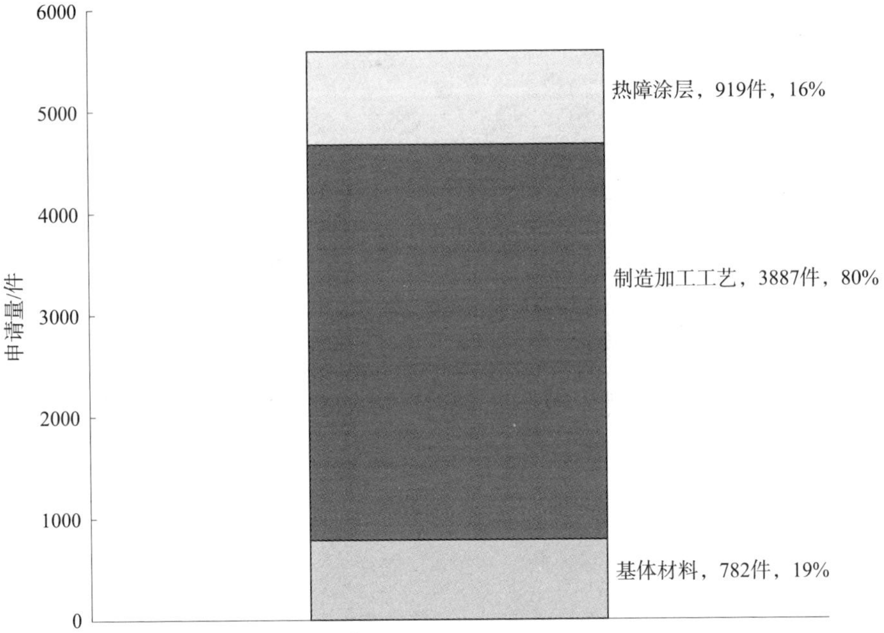

图5－8　重型燃气轮机高温合金材料国内重点技术专利分布

5.2　高温合金材料关键技术专利态势

5.2.1　基体材料专利态势

基体材料是影响高温合金性能、限制高温合金材料发展的关键，基体材料高温腐蚀、氧化以及蠕变断裂是引发燃气轮机热端部件失效的主要原因。寻找高蠕变寿命、抗热疲劳、抗腐蚀和抗氧化性能优异的基体材料是发展高温合金的关键。因此，基体材料也是业界研发的重点。

1. 全球专利态势

燃气轮机高温合金基体材料的技术分支主要分为钴基高温合金、镍基单晶高温合金、镍基柱状晶高温合金、镍基等轴晶高温合金等。从图5－9可以看出，中国和日本比较重视钴基高温合金和镍基等轴晶高温合金的专利布局，两者专利申请份额之和超过70%，各国在镍基单晶高温合金上均有布局，美国申请量最大，占比超过1/3，中国申请量最少；各国在镍基柱状晶高温合金上的布局与镍基单晶高温合金相近，也是美国最多，欧洲申请量最少。

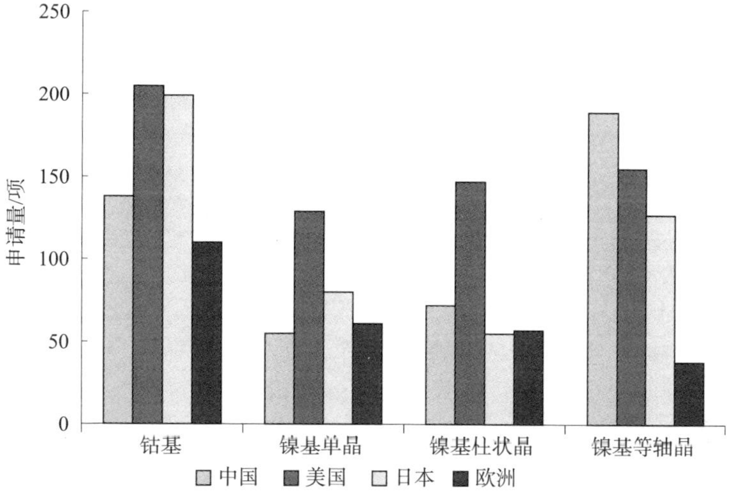

图 5－9　高温合金基体材料主要国家和地区专利技术分布

2. 中国专利态势

图 5－10 示出了重型燃气轮机高温合金基体材料中国国内和来华申请的技术分布。中国专利申请量最大，达到 734 件，占比 63.94%；美国排名第二，达到 179 件，占比 15.59%；欧洲申请量为 108 件，占比 9.41%；日本申请量为 86 件，占比 7.49%。从申请量上来看，国内申请人的申请量远远领先于其他国家在中国的专利申请量，说明中国十分重视重型燃气轮机的自主创新。美国、欧洲、日本占据中国市场已久，虽然所占份额不大，但掌握重型燃气轮机高温合金基体材料的核心技术。中国虽然在申请量上领先于其他国家，关键的核心技术还没有掌握，大部分仍然依靠进口。

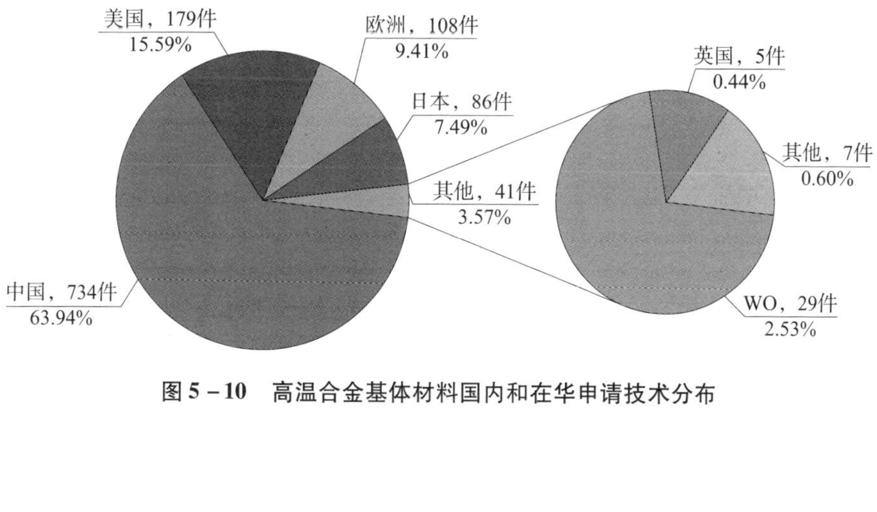

图 5－10　高温合金基体材料国内和在华申请技术分布

5.2.2 制造加工工艺专利态势

重型燃气轮机的基体材料通常为高温合金，高温合金具有良好的高温强度和抗氧化、抗腐蚀性能，优异的抗疲劳和抗蠕变性能、断裂性能和组织稳定性，在航空发动机及工业燃气轮机等领域发挥至关重要的作用。高温合金的研制和生产水平是一个国家金属材料发展水平的重要标志之一，高温合金制备工艺的进步是推动高温合金性能不断提高的直接影响因素。

1. 全球专利态势

如图5-11所示，对于锻造、铸造和热处理工艺，中国的申请量都超过其他国家，占据主要地位，这说明中国重型燃气轮机高温合金材料领域虽然起步晚，但国家十分重视重型燃气轮机的技术研发，正在大力发展新工艺；美国在锻造、铸造和热处理工艺上的申请量少于中国，排名第二位，其次是日本和欧洲。各国和地区在各技术分支上的专利布局各有侧重，美国和欧洲最重视铸造工艺和粉末冶金工艺，中国最重视铸造工艺和热处理工艺，日本最重视热处理工艺和粉末冶金工艺。美国、日本、欧洲虽然在申请量上不及中国，但掌握重型燃气轮机高温合金材料制造加工工艺的核心技术。中国虽然在申请量上领先于其他国家，但关键的核心技术还没有掌握，大部分仍然依靠进口。

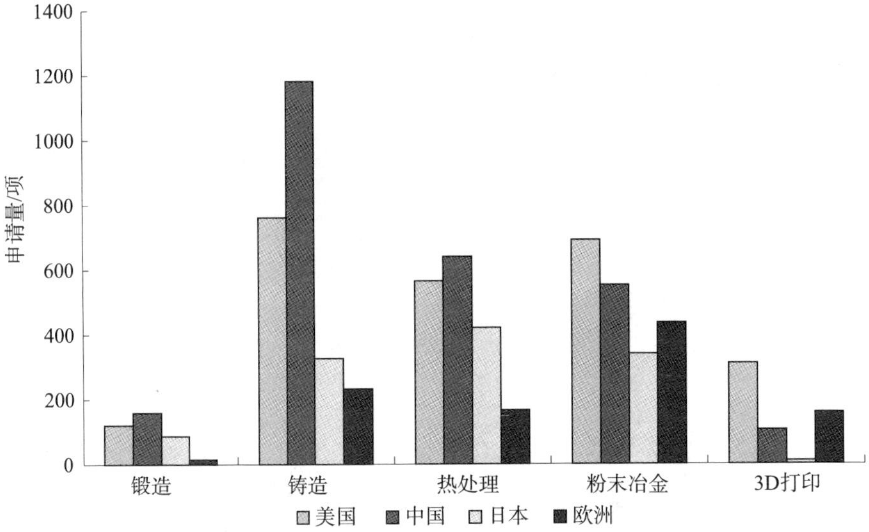

图5-11 高温合金材料制造加工工艺主要国家和地区技术分支专利分布

2. 中国专利态势

如图 5－12 所示，国内申请人申请量快速增长，来华控制度[1]在 2006 年后逐步下降。2006 年之前，重型燃气轮机高温合金材料制造加工工艺的专利申请量主要来自于国外申请人，国外申请人申请量与国内申请人申请量之比在 2001 年达到 3.25；2006 年之后随着国内申请量的快速增长，从专利申请量的角度看，国外申请人申请量与国内申请人申请量之比在逐年下降，到 2016 年已经降到了 0.18。

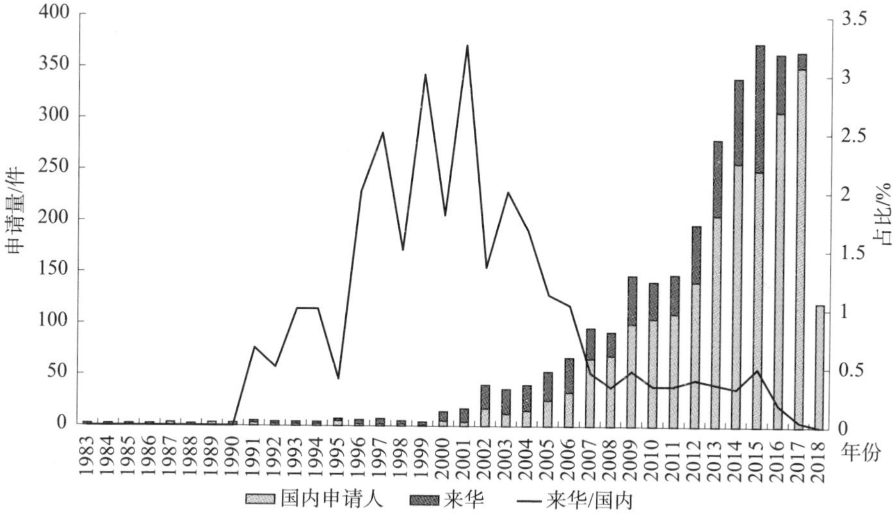

图 5－12 高温合金材料制造加工工艺中国国内和来华专利申请趋势

5.2.3 热障涂层专利态势分析

热障涂层具有耐高温和低导热性能，其良好的隔热作用能够使得涡轮叶片高温合金表面温度大幅下降，提高冷却效率，避免高温合金热腐蚀，延长其工作寿命；可显著提高发动机的功率、降低油耗、减少冷却气体使用，增强发动机推力及效率。因此，热障涂层被广泛应用于航空航天发动机及燃气轮机的热端部件表面。

1. 全球专利态势

如图 5－13 所示，燃气轮机用热障涂层领域，美国占据全球专利申请量的半壁江山，其在该领域的申请量占全球申请总量的近一半，是名副其实的申请大国；在该领域的其他申请国家和地区中，以欧洲、日本、中国和英国申请量也较多，均超过百件，说明上述国家和地区也很重视该领域的研究，

[1] 控制度由来华申请与国内申请之比表示，下文同。

并在该领域进行专利申请布局。

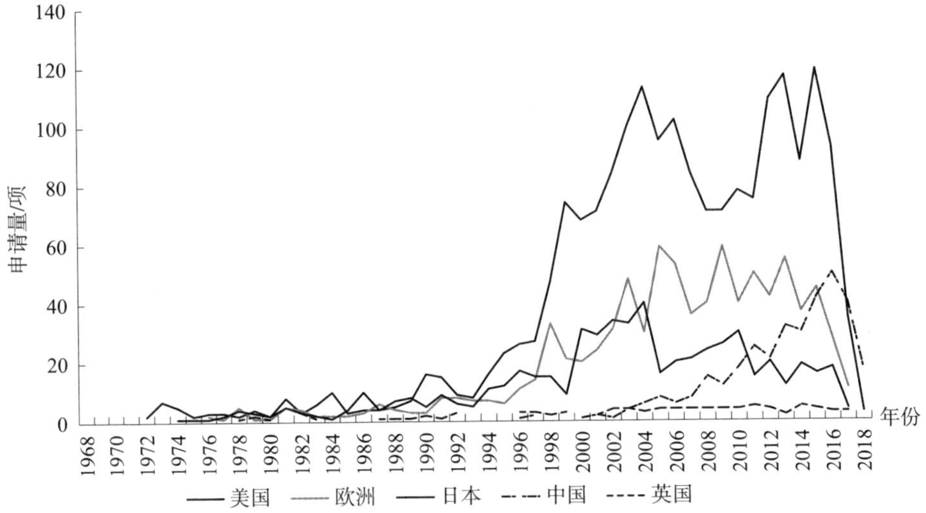

图 5－13　热障涂层全球主要国家和地区专利申请趋势

2. 中国专利态势

如图 5－14 所示，随着近年来国家对燃气轮机领域的重视，热障涂层的申请量也在逐年上升，并于 2016 年超越来华申请量。从来华与国内申请量的比值变化趋势来看，2007 年以前，该比值呈现出缓慢上升的趋势，而在 2007 年以后，则逐渐呈现出缓慢下降的趋势，从一定程度上说明国内对燃气轮机热障涂层的重视正日益显现。

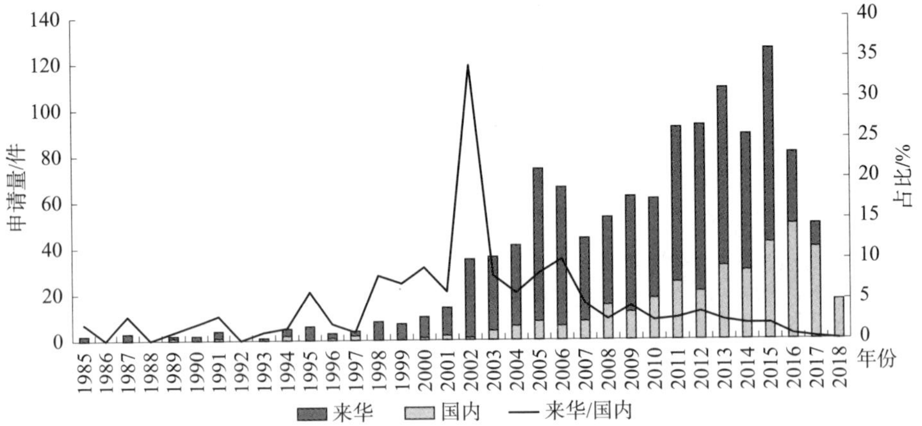

图 5－14　热障涂层中国国内和来华申请量趋势

5.3 镍基单晶高温合金专利技术

镍基单晶高温合金是重型燃气轮机用高温合金材料的重要技术分支，为了了解镍基单晶高温合金专利发展脉络和重点技术，本节重点从镍基单晶高温合金的专利态势、技术路线以及专利动向等方面进行分析。

5.3.1 镍基单晶高温合金专利态势

1. 全球专利态势

镍基单晶高温合金的全球总申请量为371项，如图5－15所示，镍基单晶高温合金在全球范围内大致经历了三个发展阶段。

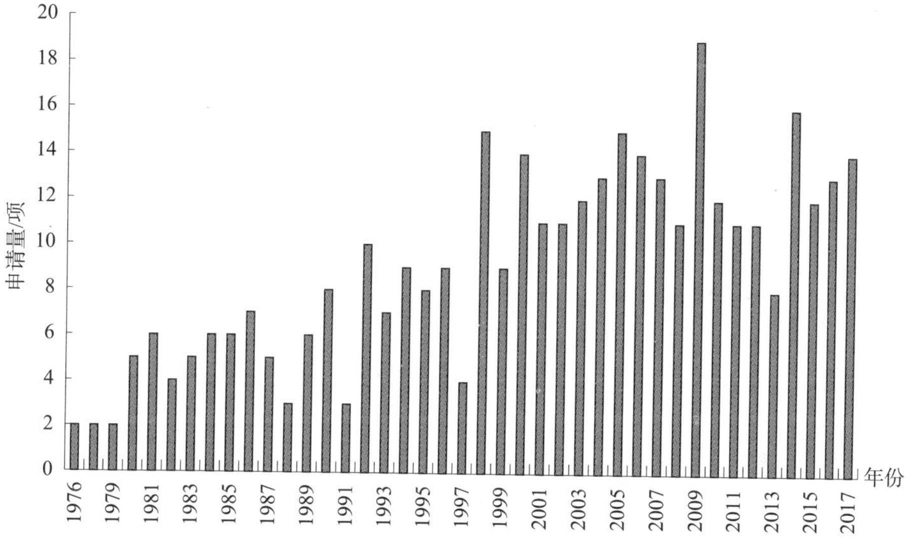

图5－15 镍基单晶高温合金全球专利申请趋势

（1）技术萌芽期（1976～1979年）。

在此时间范围内镍基单晶高温合金发展比较缓慢，全球范围的专利申请量仅占全部申请量的2%左右。这是由于早期的镍基单晶高温合金除了横向性能和塑性有所改善外，其他性能如蠕变性能、抗疲劳性能和抗氧化性能等与定向柱晶镍基高温合金相比没有显示出大的优势，并且单晶叶片的成本比定向柱晶叶片高，使镍基单晶高温合金的研究进展缓慢。

（2）技术储备期（1980～1997年）。

自1980年以来，随着各国对环境排放法规的日益严格以及重型燃气轮机技术的不断发展，高单机功率、高初温、高压比的燃气轮机不断被推出。这对叶片和燃烧室材料的耐高温、高压、耐腐蚀提出了更高的要求，也大大推动了镍基单晶高温合金的发展，相继出现了承温能力比第一代镍基单晶高温合金高30℃的第二代镍基高温合金以及高60℃的第三代镍基高温合金。从图5－15可以看出，1980～1997年的专利申请量占全部申请量的30%。

（3）技术快速发展期（1998年至今）。

伴随着镍基单晶高温合金在重型燃气轮机叶片和燃烧室的应用和大规模实践，在产业实践中遇到的问题也促使镍基单晶高温合金的各项性能不断提高。从图5－15可以看出，自1998年以来，镍基单晶高温合金专利申请量较之前出现飞速增长，1998～2017年的申请数量占总申请量的68%。这显示出镍基单晶高温合金已经成为目前重型燃气轮机叶片和燃烧室材料领域的研究热点。

2. 中国专利态势

图5－16示出了镍基单晶高温合金领域历年的国内申请和来华申请趋势。可以看出，从1986～2009年，国外申请人申请量明显增长，在2009年达到顶峰，而国内申请人申请量处于平稳状态，波动不是很大，但从2010年开始，国外申请人申请量开始下降，而国内申请人申请量略有增长，从专利申请量的角度来看，国内申请与国外申请的比例有上升的趋势，这说明国内申请人开始重视镍基单晶高温合金在中国的专利布局。

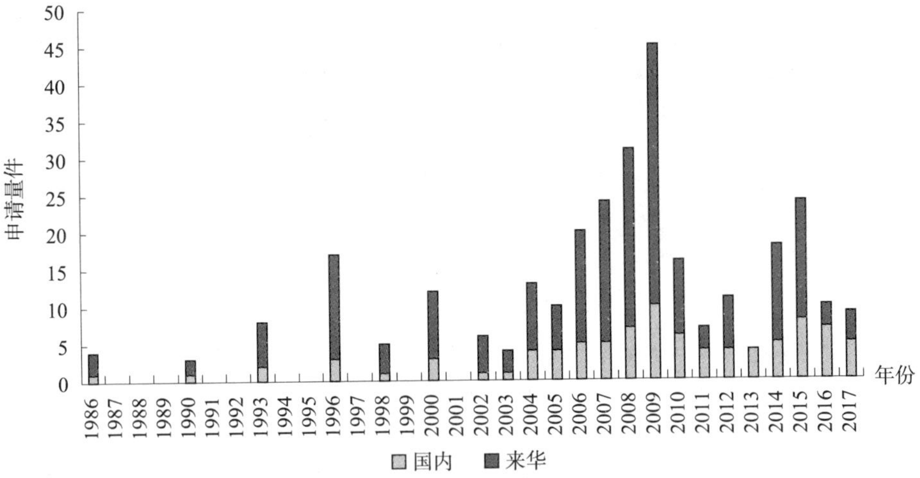

图5－16　镍基单晶高温合金中国国内和来华专利申请趋势

3. 技术产出格局

如图5－17所示，镍基单晶高温合金专利技术产出排名第一的是美国，其专利申请量占总量的35%；排名第二的是日本，其占比达到22%；欧洲排名第三，其重要申请人集中在德国、法国和英国等工业发达国家，其专利申请量占总量的 18%；中国排在欧洲后面，位列第四，相关专利申请占比为 15%。

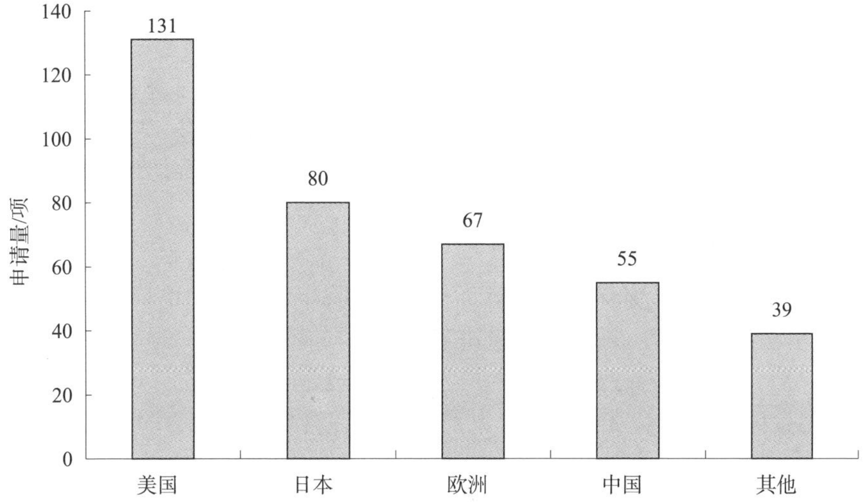

图 5－17 镍基单晶高温合金全球专利技术产出主要国家和地区分布

由图 5－18 可知，美国在 1980 年以前就已经具备一定数量的镍基单晶高温合金专利申请，并已经掌握部分镍基单晶高温合金的核心专利，随着合金设计水平的提高和制造技术的进步，美国所生产的镍基单晶高温合金承温性能不断提高，专利申请量和市场占有率不断提高。日本从 1982 年开始申请相关专利，经过多年的技术积累，已经掌握部分镍基单晶高温合金的核心专利，

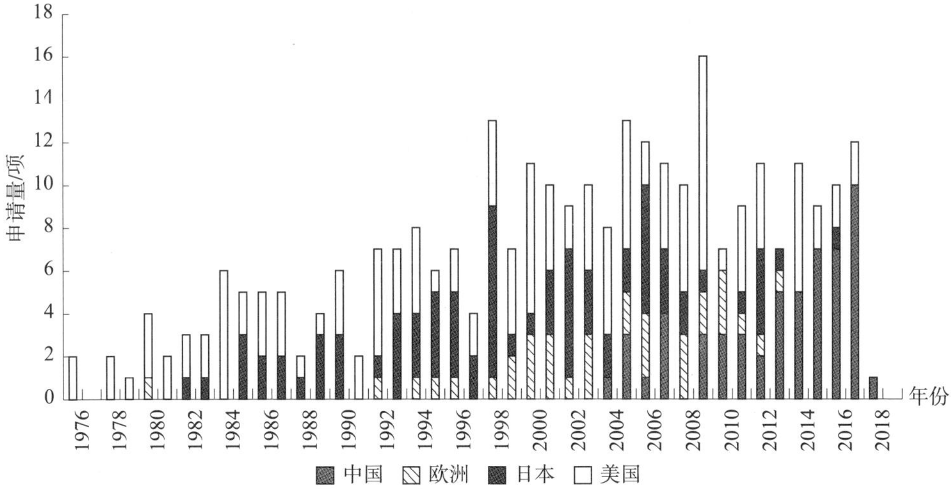

图 5－18 镍基单晶高温合金全球专利技术产出主要国家和地区对比

其申请量在2007年之后开始逐渐下降。

欧洲各国在20世纪80年代开始对镍基单晶高温合金材料进行专利布局，申请量开始逐步升高，发展相对稳定。中国在早期基本上没有镍基单晶高温合金相关专利的申请，直到2000年后申请量才逐渐开始增多，尤其是近10年来，由于国家对重型燃气轮机高温合金材料的重视，国内企业和科研院所开始将镍基单晶高温合金作为重型燃气轮机叶片材料主要技术方向，加大了镍基单晶高温合金的自主研究并积极申请专利，但在继续维持申请量的前提下急需提高专利质量，并合理规划专利的布局战略。

4. 申请人分布

图5－19示出了镍基单晶高温合金全球重要申请人专利申请。可以看出，在镍基单晶高温合金方面，申请量排名前10位的申请人中，通用电气占总申请的13%；联合工艺占总申请的11%；西门子占总申请的7%；占总申请5%的还有日立和日本独立行政法人产业技术综合研究院（NIMS）两家日本公司；中国的申请人仅有中科院金属所占总申请份额为5%；排在后面的还有占4%的佳能－慕斯克贡，3%的罗·罗、阿尔斯通和法国航空航天研究院（CNER）。其中，通用电气、联合工艺、佳能－慕斯克贡为美国公司，其申请量占比为28%；西门子为德国企业，其占比为7%，德国占比虽少，但是手握核心专利；阿尔斯通和CNER为法国公司，总占比为6%。相比之下，中国的重要申请人数量较少，仅有中科院金属所。

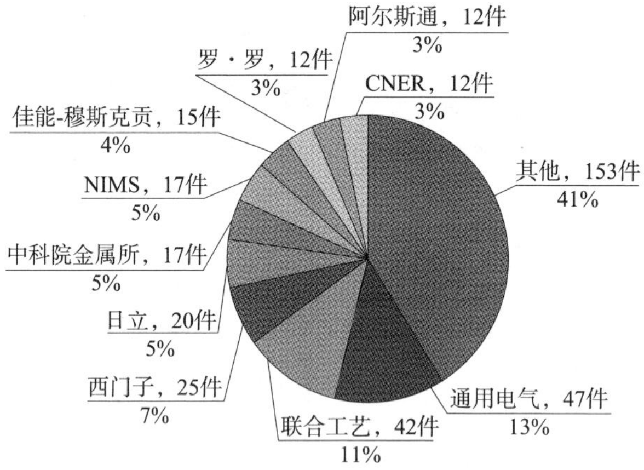

图5－19　镍基单晶高温合金全球重要申请人专利申请分布

5.3.2 镍基单晶高温合金专利技术路线和动向

1. 专利技术路线

镍基单晶高温合金的发展大致可分为三个阶段：20 世纪 70 年代以 PWA1480、CMSX－2、Rene N4 等为代表的第一代镍基单晶高温合金属于第一阶段；20 世纪 80 年代至 20 世纪末期，根据添加 Re 含量不同区分的第二和第三代镍基单晶高温合金快速发展属于第二阶段；21 世纪初期至今，为提高蠕变性能和组织稳定性而添加 Ru 以及为了降低生产成本而减少 Re 和 Ru 含量的第四和第五代镍基单晶高温合金蓬勃发展属于第三阶段，如图 5－20 所示。

基于上述分析可知，随着年代的更迭，在专利中涌现多种镍基单晶高温合金成分体系，但是考虑到各种成分体系的优点和缺点，在优胜劣汰的竞争机制下，进入 21 世纪以后，在专利方面，降低 Re 和 Ru 含量的同时对其他组分进行优化的改进成为主流。这表明，镍基单晶高温合金的技术路线是以提高镍基单晶高温合金的综合性能转变为确保满足使用性能的前提下降低生产成本的模式发展的。

2. 专利技术动向

第一代镍基单晶高温合金专利申请主要集中在 2004 年以前；第二代镍基单晶高温合金从 1980 年开始一直到 2014 年都有较多申请；第三代镍基单晶高温合金申请集中出现在 1990～2004 年，2004 年后申请量逐渐下降；第四代镍基单晶高温合金申请主要出现在 2000～2014 年，近几年申请量也呈现下降趋势；第五代镍基单晶高温合金从 2000 年左右开始出现，之后都保持较高的申请量。目前，第二代镍基单晶高温合金和第五代镍基单晶高温合金是研究热点，我国企业和科研单位应加大对该技术领域的科研投入的力度，研发具备较低 Re 含量同时具有较好高温性能的镍基单晶高温合金。

5.4 双陶瓷层热障涂层专利技术

双陶瓷层热障涂层是重型燃气轮机用高温合金材料的重要技术分支，为了了解双陶瓷层热障涂层专利发展脉络和重点技术，本节重点从双陶瓷层热障涂层的专利态势、技术路线以及专利动向等方面进行分析。

5.4.1 双陶瓷层热障涂层专利态势

1. 全球专利态势

图 5－21 示出了双陶瓷层热障涂层全球专利申请趋势。可以看出，2000 年以前，有关热障涂层新结构的研究较少，专利文献也很少。从 20 世纪 80 年代出现双陶瓷层热障涂层技术相关专利以来，对双陶瓷层热障涂层的研究

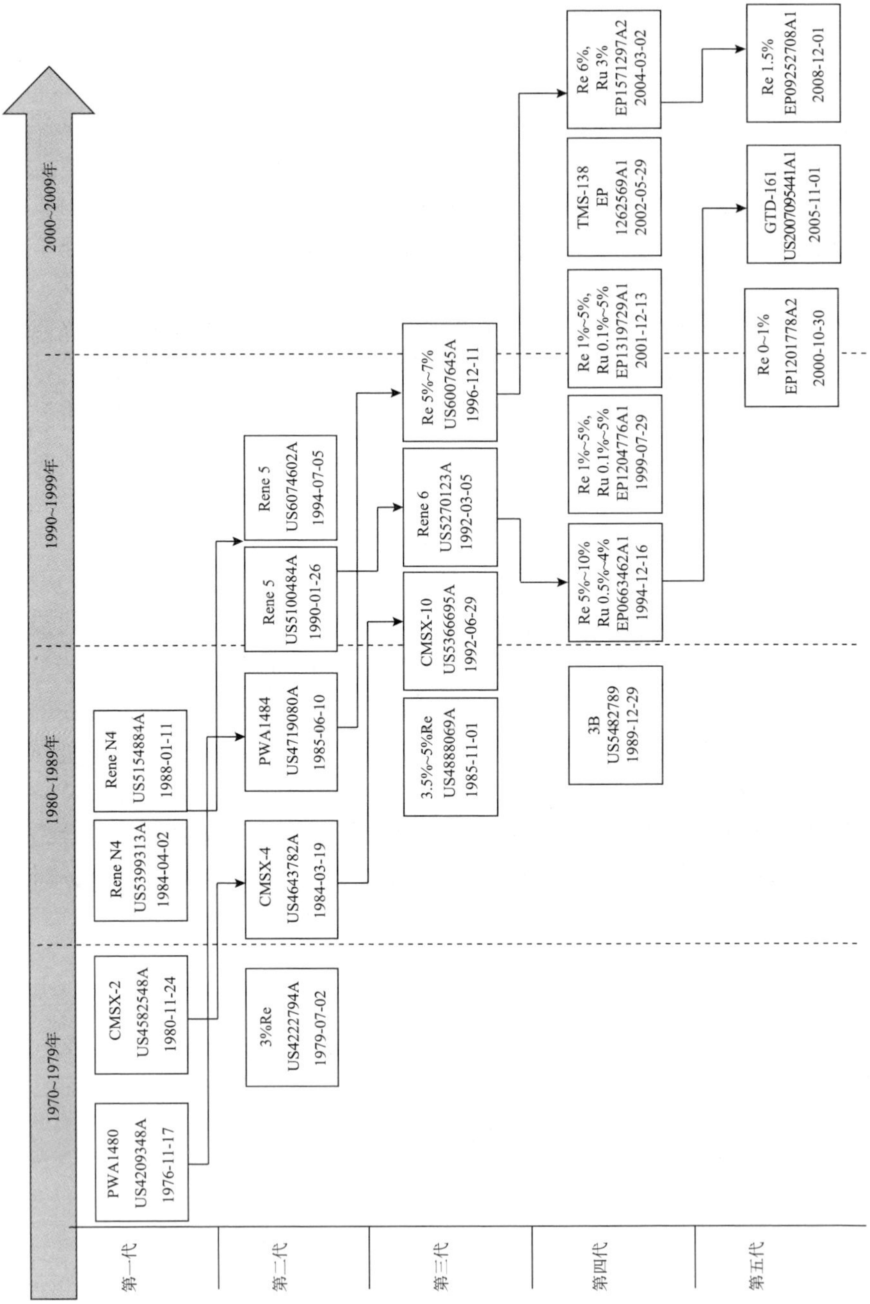

图 5-20　镍基单晶高温合金专利技术发展路线

经历了10年左右的低速发展期。这是由于这一阶段传统单陶瓷层热障涂层结构已经能够满足市场需求，对新结构热障涂层研究的需求不够强烈，该阶段双陶瓷层热障涂层一直处于低速发展状态。

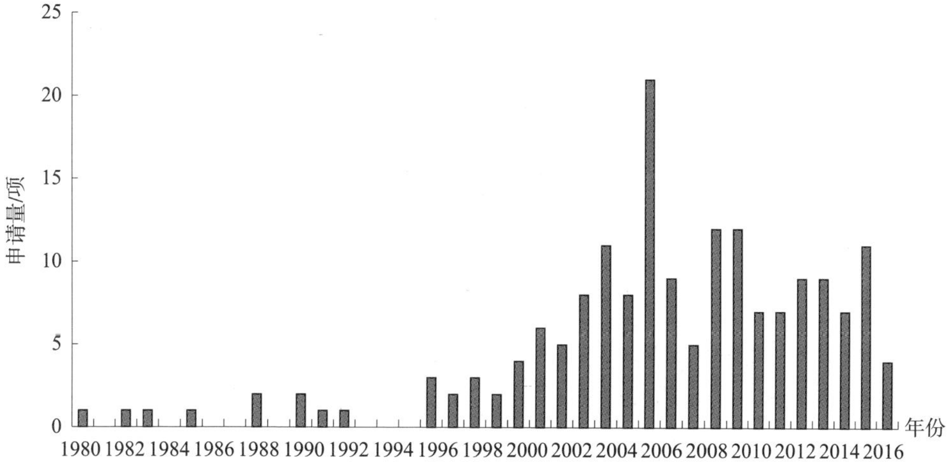

图5-21　双陶瓷层热障涂层全球专利申请趋势

20世纪90年代以来，航空航天发动机向更高推重比发展，对高温热端部件的耐高温能力提出了更高的要求。传统的热障涂层陶瓷材料YSZ以及单陶瓷层热障涂层结构已经无法满足使用需求，而新型热障涂层陶瓷材料的开发进入瓶颈期，未能发现综合性能方面超越YSZ的单一陶瓷材料。因此，对热障涂层新结构的研究得到越来越多的关注，双陶瓷层热障涂层的发展有所加快，但仍处于缓慢发展阶段。

2000年以后，双陶瓷层热障涂层作为新结构热障涂层的代表，专利申请量开始增加并逐渐保持相对稳定，并以每年10项左右的专利申请逐年增加。2006年，西门子公司在该领域进行大量专利申请，导致该年份申请量相对较多。目前，在航空航天发动机及燃气轮机领域广泛应用的热障涂层仍然为经典单陶瓷层结构。各国及申请人对新结构热障涂层的研究目前仍处于探索阶段，双陶瓷层热障涂层作为新结构热障涂层，综合利用各种材料的优点，能大大延长涂层的热循环寿命，今后将成热障涂层领域的重要发展方向。

2. 中国专利态势

图5-22为双陶瓷层热障涂层国内和来华申请分布情况。可以看出，包括德国、法国在内的欧洲国家在华申请量最多，合计占47%；美国在华申请量也较大，占比为37%。这体现出了欧洲及美国对中国航空航天发动机及燃气轮机领域市场的高度重视。

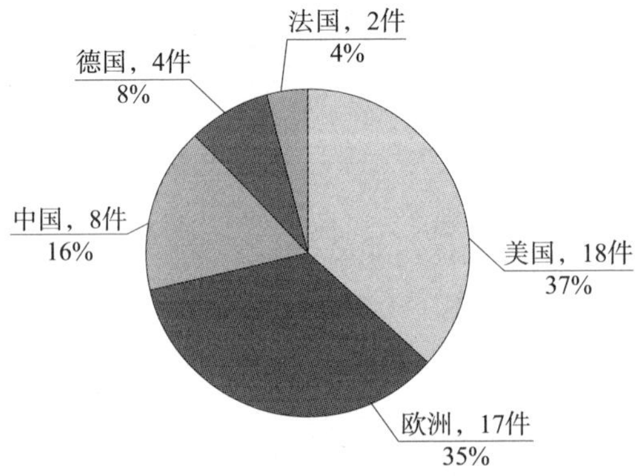

图5－22　双陶瓷层热障涂层国内和来华专利申请分布

图5－23为双陶瓷层热障涂层中国申请趋势情况。可以看出，直到2003年国外才开始进入中国进行专利申请，2006年后年专利申请量维持在5件的水平。目前，国家正大力开展“‘两机’专项”研究，热障涂层作为航空航天发动机及燃气轮机的重要组成部分，与高温结构金属材料、高效叶片冷却技术共同被列为高性能航空发动机高压涡轮叶片制造的三大关键技术，成为世界各发达国家竞相研究和发展的重要技术，而双陶瓷层热障涂层作为新结构热障涂层的重要发展方向，能够突破目前传统热障涂层的使用极限，成为更高性能热障涂层领域的重要突破方向。

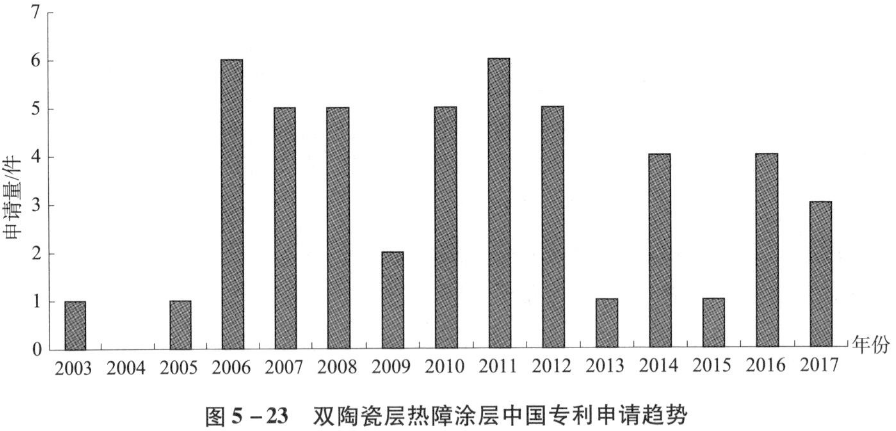

图5－23　双陶瓷层热障涂层中国专利申请趋势

3. 技术产出格局

热障涂层的应用领域主要分布在航空航天发动机及燃气轮机领域。因此，对热障涂层的研发也主要集中在上述领域技术发达的国家及地区。从图5－24可以看出，该领域专利申请的技术产出地主要为美国和欧洲，日本和中国也是该领域的重要申请国。无论是专利申请量还是全球占比，美国及欧洲在该领域都拥有绝对的领先优势，是该领域重要的技术产出国/地区，体现了其在航空航天发动机、燃气轮机及热障涂层领域的绝对领先地位，形成了两强并立的申请分布格局。中国在该领域共计有 8 项专利申请，占比 5%，且全部集中于高校和科研院所，重要申请人包括北京航空航天大学、西安交通大学等。

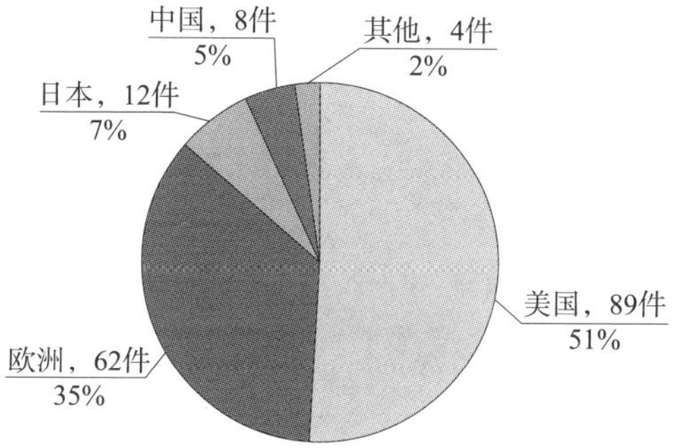

图 5－24　双陶瓷层热障涂层全球专利技术产出国家和地区分布

4. 申请人分布

图 5－25 示出了双陶瓷层热障涂层全球重要申请人的分布情况。可以看出，双陶瓷层热障涂层领域申请人主要集中在美国和欧洲，西门子、斯耐克玛等欧洲企业以及通用电气、联合工艺等美国企业提交了该领域的绝大多数专利申请。其中，以西门子和通用电气申请量最大，两者分别提交了 72 项和 38 项专利申请，体现了两者在航空航天发动机、燃气轮机及热障涂层领域的绝对领先地位。

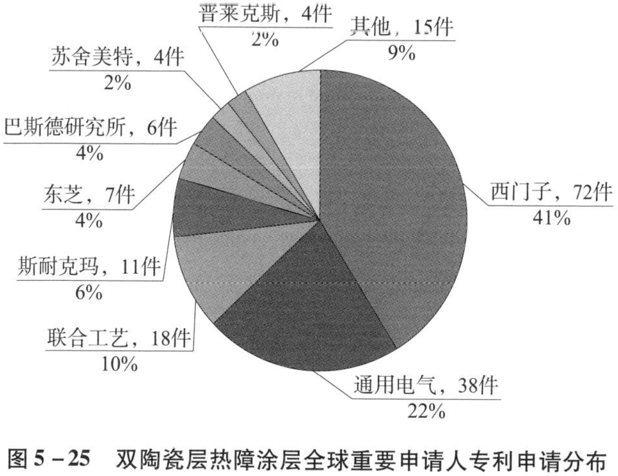

图 5－25　双陶瓷层热障涂层全球重要申请人专利申请分布

图5－26示出了双陶瓷层热障涂层中国申请人的分布情况。经统计，各国在华申请共计49件，其中，国内申请人申请共计8件，其余41件为国外申请人在华申请。可以看出，西门子和通用电气都比较重视在华专利申请布局，西门子更为明显，其全球申请量为72件，在华申请为24件，占比为1/3。国内申请人中，西安交通大学在该领域有相对较多的研究和专利申请，共有5件。

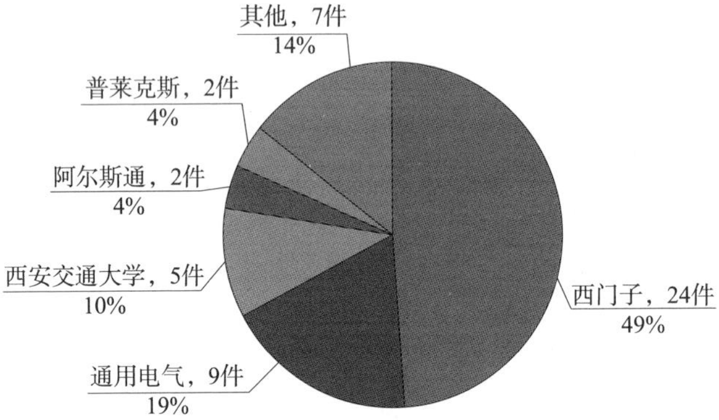

图5－26　双陶瓷层热障涂层中国国内和来华申请人分布

5.4.2　双陶瓷层热障涂层专利技术路线和动向

1. 专利技术路线

双陶瓷层热障涂层的发展大致分为三个阶段：20世纪80年代双陶瓷层热障涂层提出属于第一阶段；20世纪90年代结合新陶瓷材料缓慢发展属于第二阶段；21世纪以来利用各种技术手段提高双陶瓷层热障涂层综合性能快速发展属于第三阶段。

双陶瓷层热障涂层最早出现于20世纪80年代初，最早由美国联合工艺公司及The Boc Group提出相关专利申请。进入20世纪90年代，随着市场对热障涂层性能需求的提高，对热障涂层的研究进入新阶段，但该阶段发展依然缓慢，主要原因在于新型陶瓷材料的开发未获得重大进展。这一阶段双陶瓷层热障涂层的发展出现一些新的方向，对涂层的改进不再局限于某一方面的性能，而是通过对热障涂层的多个维度进行改进，以期获得性能更为综合的双陶瓷层热障涂层。进入21世纪以来，航空航天发动机向更高推重比发展，对高温热端部件的耐高温能力提出了更高的要求，现有的热障涂层已经无法满足市场的需求，对热障涂层的研究也进入快速发展时期。

综合来看，随着市场需求的进一步扩大，对热障涂层性能的要求也越来越高。双陶瓷层热障涂层的改进方向由最初的单一维度逐渐向更多维度进行改进，提供新型的陶瓷层材料以及根据陶瓷材料的性能，利用各种改进手段设计出性能更加优异的双陶瓷层热障涂层将是今后的研究重点和方向。

2. 专利技术动向

双陶瓷层热障涂层的改进手段主要集中在新材料、柱状晶或垂直裂纹结构、控制孔隙率等方面。对双陶瓷层热障涂层近年来改进技术手段的分析，能够了解双陶瓷层热障涂层的研究热点，为研发双陶瓷层热障涂层提供新的方向。

新材料、柱状晶或垂直裂纹结构以及控制孔隙率是双陶瓷层热障涂层研究的主要技术手段，上述三种技术是改进双陶瓷层热障涂层性能最核心的技术手段。从发展趋势可以看出，新材料、柱状晶或垂直裂纹结构以及控制孔隙率在未来仍然是双陶瓷层热障涂层的重点关注与研发领域。

5.5 高温合金3D打印专利技术

3D打印技术是重型燃气轮机用高温合金材料加工制造的重要技术分支，本节重点对重型燃气轮机高温合金3D打印技术的专利态势、技术路线以及专利动向等方面进行分析。

5.5.1 高温合金3D打印技术专利态势

1. 全球专利态势

图5-27示出了3D打印专利全球专利申请趋势。可以看出，2011年以来，3D打印全球专利申请量开始快速增长，2015年和2016年均达到40项。目前，各国申请人对3D打印的研究目前仍处于探索阶段，3D打印作为制备燃气轮机的新工艺可以获得与当前材料一致的性能，并能够节省大量时间，提升复杂几何结构的制造精度，今后将成为重要发展方向。

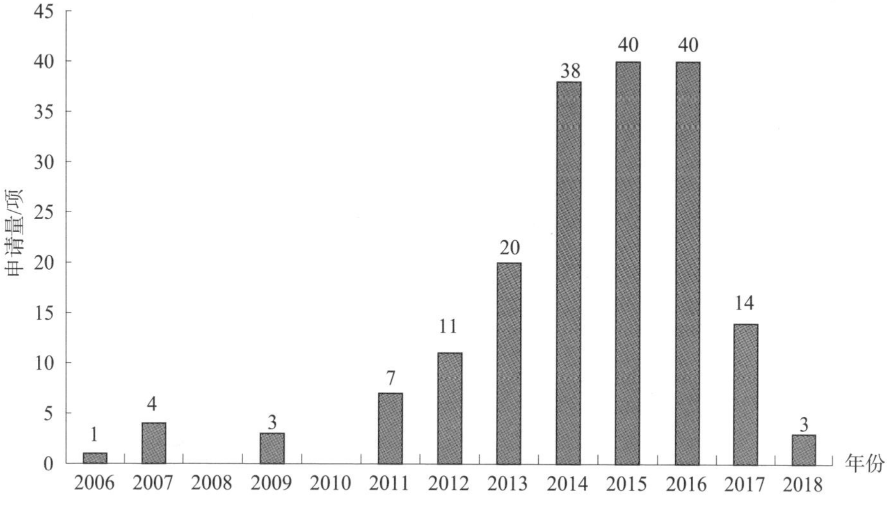

图5-27 高温合金材料3D打印技术全球专利申请趋势

2. 中国专利态势

图5－28示出了高温合金材料3D打印技术中国专利申请趋势。可以看出，2012年才开始有3D打印领域的中国申请，2015年以后，申请量明显增长。国内申请人可在3D打印领域进行相关技术研发，并进行专利申请布局，以实现中国在3D打印领域的追赶和超越。

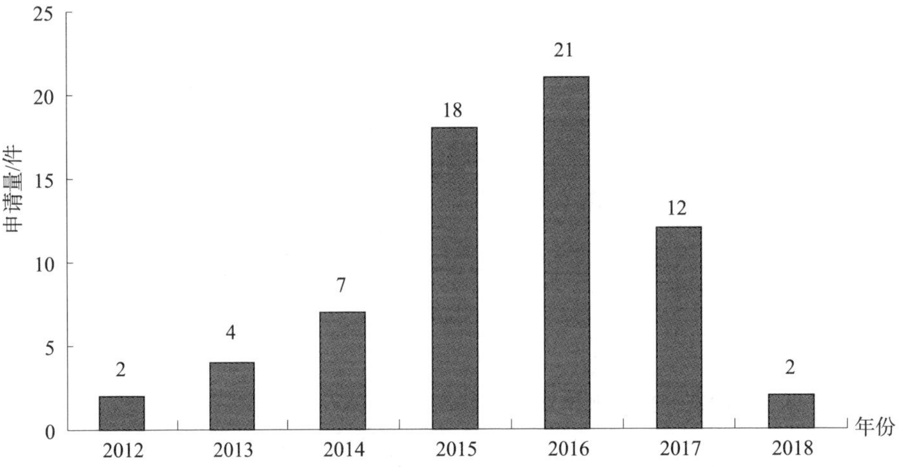

图5－28 高温合金材料3D打印技术中国专利申请趋势

图5－29示出了3D打印技术国内和来华申请分布情况。可以看出，美国在华申请最多，为35件，占总量53%；欧洲在华申请量也较大，为22件，占总量33%。这体现出了欧洲及美国对中国航空航天发动机及燃气轮机领域市场的高度重视。

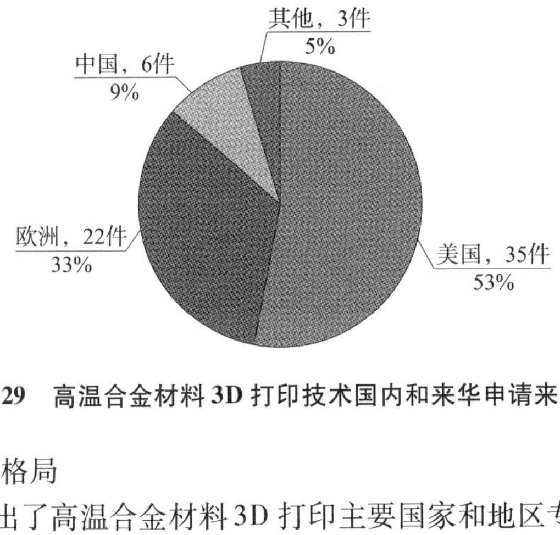

图5－29 高温合金材料3D打印技术国内和来华申请来源分布

3. 技术产出格局

图5－30示出了高温合金材料3D打印主要国家和地区专利申请趋势。可

以看出，3D 打印专利申请的技术来源主要为美国和欧洲。欧洲是最早进行 3D 打印专利申请的地区，最先于 2006 年进行相关专利申请，美国也是涉猎该领域的较早申请国家，于 2007 年进行相关专利申请，具备一定的技术积累。中国在 3D 打印领域发展起步较晚，起点较低。

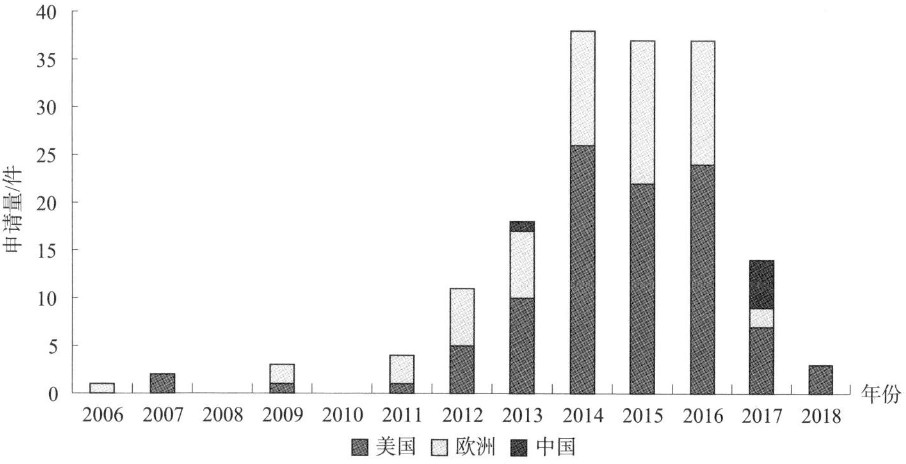

图 5－30　高温合金材料 3D 打印技术主要国家和地区专利申请趋势

图 5－31 示出了 3D 打印专利技术产出主要国家和地区分布情况，可以看出，无论是专利申请量还是专利申请分布，美国及欧洲在该领域都拥有绝对的领先优势，是该领域重要的技术产出国和地区，体现了其在航空航天发动机、燃气轮机 3D 打印领域的绝对领先地位，对其进行研究利于国内申请人进行借鉴和进一步的改进。

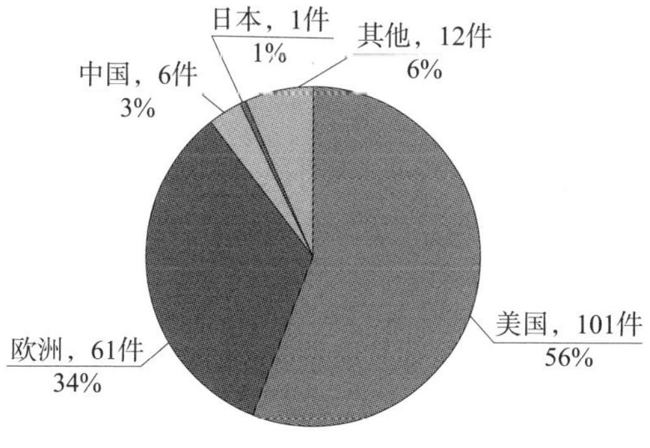

图 5－31　高温合金材料 3D 打印技术专利来源国家和地区分布

4. 专利布局区域

图 5－32 展示了全球 3D 打印主要目标市场区域分布情况，一定程度上反

映出3D打印在全球各国/地区的市场需求分布情况。经统计，该领域181项专利申请在全球合计共提交了718件同族专利申请。其中，美国和欧洲是该领域最主要的专利布局国家/地区，两者分别有221件和151件专利申请，体现了美国和欧洲在航空航天发动机、燃气轮机领域的绝对领先地位，以及各国/地区对美国和欧洲市场的重视。值得注意的是，截至目前，共计有66件专利申请在中国进行布局，占比仅低于美国、欧洲，也体现出各国/地区对中国航空航天发动机及燃气轮机市场的重视。因此，国内相关企业、高校和科研院所应加大该领域的技术研发，并注重专利申请布局，为日后中国高温合金材料3D打印的市场应用谋求更大的空间。

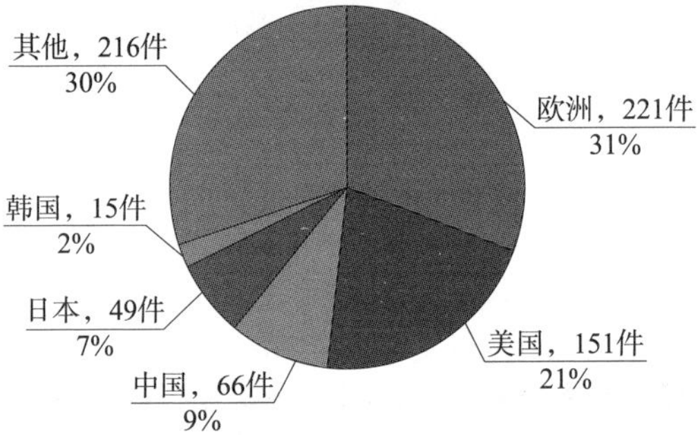

图5-32　高温合金材料3D打印技术全球专利布局区域分布

5.5.2　高温合金3D打印专利技术路线和专利动向

1. 专利技术路线

3D打印技术用于燃气轮机和航空发动机是从2006年才开始的。由图5-33可以看出，3D打印技术的发展类型为树枝扩散型。2006年，首先提出采用激光选区熔融工艺制备和修复透平，这是本领域最早申请的专利，以后的发展都是在此基础上进行的；2007年，首次提出采取选区激光烧结生产透平，以后的发展也是在此专利的基础上进行的；2011年以后，申请量开始快速增长，申请的专利大致可以分为五个分支，即生产构件分支、修复分支、3D打印设备分支、3D打印方法分支和粉末改进分支。

2. 专利技术动向

采用3D打印技术来生产发动机的透平的专利申请量最多，同时涉及3D打印设备也较多，这两个技术分支是未来的发展趋势。生产喷嘴、修复、粉末改进虽也有涉及，但是每年的申请量较少，因此，这些分支不是3D打印研究的热点。3D打印方法中涉及激光选区熔融和电子束熔融的专利较多，整体呈增长趋势，这两种方法是3D打印中的主流方法。这是因为激光选区熔

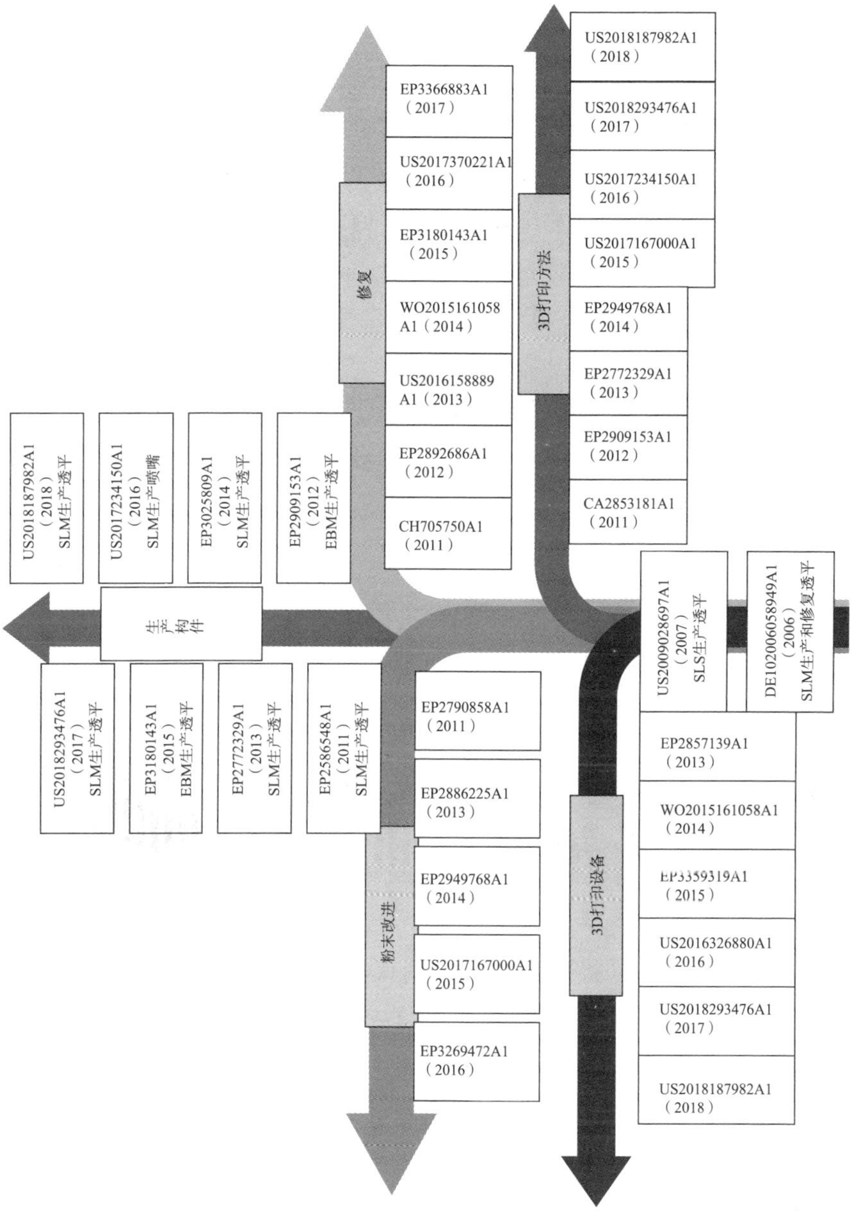

图5－33 高温合金材料3D打印专利技术发展路线

融制备的零件致密度高、组织均匀、力学性能良好，是目前主流制备方法。选区激光烧结制备产品成型材料广泛，材料利用率高，但是，选区激光烧结制备的产品空洞较多，力学性能较差，致密度低，工艺过程复杂，对于制备高转速、高载荷的涡轮叶片不具备优势。电子束熔融制备的产品致密度高、力学性能良好，也是目前主流的制备方法。

5.6 定向凝固技术专利技术

定向凝固技术是重型燃气轮机用高温合金材料加工制造的重要技术分支，本节重点从定向凝固技术的专利态势、技术路线以及专利动向等方面进行分析。

5.6.1 定向凝固技术专利态势

1. 全球专利态势

定向凝固技术的全球申请总量为 691 项，图 5－34 显示出定向凝固技术全球专利申请总体呈现增长趋势，从各个时间阶段看，大致经历三个发展阶段。

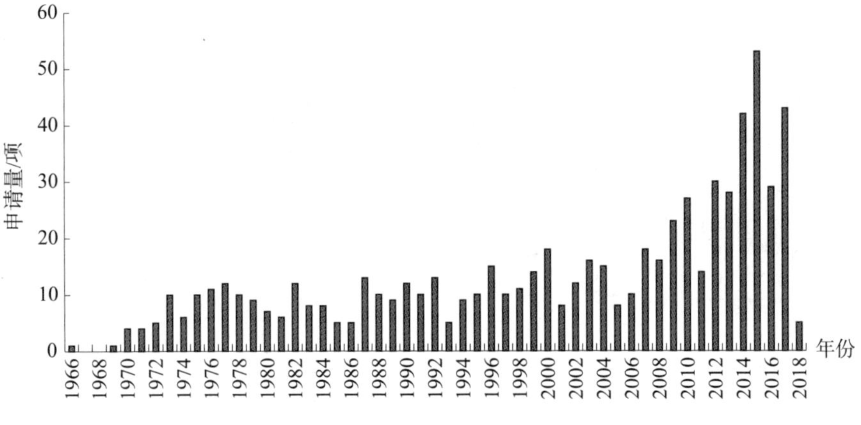

图 5－34 定向凝固技术全球专利申请趋势

（1）技术萌芽期（1972 年之前）。

定向凝固过程的理论研究出现在 1953 年，这一时期，高温合金的制备工艺仍以锻造和感应铸造为主，定向凝固技术处于萌芽期，对其研究缓慢。

（2）技术储备期（1973～2005 年）。

自 1973 年以来，随着各国对环境排放限制的日益严格以及重型燃气轮机技术的不断发展，高单机功率、高初温、高压比的燃气轮机不断被推出。这对叶片和燃烧室材料的耐高温、高压、耐腐蚀提出更高的要求，也大大推动定向凝固技术的发展，这一时期，定向凝固理论也得到丰富和发展。

（3）技术快速发展期（2006年至今）。

伴随着镍基单晶高温合金在重型燃气轮机叶片和燃烧室的应用和大规模实践，在产业实践中遇到的问题也促使定向凝固技术快速发展，显示出定向凝固技术已经成为目前高温合金材料制造加工工艺领域的研究热点。

2. 中国专利态势

图5-35示出了定向凝固技术中国专利申请趋势。可以看出，1996年之前，海外来华申请占主导地位，国内没有相关申请；1996~2001年，国内申请呈现萌芽态势；2002~2017年，国内申请人申请量明显增长，虽有波动，但波动不明显，而这一时期海外来华申请人的申请量仍一直处于较低状态，且有波动。整体来看，国内申请与海外来华申请的比例有明显上升趋势，这说明国内申请人开始重视定向凝固技术在中国的专利布局。

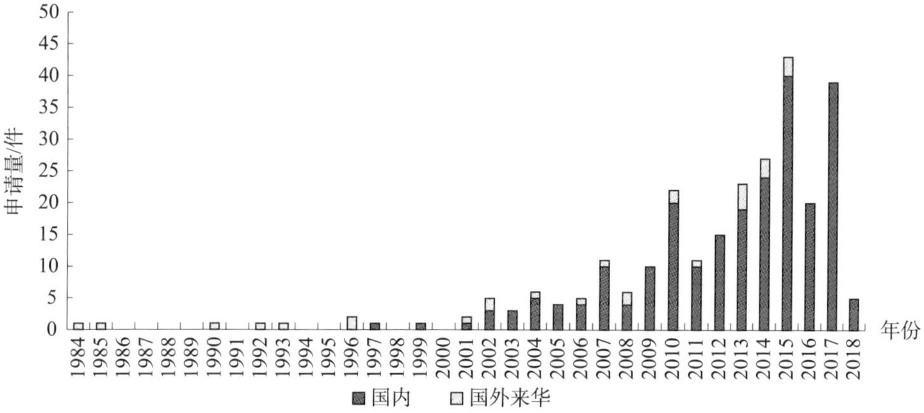

图5-35 定向凝固技术中国国内和来华专利申请趋势

从申请量来看，中国申请主要以国内申请和美国申请为主，分别占26%和23%；欧洲在华申请量排名第三，占比为22%；日本在华申请量占18%；其他国家在中国专利布局有限，为11%。

3. 技术产出格局

图5-36给出了定向凝固技术产出国家和地区分布情况。可以看出，排名第一的是中国，其专利申请量占全部总量的35%；排名第二的是美国，其占比达到25%；欧洲排名第三，欧洲重要申请人集中在德国、法国等工业发达国家，其专利申请占总量的14%；日本排名第四，其占比达13%。

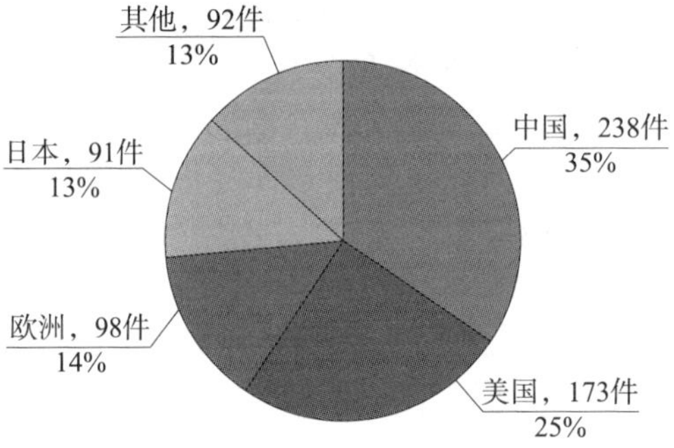

图5－36　定向凝固技术全球专利技术产出国家和地区分布

图5－37示出定向凝固技术的技术产出国家和地区申请量逐年变化趋势。可以看出，美国在1986年以前就已经有一定数量的定向凝固技术专利申请，并已经掌握部分定向凝固技术的核心专利；日本从1972年后开始申请相关专利，虽经过多年的技术积累，但专利申请量一直不大，且日本的申请量在1988年之后有下降的态势；欧洲从1971年后开始对定向凝固工艺进行专利布局，其专利申请量一直处于波动状态，且申请量较低。

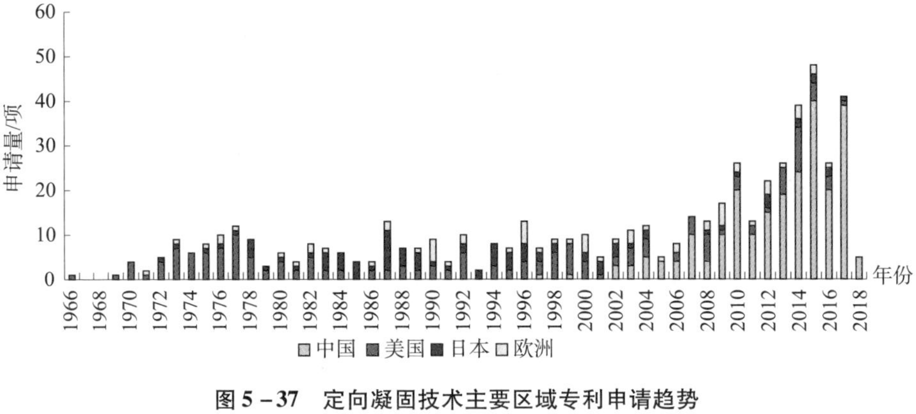

图5－37　定向凝固技术主要区域专利申请趋势

4. 申请人分布

图5－38示出了定向凝固技术重要申请人专利申请量情况。可以看出，定向凝固领域申请人主要包括通用电气、联合工艺、日立、三菱重工等公司，通用电气、联合工艺等美国企业以及日立、三菱重工等日本企业提交了该领域的绝大多数专利申请。其中，以通用电气和联合工艺申请量最大，两者分别提交了66项和54项专利申请，体现出了两者在定向凝固技术领域的绝对领先地位。

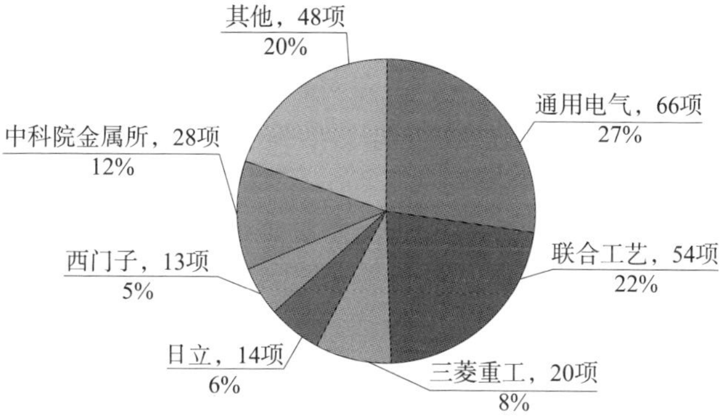

图 5-38　定向凝固技术全球重要申请人专利申请分布

5.6.2　定向凝固技术专利技术路线和动向

1. 专利技术路线

定向凝固的制备方法主要有功率下降法、快速凝固法和液态金属冷却法。

图 5-39 示出了根据定向凝固技术的重要技术节点、同族数量、技术产出地以及引用频率等因素，按照申请年代绘制的定向凝固技术发展路线图。

可以看出，功率下降法最早起始于 20 世纪 60 年代，主要是采用两个独立绕在陶瓷铸型周围的感应线圈加热，通过设计加热线圈外形和控制输入线圈不同部位的功率，可以获得规律的冷却速度。

为了进一步提高凝固速度，Erickson 等在功率下降法的基础上加以改进，在 1971 年提出快速凝固法，其装置与功率下降法相似，特点是铸件以一定的抽拉速度从炉子中移出，或者炉子移离铸件，在空气中进行冷却，炉子始终保持加热状态。这种方法中，热量是通过铸锭向激冷器传导以及通过铸型表面向炉子外界辐射散失的，前者在凝固开始时是主要的，后者则随着凝固的进行逐渐重要起来。

在快速凝固法的基础上，采用液态金属冷却来增大冷却效果，将抽拉出的铸件部分浸入具有高导热系数的、高沸点、低熔点、热容量大的液态金属中，形成新的定向凝固技术，即液态金属冷却法。模壳直接浸入液态金属冷却，散热增强，冷却剂与模壳迅速达到热平衡，得到很大的温度梯度。这种方法提高了冷却速度和温度梯度，而且在较大的生长速度范围内可使固液界面前沿保持稳定，结晶在相对稳态下进行，得到比较长的单向柱晶。

综合来看，快速凝固法是定向凝固工艺中最广泛使用的技术，快速凝固法在温度梯度的控制上仍不及液态金属冷却法，但是液态金属冷却法由于密封难度大，容易造成污染，浪费昂贵的高温合金材料，在工业广泛应用上存

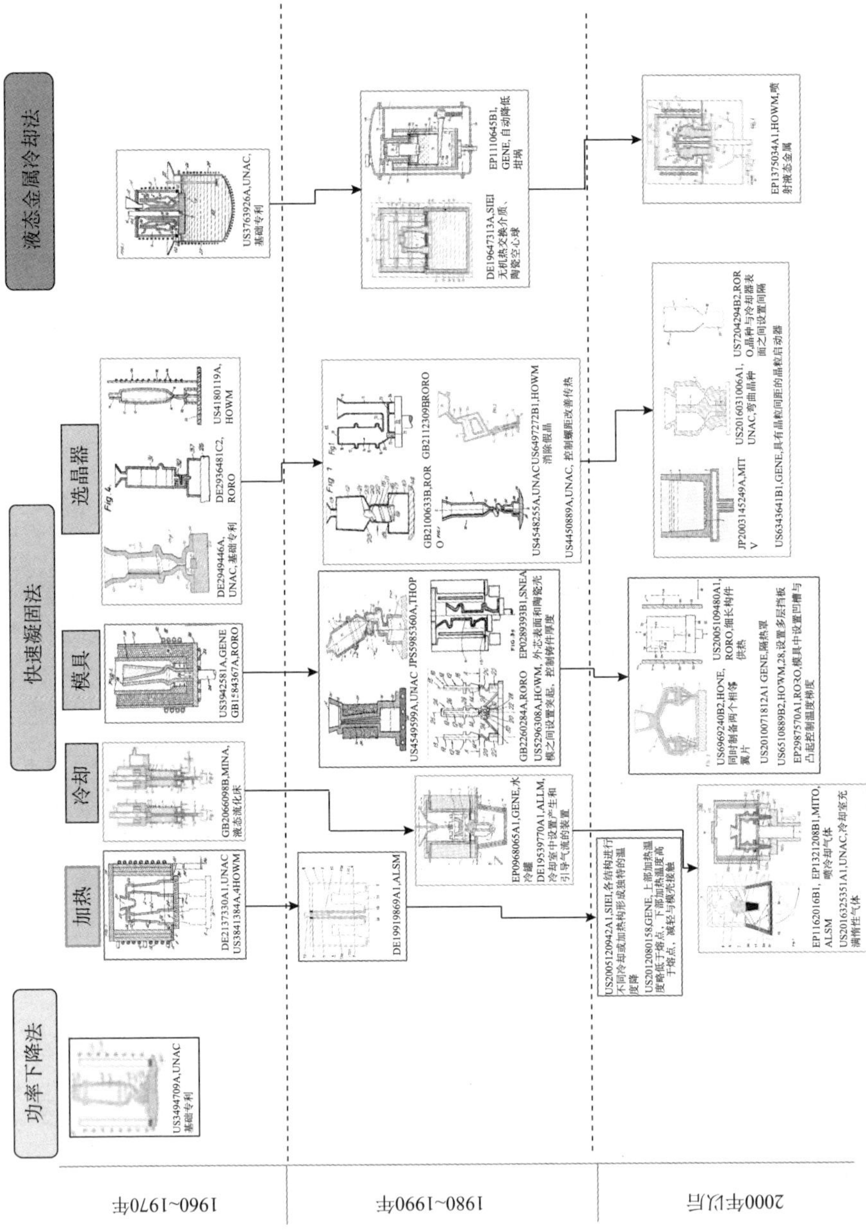

图 5-39　定向凝固技术专利发展路线

在一定难度。同样，在模具结构和选晶器方面主要涉及对晶粒组织和取向的控制，仍然存在一定的难度，随着温度梯度的进一步增加，模具耐受热应力的能力也将进一步提升，避免铸造过程中的模具开裂变得十分重要，同样精确控制晶粒的取向生长，避免二次取向散射以及杂晶的生长也对单晶制品的质量至关重要。今后，模具结构和选晶器的改进仍然是各国研究的重点和难点。

2. 专利技术动向

近年来，快速凝固法的研究热度一直很高，因其能够获得较高的温度梯度和冷却速率，满足涡轮叶片的制造需求，具有较好的应用前景，未来几年仍会是定向凝固技术的研究热点。虽然近几年对液态金属冷却法的研究不多，但液态金属法能够获得更高的温度梯度和冷却速率、制备性能更优的铸件，其在减少冷却介质的污染、简化设备等方面仍有研究意义。

5.7 结论和建议

5.7.1 结论

（1）截至 2018 年 10 月，全球范围内重型燃气轮机高温合金材料相关专利申请共 17837 项，中国专利申请 7224 件。在全球范围内，重型燃气轮机高温合金材料专利申请处于快速增长阶段。其中，美国专利申请接近全球总申请量的 1/3，中国约占 1/4，日本和欧洲各占 1/6 左右。美国、中国、欧洲、日本同时也是重型燃气轮机高温合金材料最重要的市场。全球范围内，排名前 10 位的申请人中有 5 家欧洲公司、3 家日本公司、2 家美国公司，没有中国的申请人。国外重要申请人如通用电气、联合工艺、西门子、斯奈克玛等公司在中国的专利申请量都达到了 3 位数，通用电气更是高达 661 件之多。

（2）重型燃气轮机高温合金材料领域中国国内申请量近年来快速增长，数量逐渐占优，海外来华的专利申请近几年来也呈现出快速增长的态势，中国仍然是国外申请人重点投入的市场。从技术构成来看，海外来华专利申请主要集中在热障涂层和制造加工工艺两个技术方向，国内申请人在制造加工工艺技术方向上的专利申请量最大，在基体材料和热障涂层等关键技术领域的专利申请量较少，在国内市场的竞争中仍然处于劣势地位。中国在重型燃气轮机行业的专利申请已经进入高速增长期，国内申请人目前以高校和科研院所为主，作为市场主体的企业申请量并不占优势。

（3）镍基单晶高温合金的发展经历五代，大致可分为三个阶段，20 世纪 70 年代属于第一阶段（第一代），20 世纪 80 年代至 20 世纪末期属于第二阶段（第二代、第三代），21 世纪初期至今属于第三阶段（第四代、第五代），其中第二代和第五代镍基单晶高温合金是当前研究热点。双陶瓷层热障涂层研究的主要技术手段是新材料、柱状晶或垂直裂纹结构以及控制孔隙率，上述技术手段在未来仍然是双陶瓷层热障涂层的重点关注与研发领域。全球范围内，3D 打印技术在重型燃气轮机领域的应用经历了两个发展阶段，2011 年至今为技术快速发展期，申请数量占总申请量的 95% 左右，采用 3D 打印技术来生产发动机透平以及 3D 打印设备是未来的发展趋势。定向凝固技术的发展大致分为三个阶段。今后，模具结构和选晶器的改进仍然是各国研究的重点和难点，随着对大尺寸、复杂形状涡轮叶片的需求，对温度梯度的控制将是未来几年的研究热点。

（4）通用电气、西门子和联合工艺是世界重型燃气轮机高温合金材料领域专利申请的主要企业，中国科学院金属研究所是国内重型燃气轮机高温合金材料领域的重要申请人。

5.7.2 建议

（1）加强重型燃气轮机高温合金材料攻关的政府支持和资金帮扶，引导国内企业和科研机构集中研发实力，加强高温合金材料基础理论研究。鼓励建立从燃气轮机技术研发到产业化的产业联盟，集中优势力量开展自主创新。

（2）创新主体应进一步争取国家各项政策支持，根据重型燃气轮机高温合金材料领域研发重点、热点以及发展趋势进行针对性的创新，重点突破燃气轮机热端部件的材料、涂层、制造加工工艺等技术难点，加强专利布局和组合设计。

（3）借鉴学习通用电气、联合工艺、西门子等国外企业的专利技术和发展经验，持续提高企业的研发创新能力，同时利用技术合作、合资、收购等市场手段，吸收和掌握重型燃气轮机高温合金材料核心技术，提高技术创新起点。

（4）结合企业研发重点与发展方向制定知识产权战略，建立知识产权信息管理系统，跟踪和完善知识产权竞争情报，提升专利布局能力避开技术壁垒和风险，加强企业知识产权队伍建设，提升企业整体知识产权工作能力和优势。

6

智能汽车决策控制及通信关键技术*

6.1 研究背景

6.1.1 智能网联汽车概念和发展历程

1. 智能网联汽车概念

从专业角度来看，智能网联汽车是指搭载先进的车载传感器、控制器、执行器等装置，并融合现代通信与网络技术，实现车与人、车、路、云端等智能信息交换、共享，具备复杂环境感知、智能决策、协同控制等功能，可实现安全、高效、舒适、节能行驶，并最终实现替代人对新一代汽车进行操作。智能网联汽车概念如图 6－1 所示。

---

* 本章节选自 2018 年度国家知识产权局专利分析和预警项目《智能汽车决策控制及通信关键技术专利分析和预警研究报告》。

（1）项目课题组成员：赵喜元（负责人）、陈燕（负责人）、秦声（组长）、孙全亮（组长）、胡徐兵（副组长）、罗强（副组长）、马克（副组长）、王海涛、马欣、袁晨、侯仁俊、陈志刚、邓承、范晶晶、黄骏雄、李岩、赵哲。

（2）主要撰稿人：马欣、侯仁俊、王海涛、黄骏雄、邓承、聂林、范晶晶、陈志刚、袁晨。

（3）专利分析指导：秦声、胡徐兵、罗强。

（4）项目管理：李岩。

（5）研究组织与质量控制：赵喜元、陈燕、秦声、孙全亮。

（6）主要统稿人：马欣、王海涛。

（7）审稿人：赵喜元、陈燕。

（8）课题联系人：马欣。

（9）本章执笔人：马欣、侯仁俊、范晶晶。

图 6－1　智能网联汽车概念

2. 智能网联汽车发展阶段

美国国家公路交通安全管理局（NHTSA）将智能网联汽车分为四个层级，分别为辅助驾驶阶段、部分智能驾驶、有条件智能驾驶及完全智能驾驶阶段，如图 6－2 所示。2020 年以前，是传统汽车从辅助驾驶阶段到部分智能驾驶阶段过渡的时期，2020～2025 年主要是有条件智能化的集中时期，而 2025 年以后向全智能化迈进。

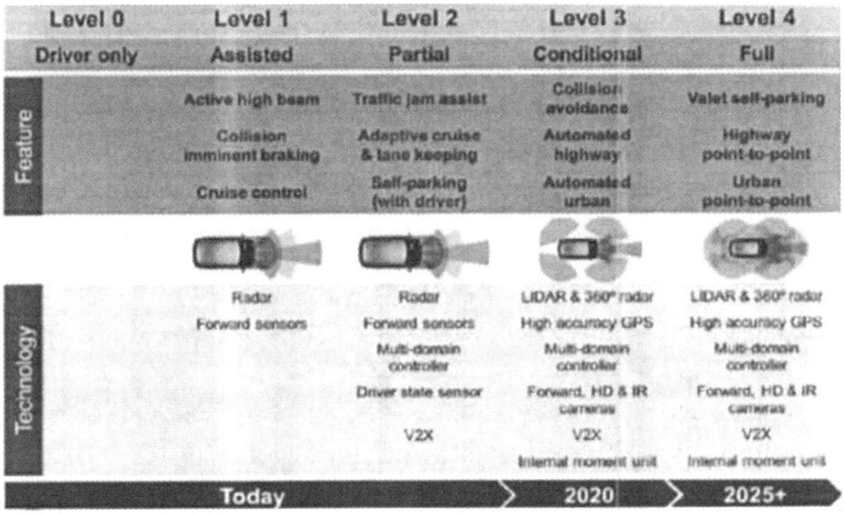

图 6－2　美国 NHTSA 智能网联汽车的四个层级

中国汽车工业协会把汽车智能网联划分为五个层级，如图 6－3 所示。

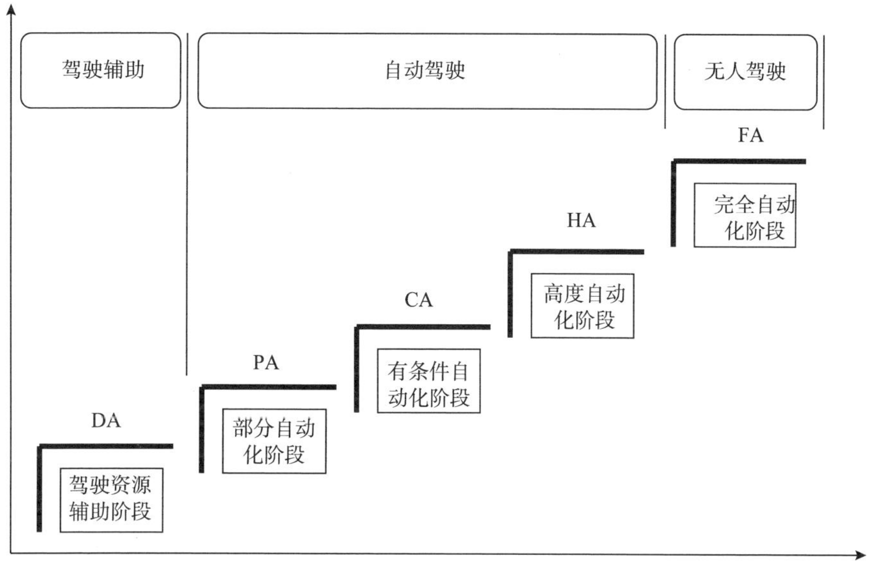

图 6－3　中国汽车工业协会汽车智能网联的五个层级

Level1 为驾驶资源辅助阶段（DA）：即 ADAS，是目前国内外研究正热的技术。

Level2 是部分自动化阶段（PA）：方向、加减速操作可无人化完成，但其他操作还不能脱离人的控制，必须有随时接管汽车的准备，而 Tesla 事件就是车主对部分智能驾驶误用为完成无人驾驶所导致的。

Level3 是有条件自动化阶段（CA）：在 Level3，可以实现有条件下的智能驾驶，即在部分驾驶情景下，驾驶员可以脱离驾驶，把驾驶权完全交给汽车，比如在高速公路上，这类汽车目前在全球还没销售，市面上的智能汽车都不超过 Level2 水平。Volvo 的 Level3 智能汽车 Drive ME 预计在 2017 年展开公共测试，测试地点包括瑞典、英国、美国和中国。

Level4 是高度自动化阶段（HA）：在 Level4，大部分情况下车辆可以自动驾驶。

Level5 是完全的自动化阶段（FA）：Level5 也就是智能驾驶的终极目标——无人驾驶。

6.1.2　智能网联汽车研究背景

1. 智能网联汽车产业政策

（1）各国积极推进智能网联汽车的产业化发展，抢占制高点。

智能网联汽车国外政策如表 6－1 所示。

表 6-1　智能网联汽车国外政策

国家/地区	时间	政策要点
美国	2015	美国交通运输部发布美国智能交通系统战略计划 2015—2019，战略升级为智能化和网联化双重发展战略
	2016	美国交通运输部发布联邦自动驾驶汽车政策指南，将自动驾驶安全监管首次纳入联邦法律框架
	2017	美国交通运输部发布自动驾驶系统 2.0：安全展望，鼓励各州重新评估交通法律法规，为自动驾驶技术的测试和部署扫除法律障碍
	2018	美国交通运输部发布自动驾驶系统 3.0：准备迎接未来交通，推动自动驾驶技术和地面交通系统的安全融合
欧盟	2010	欧盟制定 ITS 行动发展计划，该计划是欧盟首个部署 ITS 的基础性法律文件
	2014	欧盟委员会启动 Horizon2020 项目，推动智能网联汽车发展
	2015	欧盟委员会发布 GEAR2030 战略，推进高度自动驾驶和网联化驾驶领域的推进和合作
	2016	欧盟委员会通过合作式智能交通系统战略，推进 2019 年在欧盟成员国部署协同式服务，实现 V2V、V2I 信息服务
	2018	欧盟委员会发布通往自动化出行之路：欧盟未来出行战略，明确 2020 年在高速路上实现自动驾驶，2030 年进入自动驾驶社会
日本	2013	日本内阁发布世界领先 IT 国家创新宣言，其中智能网联汽车是核心之一。基于该宣言，日内阁制定《SIP 战略性创新创造战略项目》，自动驾驶上升为国家战略，发布《ITS 2014—2030 技术发展路线图》，计划 2030 年建成世界最安全最通畅道路
	2017	日内阁发布 2017 年官民 ITS 构想及技术路线图，计划 2020 年左右在高速路上实现 L3、L2 以上的卡车编队自动驾驶，特定区域 L4 自动驾驶
	2018	日政府发布自动驾驶相关制度整备大纲，明确自动驾驶事故责任划分，国土交通省发布《自动驾驶汽车安全技术指南》，明确 L3、L4B 必须满足十大安全条件
韩国		制定基于 Core 智能交通系统 2040 长期车联网发展规划，短期计划 2020 年重点解决交通事故路段部署交通测试点，交通事故 100% 现场处理，交通事故率伤亡率降低 50%；中期计划 2030 年在高速和市内实现智能交通，实现零事故伤亡；长期计划 2040 年在高速公路网实现智能道路交通，市内实现 100% 智能交通

从表 6－1 中可以看出，美国政府高度重视智能交通和智能网联汽车产业发展，目前已经明确将汽车智能化、网联化作为两大核心战略，并出台一系列政策法规推进产业体系的建立。欧盟委员会通过建立合作智能交通系统平台推进欧盟国家的车联网部署，促进整个欧盟范围内的投资和监管框架的融合，以推动从 2019 年开始部署 C－ITS 计划。亚洲范围内，日本政府重视自动驾驶汽车和车联网的发展，与 2016 年发布高速公路自动驾驶的实施报告路线书，明确于 2020 年在部分地区实现自动驾驶功能。韩国制定长期车联网发展规划，其目标是全国范围内实现智能道路交通系统，通过连接车、路、人，实现高度自动化和交通资源利用最大化，其目标是到 2040 年实现零交通事故。足见各国都在积极推进智能网联汽车的产业化发展，抢占制高点。

在中国，智能网联汽车的发展已经提升到国家战略高度，表 6－2 梳理了国内在智能网联汽车领域的政策。

表 6－2　智能网联汽车中国政策

发布时间	政策名称	主管部门	主要内容
2015 年 5 月	《中国制造 2025》	国务院	明确智能网联汽车发展路径
2016 年 8 月	《装备制造业标准化和质量提升规划》	工信部	提出开展智能网联汽车标准化工作
2016 年 11 月	《中国智能网联汽车技术发展路线图》	工信部	明确技术发展路径
2017 年 4 月	《汽车产业中长期发展规划》	发改委	提出产业目标及任务
2017 年 7 月	《新一代人工智能发展规划》	工信部	明确提出发展自动驾驶汽车等智能运载工具
2017 年 12 月	《国家车联网产业标准体系建设指南（智能网联汽车）》	发改委	建立智能网联汽车标准体系，并逐步形成统一协调的体系架构
2018 年 1 月	《智能汽车创新发展战略（征求意见稿）》	发改委	从技术、产业、应用、竞争四个层面提出智能汽车产业发展战略
2018 年 4 月	《智能网络汽车道路测试管理规范（试行）》	工信部	首个国家自动驾驶路测管理规范
2018 年 6 月	《国家车联网产业标准体系建设指南（总体要求）》等 3 个	工信部	提出车联网产业标准体系建设指南总体要求、信息通信及电子产品与服务标准体系

可以看出，自2015年国务院发布《中国制造2025》起，国内就明确将发展智能网联汽车提升至国家战略高度。各部委相继推出支撑、扶持智能网联汽车发展的政策文件和行业规范，明确了智能网联汽车的发展路径，确定了产业目标及任务，建立了智能网联汽车标准体系，并逐步形成统一协调的体系架构，提出首个国家自动驾驶路测管理规范，智联网产业标准体系建设指南总体要求、信息通信及电子产品与服务标准体系。

（2）我国不断扩大智能网联汽车产业园区建设。

从智能网联汽车国内产业园区建设情况可以看出，示范区推动车联网技术创新和标准制定，促进产业融合创新，培育发展新型业态，在各方的共同努力下，示范区建设工作已经取得阶段性成果。

2. 智能网联汽车市场

（1）智能网联汽车预期市场规模急剧放大。

图6－4和图6－5分别展示了中国及全球乘用车智能网联市场规模估计情况。对比可知，中国的发展相对滞后。另外，多家权威机构预测，2025年后中国智能网联汽车市场发展将迎来快速增长期，成为全球主要的市场。

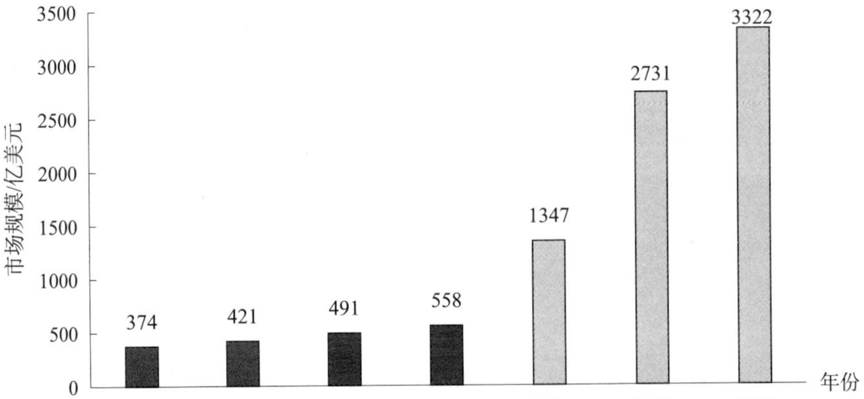

图6－4　2017～2035年中国乘用车智能网联市场规模估计

（2）智能网联汽车资本投入逐年递增。

图6－6展示了智能网联汽车在2011～2018年的资本投入情况。可以看出，自2015年起，国内车联网投融资规模呈强势上升趋势，与此同时，投资案例数量增长缓慢，呈现单笔投资资金额渐高的特点。

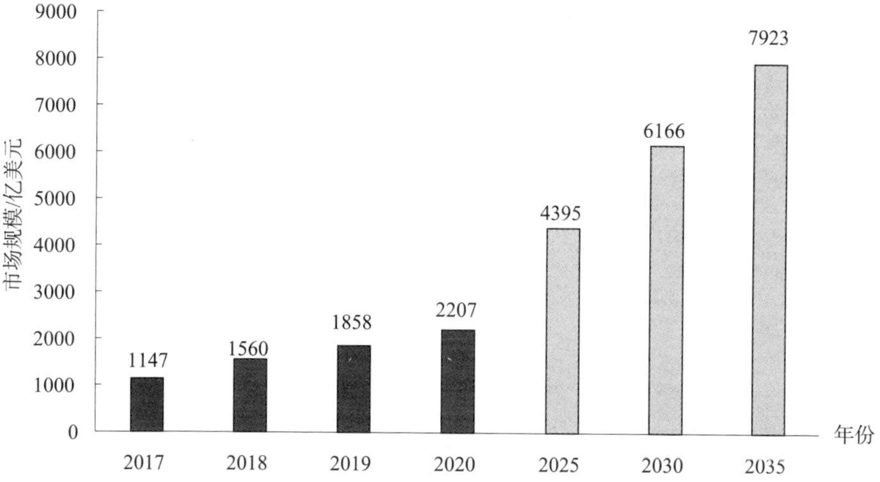

图 6－5　2017～2035 年全球乘用车智能网联市场规模估计

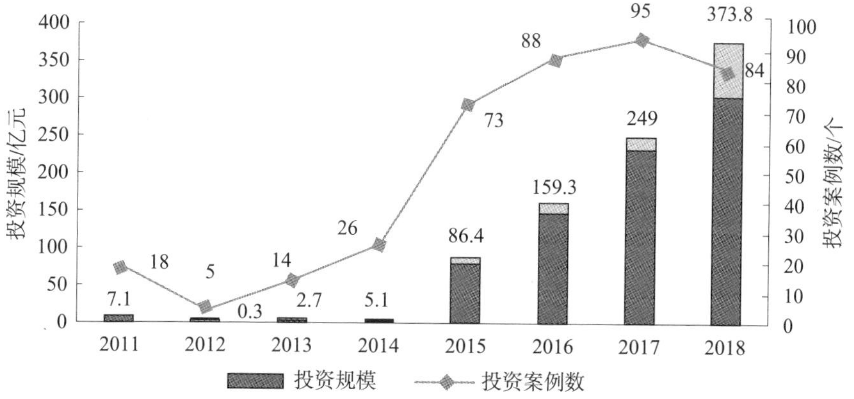

图 6－6　2011～2018 年智能网联汽车资本投入

6.1.3　智能化和网联化是未来发展的趋势

图 6－7 为特斯拉车祸现场示意图，位于 A 点的是一辆搭载一定自动驾驶功能的特斯拉汽车，位于 B 点的是一辆卡车，特斯拉在行驶过程中，由于其单纯通过传感器进行感知，感知出现误判，将卡车识别成一片云，等到特斯拉感知系统纠正错误时，两辆车的距离已经很近，相应的决策控制单元已经不足以进行正确的决策控制，这样就导致两辆车在 C 点发生碰撞事故。

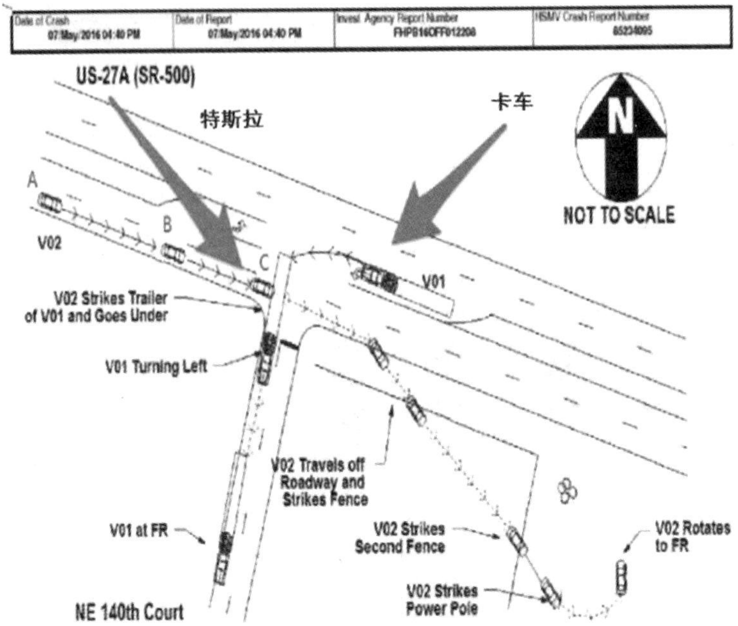

图 6－7　特斯拉车祸现场

从这样的事故中我们可以得到如下启示，如果特斯拉汽车能够提高决策控制的准确性和及时性，上述事故就可以避免，另外，如果两辆车之间建立通信，使得两辆车在行驶过程中能获知对方的位置及其他信息，上述事故也能够避免。因此，上述事故再一次说明，智能化和网联化是未来的发展趋势。

1. 智能网联汽车产业智能化、网联化协同发展三阶段

图 6－8 示出了智能网联汽车产业智能化、网联化协同发展三阶段，三个阶段分别为单车智能阶段、网联辅助阶段和车网融合阶段。

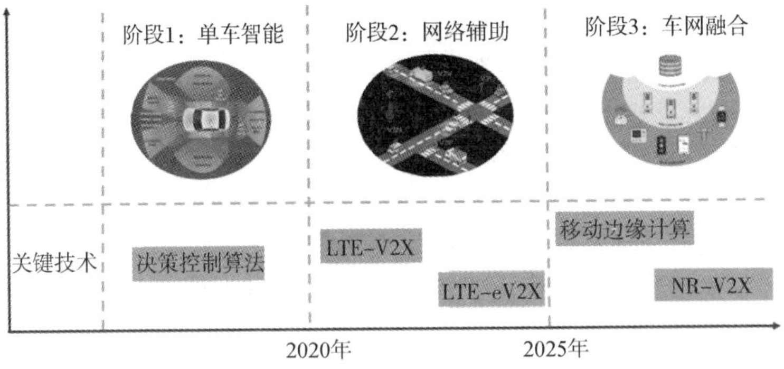

图 6－8　智能网联汽车智能化、网联化协同发展三阶段

（1）阶段1：单车智能阶段。

智能驾驶是指利用计算机系统来实现几乎不用人工干预就可以自动行驶的状态。单车智能阶段技术如图6－9所示，在IT技术不断变革的浪潮下，人们对智能终端的认识在不断被颠覆。传统的智能终端经历从大规模的高性能计算机到PC、再到移动智能终端的演变。

图6－9 单车智能阶段技术

业界认为智能驾驶汽车将成为下一代智能终端。无人驾驶的意义不单单是解放人的手脚，使人们拥有更多可用于娱乐消费的时间；更加是对传统汽车产业链的一次变革，从传统车厂、地图厂商到互联网巨头和特斯拉，产业链中不同环节的生产商纷纷加大对无人驾驶相关技术和产品的开发。这不仅影响产业链中的公司，对于整个商业世界都价值巨大。目前相关技术已经不断取得突破，与之相关的政策法规也在向支持行业发展的方向推进。

无人驾驶的产业链比较长，涉及汽车、电子、计算机、通信多个行业。从技术产品实现功能来看，包括高精度地图、环境感知、路径规划、控制执行等多个产业链环节。

（2）阶段2：网联辅助阶段。

随着应用场景的复杂，单车智能存在传感器成本高、探测距离受限、识别精度难以保证等一系列问题。

基于阶段1存在的问题，需要网联化的介入，阶段2使用LTE－CV2X技术，其包括LTE－V2X、LTE－eV2X相关技术，如图6－10所示。

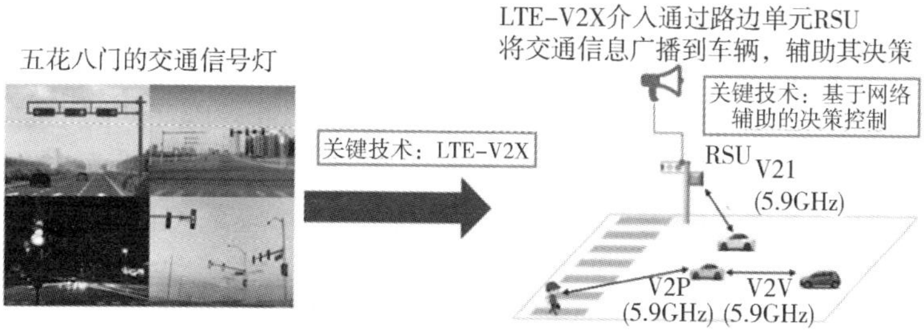

图6－10 网联辅助阶段技术

阶段2中，引入了LTE－V2X网联技术，其开辟了车车通信的接口，优化了网络环境。以红绿灯这个应用场景为例，事实上，各国的红绿灯的形状、位置、大小等不完全相同，对于红绿灯的识别也是一大难题，但是，在引入LTE－V2X网联技术以后，路侧单元能够将红绿灯信息发送给相应的车辆，可以解决单纯依靠决策控制带来的准确性和及时性的问题。

（3）阶段3：车网融合阶段。

随着产业的发展，未来将出现高级自动驾驶应用，例如通过网络侧的APP实现自动驾驶对网络性能提出非常高的时延要求，如果通过现有的云服务＋LTE－V2X技术将无法满足如此高的要求。因此，需要对网络进行进一步优化。

通过移动边缘计算（MEC）技术将云服务下沉到基站或路边单元，同时基于新NR－V2X缩小时延，满足高级自动驾驶场景对时延的苛刻要求，如图6－11所示。

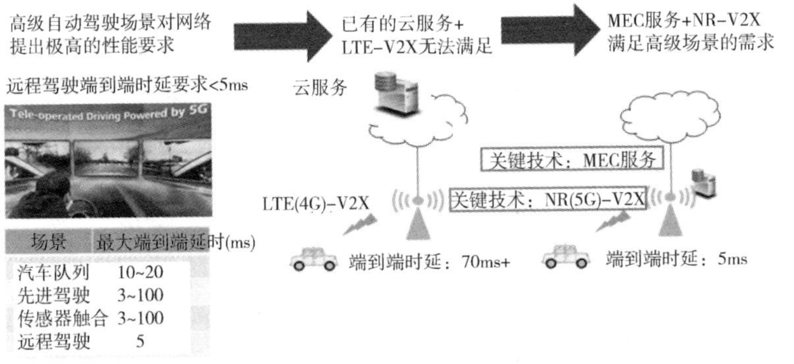

图6－11　车网融合阶段技术

2. 智能网联汽车三个发展阶段所涉及的关键技术、关键场景

（1）决策控制方法。

智能网联汽车所涉及的自动驾驶决策控制方法主要包括全局路径规划、轨迹规划、车道保持、碰撞避免、巡航控制、泊车辅助和队列行驶。

（2）V2X通信技术。

① V2X概述。

V2X是指车与车、车与基站、车与人、车与交通设施之间的通信协议。

V2X通信协议由3GPP组织主导研究，其发展经历两个阶段（LTE－5G）和三个协议版本（R14－R16），目前5G阶段的R16版本正在研究中，如图6－12所示。

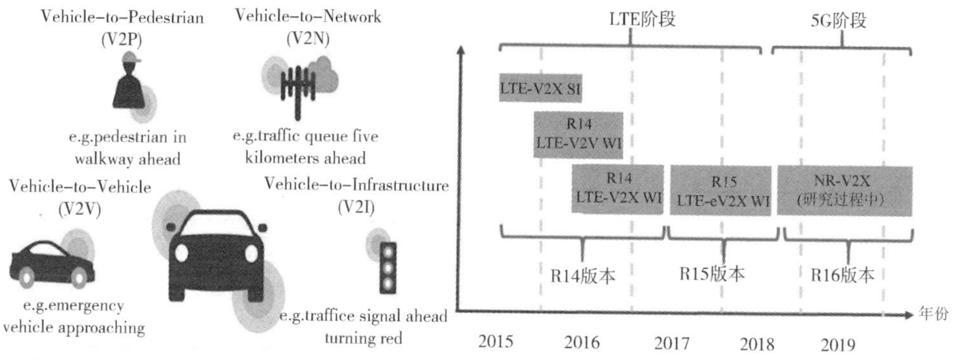

图 6-12　V2X 及其协议演进

② V2X 所涉及的关键技术。

R14 阶段涉及的关键技术包括 PC5-资源调度、PC5-拥塞控制、同步机制、DMRS 增强、层 2-3 设计。

R15 阶段涉及的关键技术包括发送分集、载波聚合、共享资源池、时延优化

R16 阶段涉及的关键技术包括 Sidelink 物理层结构、Sidelink 物理层流程、Sidelink 资源配置机制、LTE-V2X 和 NR-V2X 共存。

（3）智能网联汽车移动边缘计算。

① 移动边缘计算概述。

移动边缘计算是一个软硬件结合系统，通过在邻近移动终端的网络边缘处提供云计算能力和资源缓存，可以减少服务交付的时延，具有广阔的市场前景。

② 移动边缘计算在网联汽车领域应用所涉及的关键技术。

将移动边缘计算用于网联汽车领域，既需要常规的移动边缘计算技术，也需要解决部分在该领域特有的技术问题。首当其冲的是基础性网络技术，即如何构建适合于车辆终端接入的移动边缘计算网络，其包含网络架构和移动性管理两方面的课题。其中网络架构指如 MEC 服务器、RSU 等网络设施的建设和传输算法，而移动性管理则指针对高速移动的车辆，如何保证稳定的无线接入的问题。

在基础性网络技术之上，还需要搭载各种软件服务来为车辆提供全方面的支持。这属于应用性能优化技术，包含缓存策略、任务分流、任务编排和安全性等技术。

6.2　智能网联汽车决策与控制技术专利申请态势分析

本节将通过对智能网联汽车决策控制技术的全球专利申请数据分析，了解决策与控制技术的发展趋势、专利权人构成情况及其布局的主要国家和地区等。

6.2.1 主要场景的决策控制方法专利态势分析

1. 全球总体申请量

图6－13示出了涉及决策控制方法技术的专利申请在全球范围内申请量的分布，显示了该领域申请量自2000年以来随时间变化的趋势。自21世纪开始至今，车辆决策与控制方法开始大幅增长，尤其在2016年达到顶峰，该领域依然是全球专利申请的热点。

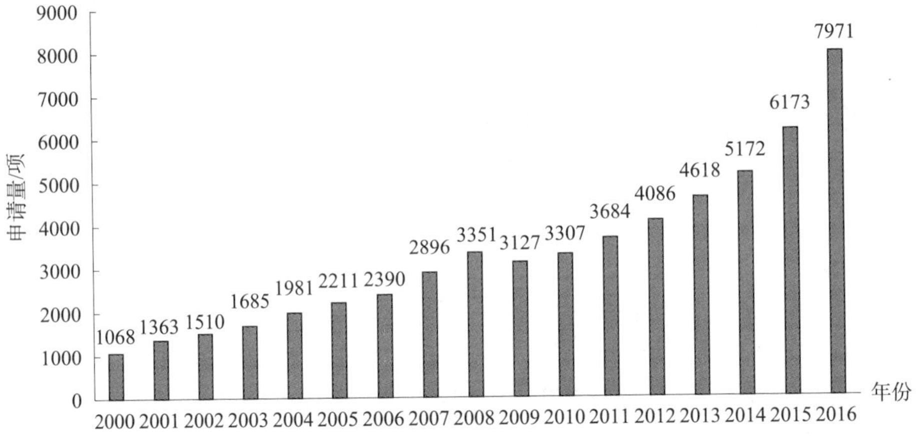

图6－13 全球决策与控制专利申请趋势

2. 全球总体申请区域

图6－14涉及全球决策与控制方法专利申请的技术主要来源地和专利布局地。决策与控制方法专利申请大多由日、德、美掌控，尤其是日本，掌握全球超过1/3的专利技术，中国申请量相对较少。

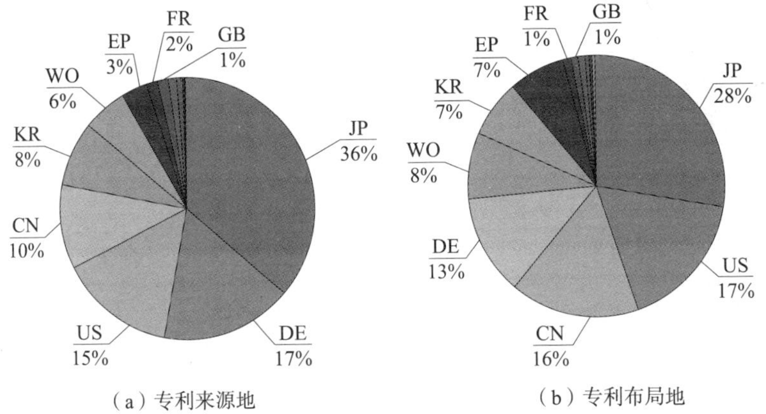

（a）专利来源地　　（b）专利布局地

图6－14 决策与控制方法全球专利主要来源地及布局地

注：其他国家和地区申请占比较小，图中未标出。

在专利布局目标地方面，全球决策与控制方法专利申请主要布局在日、美、中、德四个国家，日本为全球最大的专利目标申请国，在中国的专利申请数量占全球的17%，国外企业相对比较注重在中国的专利布局。

图6－15涉及自2000～2016年在中、美、日、德四国决策与控制方法专利申请趋势，日本在2010年以前申请量较大，但从2010年开始，在中国和美国的专利申请呈现大幅增长，在2015年左右申请量超过日本，尤其中国的专利申请在近几年甚至达到全球最高。

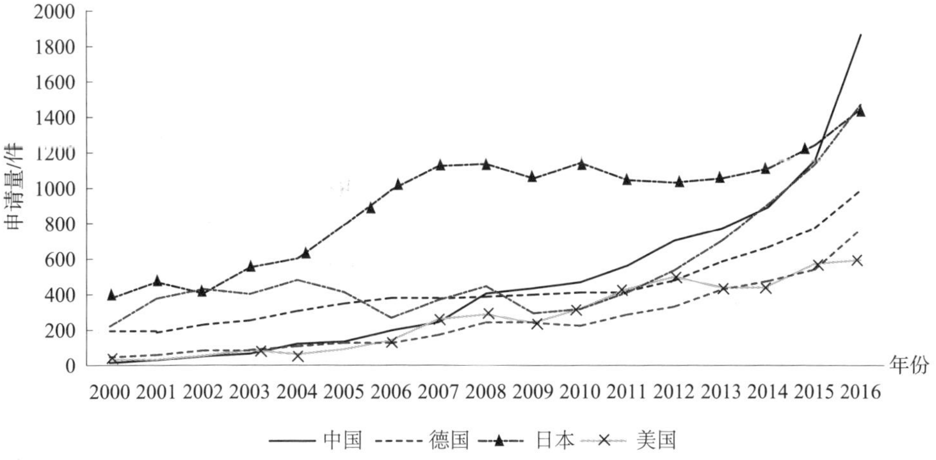

图6－15　决策与控制方法专利的四国布局

表6－3列出了主要申请地在决策与控制方法领域中各技术分支申请量。其中，日本在碰撞避免分支申请量非常大，美国则在全局路径规划、轨迹规划领域有所侧重，德国更多关注泊车辅助，中国在全局路径规划研究较多。

表6－3　主要国家/地区在决策与控制方法各技术分支申请量分布　单位：件

国家/地区	泊车辅助	车道保持	队列行使	轨迹规划	碰撞避免	全局路径规划	巡航控制
JP	971	3106	327	1155	1696	2595	4168
US	1141	1735	644	1778	2694	3496	1978
CN	1186	1545	188	1032	2918	3742	1456
DE	1970	1511	246	522	2897	1262	1892
WO	685	920	357	550	1783	1086	1157
EP	763	755	196	483	1366	1074	1027
KR	839	1166	64	273	1023	1226	914
FR	139	103	22	98	170	91	144

3. 全球主要申请人

图6－16示出了决策与控制方法申请量排名前20位的申请人申请排名。从申请人来看，丰田在决策与控制方法领域具有绝对优势，其次是罗伯特·博世。整体来看，排名靠前的申请人均为整车企业和一级供应商。

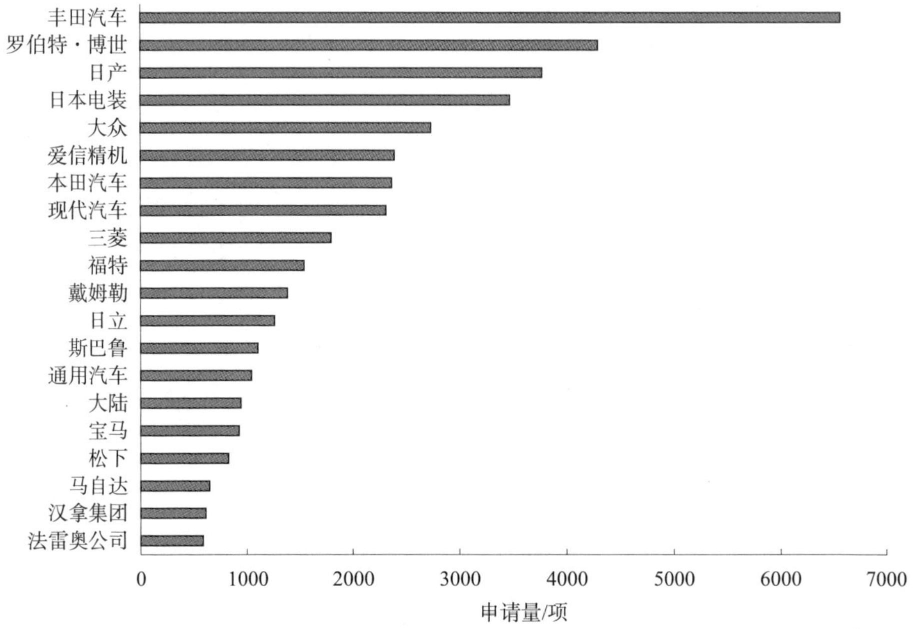

图6－16　决策与控制方法全球重要专利申请人

表6－4列出了全球主要申请人在决策与控制方法各技术分支申请分布情况。全球申请量集中在优势企业，且日德企业占据大部分，排名前15位申请人未出现中国企业的身影。

表6－4　各企业在决策与控制方法领域各技术分支申请分布　　单位：项

主要申请人	泊车辅助	车道保持	队列行驶	轨迹规划	碰撞避免	全局路径规划	巡航控制
丰田汽车	629	1382	222	251	3295	323	1724
罗伯特·博世	1278	605	54	247	1442	641	934
日产	312	1003	20	113	2139	126	979
日本电装	155	627	85	51	1887	525	758
大众	521	550	268	168	743	246	976
本田汽车	202	552	58	163	957	300	560
爱信精机	485	261	5	19	792	756	351

续表

主要申请人	泊车辅助	车道保持	队列行驶	轨迹规划	碰撞避免	全局路径规划	巡航控制
现代汽车	530	672	33	53	513	306	529
三菱	118	230	33	107	790	454	299
福特	472	259	64	140	265	202	333
戴姆勒	279	236	42	130	539	126	309
日立	63	247	18	124	502	158	369
斯巴鲁	12	336	18	26	606	19	353
通用汽车	160	299	24	83	250	173	277
大陆	146	156	106	38	376	116	213
宝马	183	166	15	38	248	149	307
松下	69	73	10	67	421	244	53
马自达	8	103	5	18	382	18	206
法雷奥公司	383	70	1	28	187	0	57
汉拿集团	219	196	6	2	130	8	164

4. 国内总体申请量

图6－17示出中国决策与控制方法专利申请趋势。整体来看，中国的专利申请趋势与全球的专利申请趋势基本一致，从2005年开始，中国申请开始激增，说明国内加大智能网联汽车控制方法研究力度。

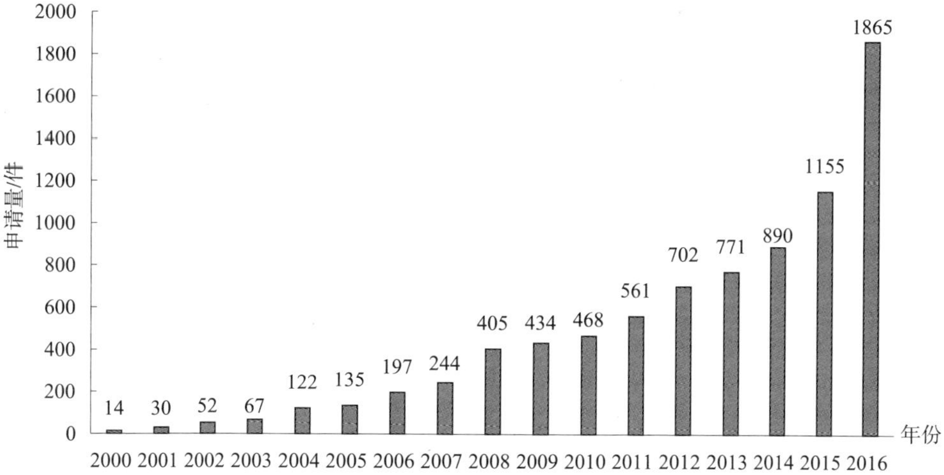

图6－17　决策与控制方法中国专利申请趋势

5. 中国主要申请人

图6-18涉及决策与控制方法方法在中国申请的企业排名情况。可以看到，排名前列的均为国外企业，且在申请量上具有绝对优势。

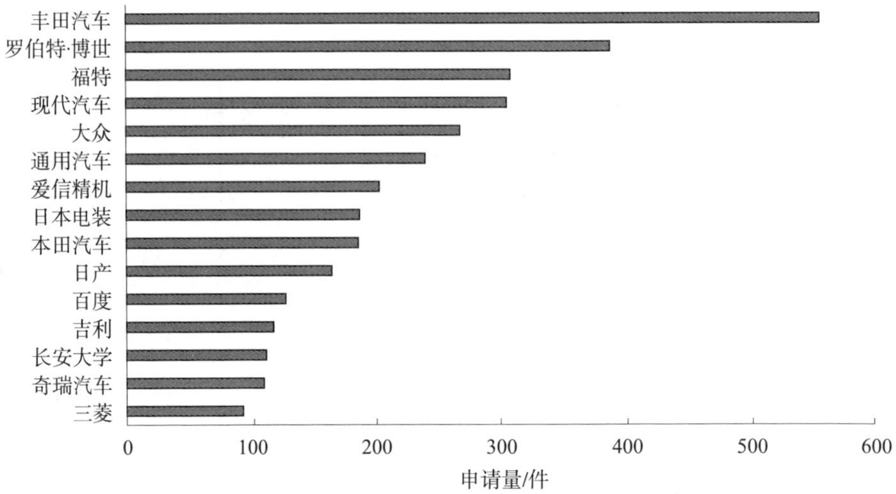

图6-18 决策与控制方法中国主要申请人专利申请量排名

6. 智能控制技术分支专利态势分析

表6-5列出了决策与控制方法各技术分支的申请量分布情况。可以看出，碰撞避免技术是智能网联汽车的关键技术，该项技术是决策与控制方法的研究重点。

表6-5 决策与控制方法各技术分支申请量分布 单位：项

年份	主要技术分支						
	碰撞避免	全局路径规划	巡航控制	车道保持	泊车辅助	轨迹规划	队列行驶
2000	301	216	144	54	38	89	16
2001	371	389	256	96	60	98	24
2002	394	495	195	126	76	88	44
2003	516	560	218	140	105	86	40
2004	673	683	258	173	133	106	35
2005	781	667	328	307	212	125	26
2006	764	557	420	317	240	130	30
2007	930	553	576	424	310	124	61

续表

年份	主要技术分支						
	碰撞避免	全局路径规划	巡航控制	车道保持	泊车辅助	轨迹规划	队列行驶
2008	915	753	669	405	327	125	85
2009	1027	1953	788	487	364	136	89
2010	1114	1966	695	512	377	132	72
2011	1136	1196	701	603	473	143	97
2012	1433	1258	867	764	520	200	127
2013	1408	1246	916	852	675	305	192
2014	1721	1255	970	992	999	403	225
2015	1914	1223	1487	1267	874	528	272
2016	2509	1534	1881	1539	1182	664	297

6.2.2 基于机器学习的智能决策算法专利态势分析

1. 全球总体申请量

智能决策算法全球的历年申请趋势如图 6－19 所示。智能决策算法在 2000 年之前只有少数申请；2000～2011 年，由于自动驾驶的发展，智能决策算法的专利数量稳步上升；2011 年之后，由于深度学习等人工智能算法的多元发展以及自动驾驶的迅猛发展，专利申请量呈现迅猛增长的趋势。

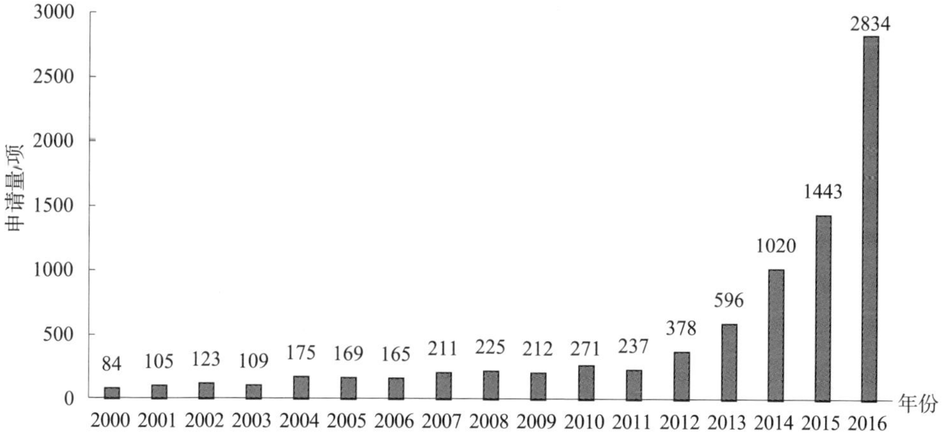

图 6－19　智能决策算法全球专利申请趋势

2. 全球总体申请区域

智能决策算法的主要技术来源地分布如图 6　20 所示。从技术来源地方面看，美国稳居第一，位居第二的为中国，其次为日本。

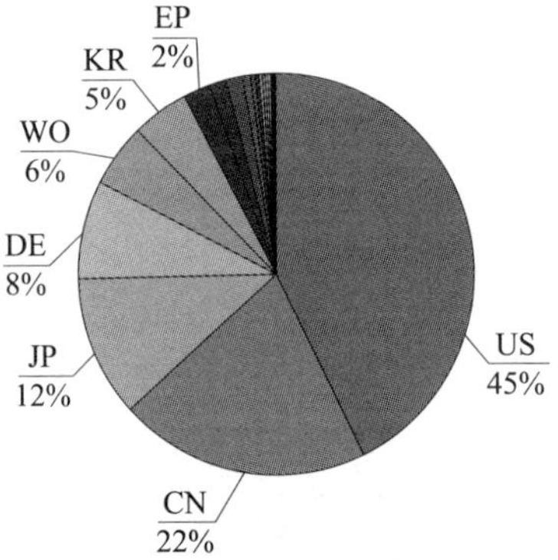

图 6－20　智能决策算法技术全球主要来源地专利分布

注：其他国家和地区申请占比较少，图中未标出。

3. 全球主要申请人

智能决策算法全球前 10 位申请人申请排名如图 6－21 所示。从智能决策算法全球排名前 10 位申请人来看，其主要被美国和日本的传统车企巨头和高科技公司所占据，其中前三为丰田、福特和通用汽车。

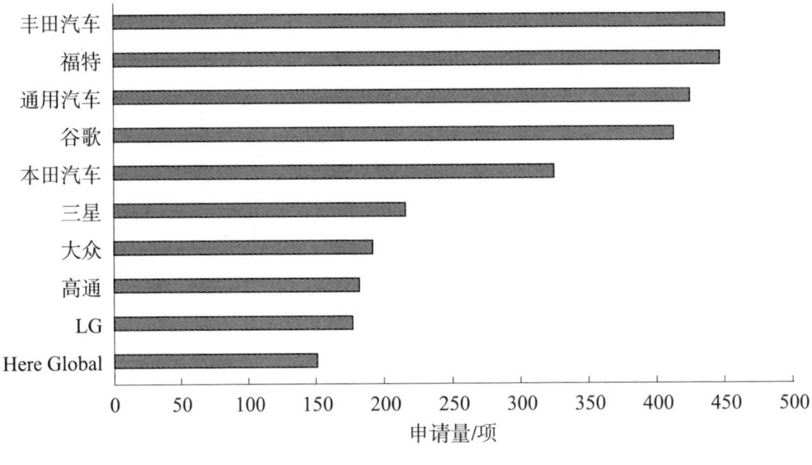

图 6－21　智能决策算法全球前 10 位申请人专利申请排名

4. 中国总体申请量

智能决策算法中国申请趋势如图 6－22 所示。

2010 年之前的申请量很少，2010 年之后申请量持续上升，申请趋势和全球申请趋势基本一致。

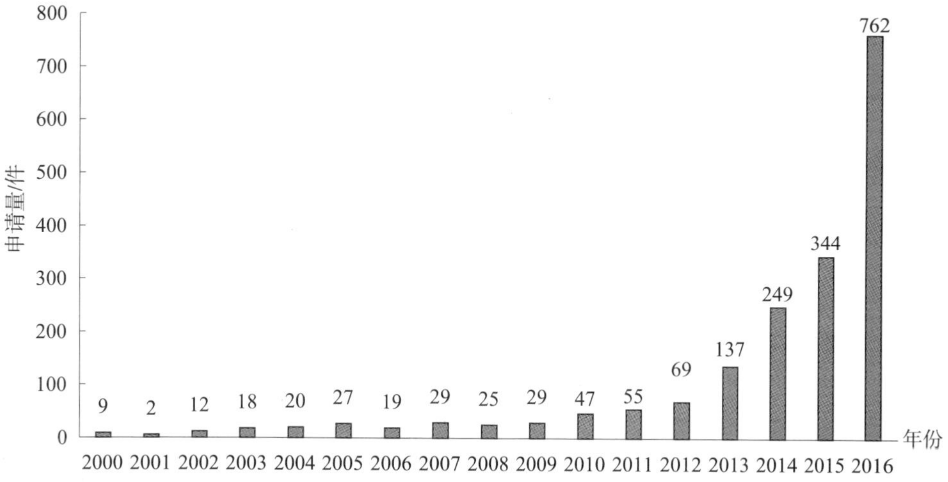

图 6－22　智能决策算法中国专利申请趋势

5. 国内技术分支申请分布

从图 6－23 来看，其与全球的技术分支分布一致，聚类和分类居第一和第二，深度强化学习排名第三。

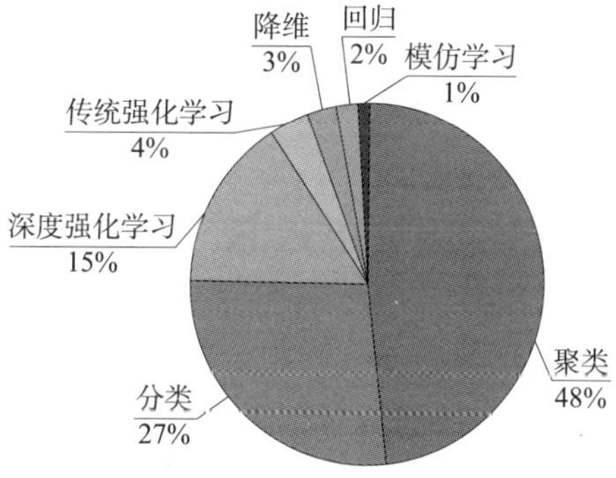

图 6－23　智能决策算法各分支中国专利申请分布

6. 中国主要申请人

智能决策算法国内排名前 10 位申请人如图 6－24 所示。

从申请人排名情况来看，百度和滴滴两家企业申请量最大，其余基本上是各大院校和科研院所。

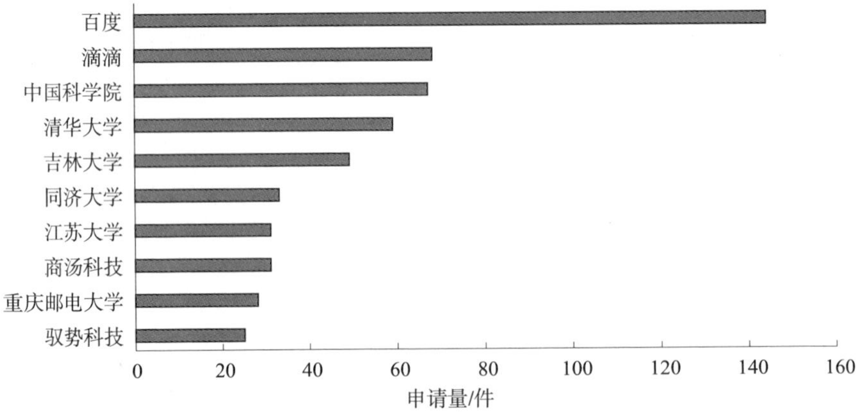

图 6-24 智能决策算法中国前 10 位申请人专利申请排名

6.3 智能网联汽车通信技术 V2X 专利申请态势分析

本节对智能网联汽车通信技术 V2X 进行专利申请态势分析，将从三方面进行分析。第一方面是智能网联汽车通信技术 V2X 整体大数据分析，该部分将分析 V2X 全球及中国专利申请态势，具体包括申请量、技术原创区域及申请人，以探究 V2X 领域整体上国内外的技术水平。

6.3.1 智能网联汽车通信技术 V2X 专利态势分析

1. 全球专利申请态势

V2X 全球专利申请态势及市场份额如图 6-25 所示。

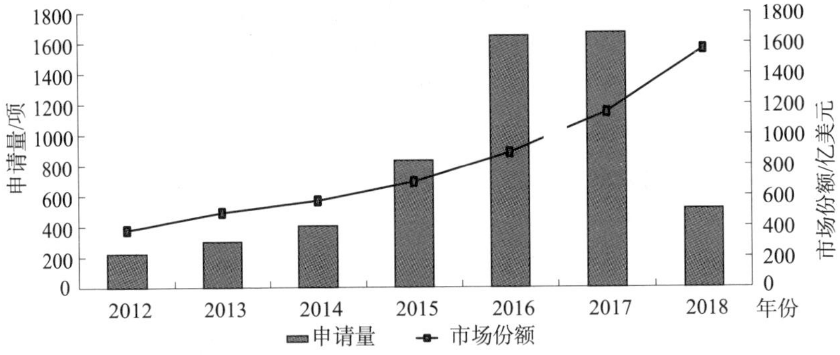

图 6-25 V2X 全球专利申请态势及市场份额

2012~2017 年，V2X 市场份额及专利申请均呈逐渐上涨的趋势，也就是说，专利申请的上涨对市场起到一定的促进作用，此外，3GPP 组织于 2014 年、2015 年就已经开始 V2X R14 标准的起草与制定，为了在标准中有一定的主导地位，提前布局标准必要专利是基础，可以推断，协议的制定是专利申请量从2014~2015年增速较快的一个重要因素。鉴于R14协议于2016年完成，专利布局放缓，也就是说，协议的定制对专利的布局起一定的促进作用。

另外，由于2017~2018年专利申请的公开数据不完整，总申请量增长缓慢或下降，并不能判定该领域申请呈现出大幅下降趋势。综合判断，V2X依然是全球专利申请的热点。

2. 全球申请区域分析

从图6-26来看，全球前5位优先权和地区分别为美国、中国、韩国、欧洲和日本，美国和中国是主要的技术来源国，各占约1/3，其他国家总占比约1/3。

从图6-27来看，约1/3的专利为PCT申请，进入多个国家，并且以中国、美国为主要的技术目标国，欧洲和韩国也具有一定的专利布局。

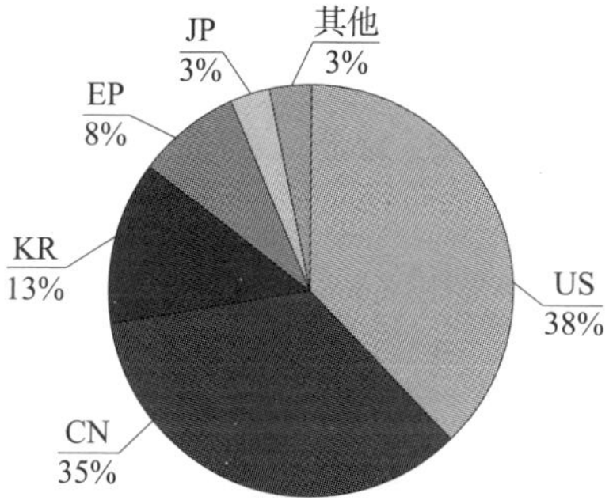

图6-26 V2X全球优先权国家和地区分布

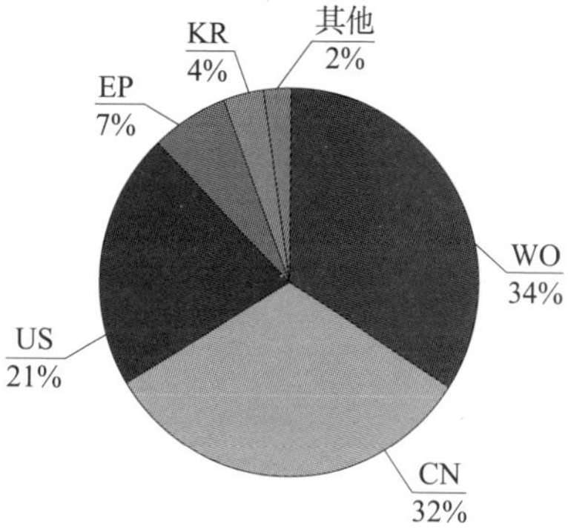

图6-27 V2X全球主要布局国家和地区

3. 全球主要申请人分析

从图6-28来看，前三位申请人是LG、高通、华为。结合产业信息，这三个申请人无论是从协议制定还是技术上，都对V2X产业产生了重要影响，即专利数据和行业信息是符合的。此外，排名靠前的申请人还有丰田汽车、通用汽车，说明汽车企业同样重视V2X产业。另外，作为国内另一个R14的主导者——大唐电信也具有一定的专利储备。

4. 中国专利申请趋势

由图6-29可知，中国专利申请态势与全球相似，中国专利申请总量约占全球专利申请总量的1/10，2014~2015年增速最快，2016年达到峰值，具有良好的发展态势。

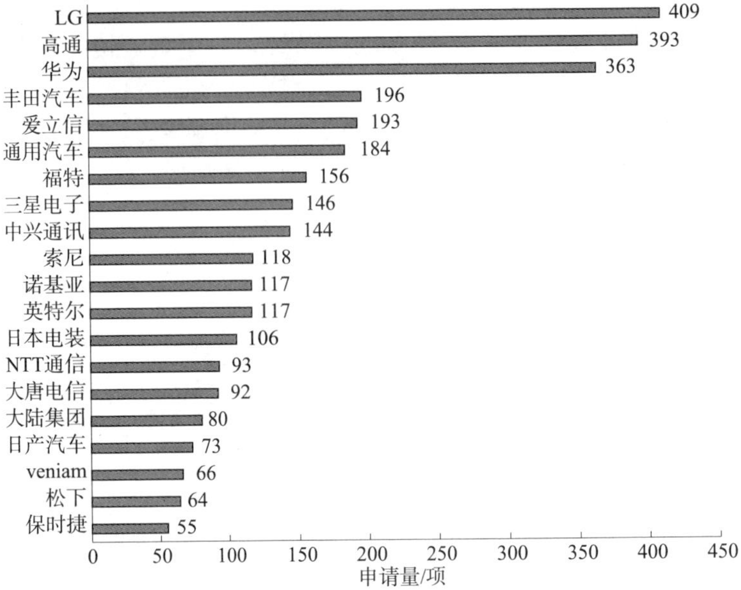

图 6－28　V2X 全球专利主要申请人排名

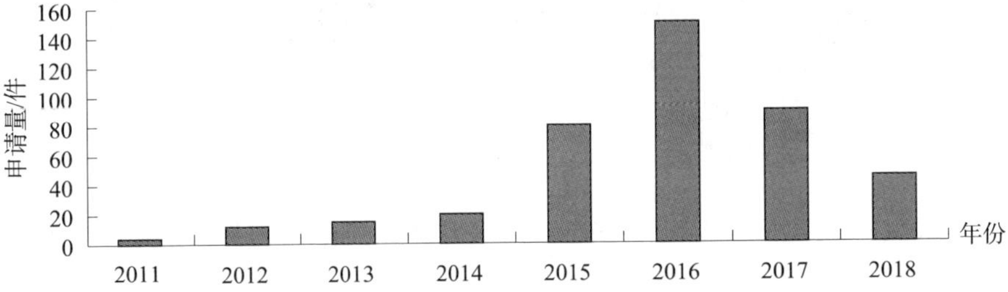

图 6－29　V2X 中国专利申请态势

5. 国内申请区域分析

V2X 国内专利申请主要集中于北京、广东、上海、江苏，其他省市专利布局较少，如表 6－6 所示。北京、广东专利申请量领先。其中，北京申请量主要来自于大唐电信以及众多高校、科研院所，而广东申请量主要来源于华为和中兴，其他省市的申请量较为分散。

表 6－6　V2X 国内申请区域比较

省市	申请量/件	省市	申请量/件
北京	109	上海	17
广东	95	江苏	10

6. 中国主要申请人分析

国内申请人主要涉及国内的通信企业，如中兴、大唐、华为。此外，国外的三星、LG、爱立信、高通、NTT、索尼也进入中国市场。说明国内的公司具有一定的技术实力，同时国外公司也积极在中国进行专利布局（见表6－7）。

表6－7　V2X 中国主要申请人申请汇总

主要申请人	申请量/件	主要申请人	申请量/件
中兴	52	爱立信	14
三星	34	高通	13
大唐	34	普天信息	12
LG	29	NTT	11
华为	28	索尼	11

6.3.2　通信技术 C－V2X 技术分支专利分析

1. R14（LTE－V2X）阶段专利分析

（1）R14（LTE－V2X）阶段总体专利申请量。

从图6－30 可以看出，R14 阶段专利呈逐渐上涨态势，2015 年增速明显。其原因在于，3GPP LTE－V 的标准化会议召开时间在2015～2016 年，而各大通信公司通常在3GPP 会议召开前后进行相应的专利申请，因此在2015 年以后专利申请增速明显。

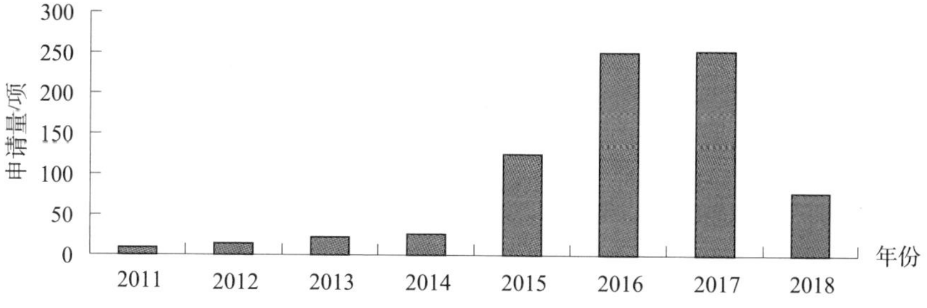

图6－30　R14（LTE－V2X）阶段专利申请态势

（2）R14（LTE－V2X）阶段技术分支专利申请态势。

R14（LTE－V2X）阶段技术分支包括针对 PC5 接口的技术改进、针对 UU 接口的技术改进、业务结构及高级流程、安全、DSRC 和 V2X 共存。

从表6－8 可以看出，PC5 接口技术的申请量远远比其他技术分支多，即 PC5 接口改进的相关技术是 V2X 的关键技术。另外，UU 接口、安全、业务结构及高级流程是 LTE－V2X 网络中所需要考虑的常规分支，其申请量维持在一两百件的量级，DSRC 和 V2X 共存是新兴技术，申请量较少。

表 6－8　R14（LTE－V2X）阶段各技术分支申请量汇总

技术分支	申请量/件
UU 接口	114
PC5 接口	472
安全	145
业务结构及高级流程	163
DSRC 和 V2X 共存	12

2. R15（LTE－eV2X）阶段专利分析

（1）R15（LTE－eV2X）阶段总体专利申请量。

从图 6－31 可以看出，该阶段也是专利申请总体呈逐渐上涨的趋势，2015 年开始增速明显。因部分数据未公开，2017～2018 年申请量有所下降。

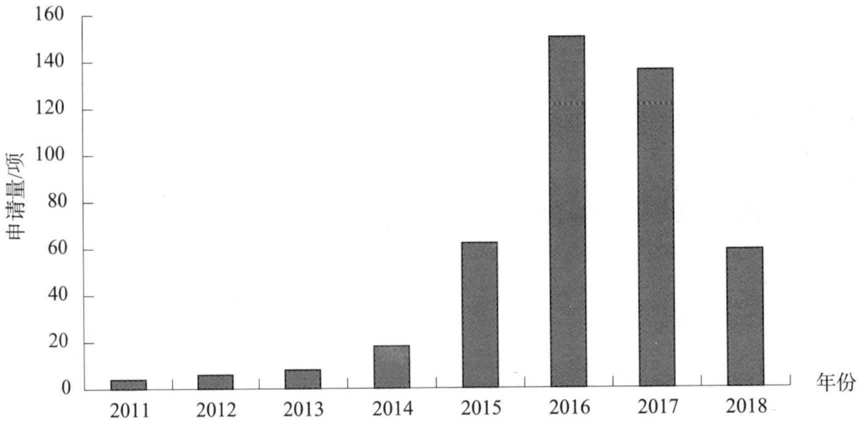

图 6－31　R15（LTE－eV2X）阶段专利申请态势

（2）R15（LTE－eV2X）阶段各技术分支申请量。

R15（LTE－eV2X）阶段技术分支包括发送分集、共享资源池、时延优化、载波聚合。

从表 6－9 可以看出，共享资源池相对于其他分支申请量较为突出，该分支为重要分支，发送分集、载波聚合、时延优化的申请量相差不大。

表 6－9　R15（LTE－eV2X）阶段各技术分支申请量汇总

R15（LTE－eV2X）阶段技术分支	申请量/件
发送分集	65
共享资源池	280
时延优化	71
载波聚合	51

3. R16（NR－V2X）阶段专利分析

从整理的 NR－V2X 专利申请来看，NR－V2X 阶段专利申请量少，事实上，NR－V2X 的标准协议还在制定中，并未发布，因此，该阶段的专利申请量不足以用来分析和得出结论，需要探究另外的研究方法。

6.3.3　智能网联汽车移动边缘计算专利申请态势分析

1. 边缘计算技术申请趋势

从图 6－32 可以看出，移动边缘计算技术从 2015 年开始被关注和研究，专利申请逐年上涨。另外，移动边缘计算全球总申请量仅 48 项，该技术为新兴技术。在部分专利还未公开的情况下，2018 年仍维持涨势，可认为 2018 年申请量相对于 2017 年有大幅提高。

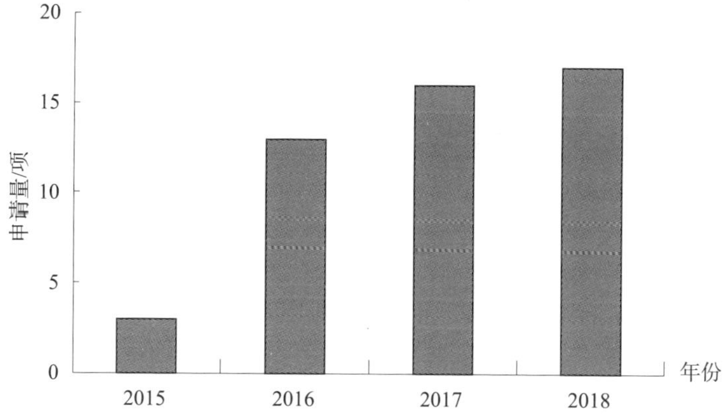

图 6－32　移动边缘计算专利申请态势

2. 边缘计算技术申请人分析

从表 6－10 来看，国外申请多为大型通信企业，如 NEC、英特尔等，国内申请中部分属于大型通信企业，如华为、中兴等，但科研院所的申请也占不小的比例。这些科研院所的申请比较分散，没有形成合力。

表 6-10　移动边缘计算主要申请人申请对比

申请人	申请量/项	申请人	申请量/项
华为	5	LG	1
NEC	5	冲电气工业	1
中兴	5	国家电网	1
北京邮电大学	4	湖北理工学院	1
英特尔	4	南京邮电大学	1
中国联通	4	上海海事大学	1
电子科技大学	3	武汉星耀科技	1
NOKIA	3	西安电子科技大学	1
安徽大学	2	西南交通大学	1
广东工业大学	2	重庆邮电大学	1
上海诺基亚贝尔	2	—	—

6.4　单车智能阶段（阶段一）关键技术竞争态势

本节将单车智能阶段分为基于规则的决策控制阶段和理性决策的控制阶段。基于规则的决策控制阶段的决策思路是 If - Then 简单规则决策；而理性决策的控制阶段的决策思路是大数据和机器学习推理预测，下面我们对主要场景的决策控制态势进行分析。

6.4.1　碰撞避免技术专利竞争态势分析

1. 专利申请量持续增长

图 6-33 给出了前方碰撞预警（FCW）和紧急自动刹车（AEB）两项关键技术专利申请量趋势。可以看出，这两项技术申请量均呈现上升趋势。其中，AEB 作为更加先进的技术，在申请量与增长速度上均远超 FCW。

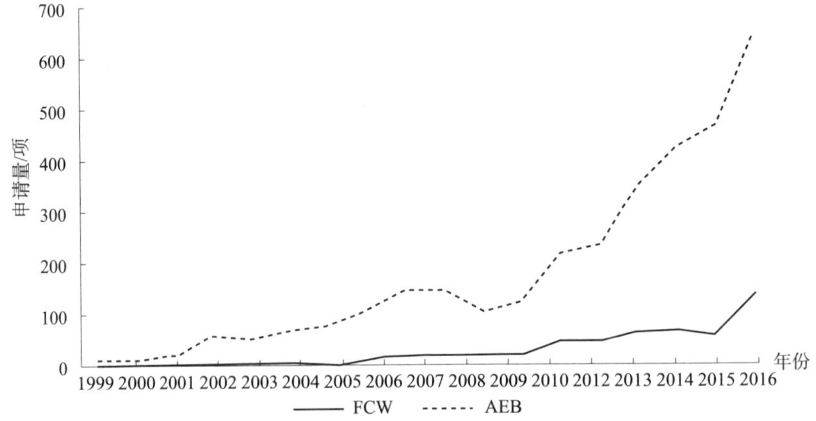

图 6-33　FCW、AEB 全球专利申请量趋势

2. 全球及国内主要申请人分析

表6－11列出了FCW和AEB全球及国内申请人的对比。

表6－11 FCW和AEB全球前十与国内前十申请人专利申请对比

FCW主要申请人				AEB主要申请人			
全球	申请量/项	中国	申请量/件	全球	申请量/项	中国	申请量/件
丰田	135	吉利	14	博世	457	江苏大学	31
通用汽车	44	北京汽车	6	丰田	291	吉利	27
福特	35	南京航空航天大学	6	大众	214	南京航空航天大学	13
日本电装	34	长安大学	6	戴姆勒	151	奇瑞	12
现代	32	奇瑞汽车	5	大陆	140	比亚迪	12
本田	21	安凯汽车	4	现代	138	吉林大学	11
日产	19	江苏大学	4	日产	137	中国科学院	8
博世	16	长城汽车	3	福特	113	华为	6
大众	15	上海大圩	2	通用汽车	99	清华大学	6
吉利	14	东南大学	2	本田	97	北京汽车	5

可以看出，无论是FCW还是AEB，从全球角度来看，我国申请人与国外申请人间存在一定差距；从国内角度来看，国内申请人以大学为主，而国外主要以传统车企和配件企业为主。

6.4.2 基于机器学习的智能决策控制方法专利竞争态势分析

自动驾驶汽车通过摄像机、激光雷达、毫米波雷达、超声波等车载传感器来感知周围的环境，依据所获取的信息来进行决策判断，由适当的工作模型来制定相应的策略，车辆控制系统包括横向控制（转向）与纵向控制（速度）。环境感知作为其他部分的基础，处于自动驾驶汽车与外界环境信息交互的关键位置，是实现自动驾驶的前提条件，起着人类驾驶员“眼睛”“耳朵”的作用。

1. 各技术分支申请分析

表6－12列出了基于机器学习决策控制方法各技术分支的申请年度变化。可以看出，基于机器学习的决策控制方法各个技术分支的申请量都呈现上升趋势。

表 6-12　基于机器学习决策控制方法各技术分支申请年度变化　单位：项

年份	技术分支									
	强化学习	传统强化学习	模仿学习	深度强化学习	无监督学习	降维	聚类	有监督学习	分类	回归
2000	1	1	0	0	80	3	77	7	7	0
2001	3	1	1	1	102	2	100	22	20	2
2002	2	2	0	0	115	1	114	36	29	7
2003	5	5	0	0	109	7	102	16	11	5
2004	13	9	0	4	172	6	166	34	25	9
2005	4	2	0	2	160	4	156	57	42	15
2006	7	7	0	0	161	3	158	41	36	5
2007	10	9	0	1	201	2	199	82	74	6
2008	22	9	2	11	209	10	199	53	53	0
2009	53	28	25	0	202	12	190	41	39	2
2010	84	51	32	1	270	32	238	58	54	4
2011	27	24	2	1	218	9	209	48	43	5
2012	42	28	8	6	322	20	302	139	123	16
2013	53	43	5	5	486	26	460	215	202	13
2014	109	89	3	17	900	57	843	288	257	31
2015	245	131	38	76	1179	77	1102	556	484	72
2016	658	197	68	393	2057	122	1935	1125	1009	116
2017	1407	332	108	967	2291	123	2161	1871	1564	127

2. 深度强化学习是热点技术

图 6-34 涉及基于机器学习决策控制方法各技术分支的增长趋势，深度强化学习近年来增速最为迅猛，该技术是基于机器学习的决策控制方法中的热点技术。

3. 全球主要申请人分析

图 6-35 涉及基于机器学习决策控制方法的全球申请人排名。可以看出，主要被国外车企、互联网企业、通信企业占据。

表 6-13 涉及决策控制方法全球主要申请人专利引用量的统计。从决策算法专利的非自引用数和被引用数指标可以得出，谷歌居前列，可见其专利在质量上具有明显优势。

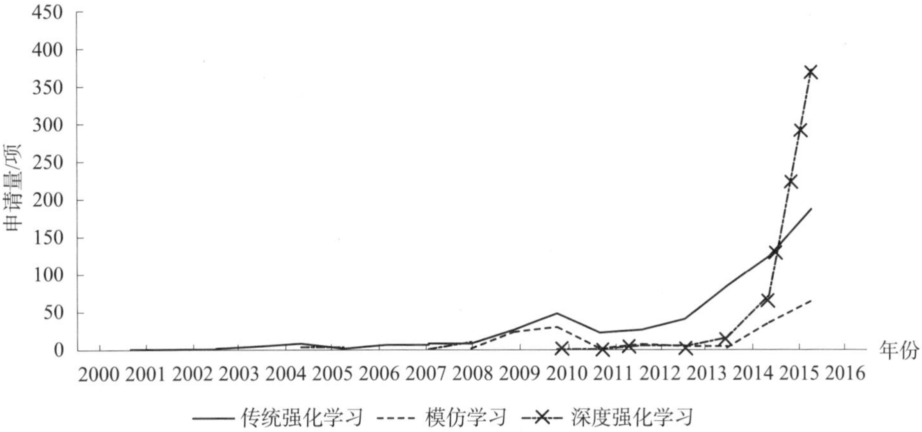

图 6－34　基于机器学习决策控制方法各技术分支的增长趋势

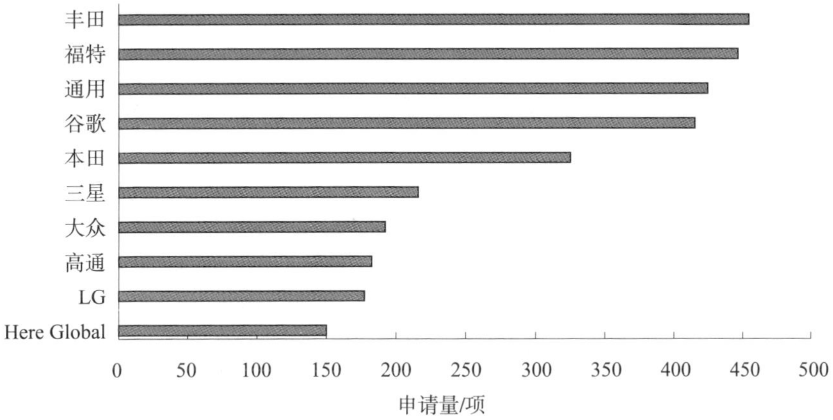

图 6－35　基于机器学习决策控制方法全球主要申请人专利申请排名

表 6－13　决策控制方法全球主要申请人专利引用统计

主要申请人	非自引用数	被引用数
谷歌	8. 27	1. 38
丰田	3. 57	0. 88
福特	5. 25	0. 55
通用	2. 50	0. 97
本田	2. 35	0. 76
三星	1. 24	0. 42
保时捷	3. 07	0. 86
高通	1. 24	0. 16
LG	2. 06	0. 23

4. 国内申请人分析

图 6－36 涉及基于机器学习决策控制方法中国主要申请人排名。可以看出，国内申请当中，百度的申请量最大。

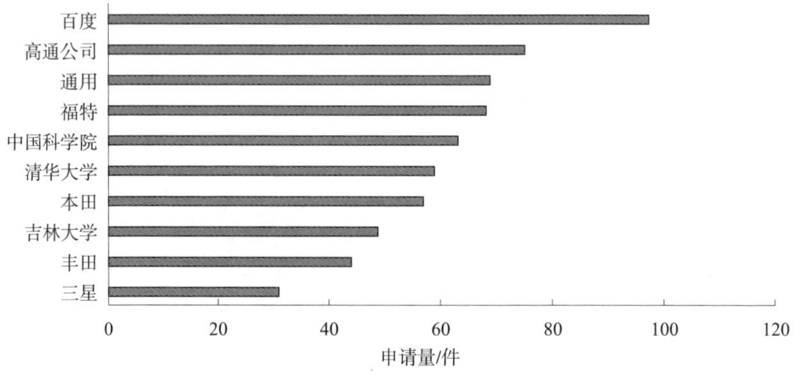

图 6－36　基于机器学习决策控制方法中国主要申请人专利申请排名

6.5　网络辅助决策控制阶段（阶段二）关键技术竞争态势研究

V2X 技术由 3GPP 标准组织所主导的技术。V2X 通信标准发展经历 D2D、LTE－V2X、LTE－eV2X、NR－V2X 四个阶段。其中，LTE－V2X 阶段，PC5 接口是重中之重，其主要包括 DRMS 增强、同步机制、层 2－3 设计、资源调度、拥塞控制。LTE－eV2X 阶段的关键技术包括时延优化、发送分集、载波聚合、共享资源池、PC5 高阶调制。NR－V2X 阶段将在第 6.6 节进行分析与研究。

6.5.1　V2X 技术由 3GPP 标准组织主导

V2X 技术由 3GPP 标准组织主导，“基于 LTE PC5 接口的 V2V 标准项目”是由 LG、大唐和华为 3 家公司联合牵头，于 2016 年 9 月发布车车通信（V2V）标准 R14，基于 LTE Uu 接口的 V2X 于 2017 年 3 月完成并发布 UU 标准 R14 版本。2017 年 3 月，3GPP RAN 启动“基于 Rel－14 LTE－V2X 的增强（Rel－15）”的标准化工作于 2018 年 6 月完成并发布 R15 版本。2018 年 6 月，3GPP RAN 启动“基于 5G 新空口（NR）的 V2X（Rel－16）”的研究工作，计划完成时间待定。

6.5.2　标准必要专利具备很强的控制力，是该领域的核心专利

所谓标准必要专利是指专利技术被纳入标准，经营者要依据标准从事经营活动必然要实施某项专利技术或某专利技术的某项权利要求。

3GPP 技术标准的推行直接催生标准必要专利制度。标准必要专利制度能

够鼓励企业将其最新的专利技术转变为技术标准，从而有利于促进先进技术的推广、运用，进而推动整个无线通信产业往前发展。标准必要专利是各个无线通信企业最有价值的专利，处于专利技术金字塔的塔尖。当专利被纳入标准之前，专利许可费受竞争的限制，即如果许可费率过高，被许可人可自行研发替代技术或寻求获得其他可替代技术的许可；当专利被纳入标准之后，由于生产符合标准的产品必须实施标准中所包含的专利技术，专利权人则据此可获得巨大的市场控制力。

6.5.3 V2X 通信标准发展经历三个阶段

V2X 通信标准发展经历 LTE - V2X、LTE - eV2X、NR - V2X 三个阶段。涉及的关键技术包括 PC5 接口、UU 接口、业务结构及高层流程、安全。其中，PC5 接口车与车、车与人、车与基础设施之间的直连接口，是从 LTE D2D 技术发展而来的。PC5 接口可以解决车载通信中时延和可靠性两大关键问题，是 V2X 通信协议的最关键技术。

1. LTE - V2X（R14）阶段——DMRS 增强

图 6 - 37 示出了 DMRS 增强的专利申请态势，表 6 - 14 示出了 DMRS 增强重要申请人排名。可以看出，DMRS 增强从 2015 年才开始有专利申请，申请量呈逐渐上涨趋势。申请人中，LG 申请量处于领先地位，英特尔、高通排名靠前，中国申请人中仅有华为排在前列。

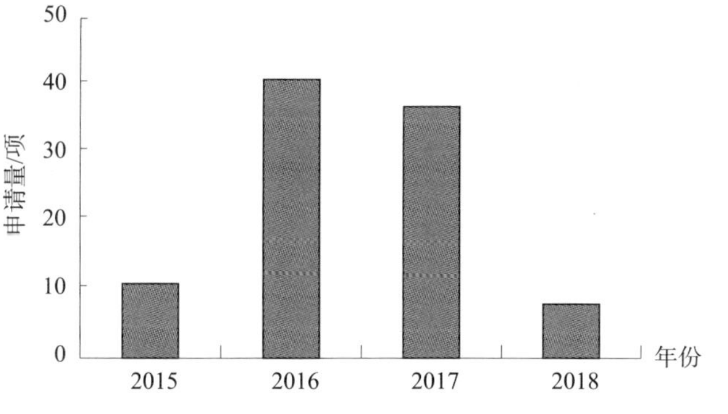

图 6 - 37　DMRS 增强专利申请态势

表 6 - 14　DMRS 增强重要申请人申请对比

申请人	申请量/项
LG	39
英特尔	12
高通	10

续表

申请人	申请量/项
三星	5
爱立信	5
华为	4

2. LTE－eV2X（R15）阶段——共享资源池

图6－38示出了共享资源池申请态势，表6－15示出了共享资源重要申请人排名。可以看出，共享资源池从2014年开始有申请，申请量呈上涨趋势。在申请人中，华为、LG、三星排名相对靠前，除了华为，中国的申请人还有中兴、大唐也在该领域进行一定的专利布局。

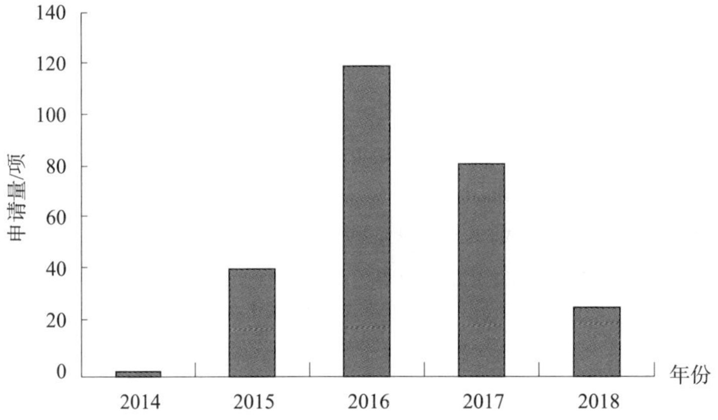

图6－38　共享资源池专利申请态势

表6－15　共享资源重要申请人申请对比

标准申请人	申请量/项
华为	41
LG	38
三星	34
中兴	26
大唐	13
爱立信	10

6.6　车网融合阶段（阶段三）关键技术竞争态势研究

高级自动驾驶场景对网络提出更为苛刻的性能要求，需要引入具有更低时延和更高可靠性的 NR－V2X 技术，但 NR－V2X 标准还处于研究与讨论阶段，专利数据较少，难以通过专利数据来研究行业现状。为此，本节通过标准提案的梳理，数据整理，提出一套有效针对 NR－V2X 相关技术的研究方法，以尽可能得出客观的结论。

MEC 边缘计算是作为锲入 5G 垂直行业的重要触点。在 NR－V2X 的基础上，为进一步提高带宽、降低相应时延，以满足高级自动驾驶场景对网络 KPI（时延和可靠性）的需求，本节还将聚焦新兴的移动边缘计算技术。

6.6.1　NR－V2X 专利竞争态势分析

1. NR－V2X 需要解决高级自动驾驶对网络苛刻的性能要求

在 LTE－V2X 和 LTE－eV2X 场景中，如车内标牌、限速预警、前方拥堵提醒、信号灯的车速引导、前方碰撞预警、紧急制动预警、逆向超车碰撞预警以及左转辅助这些场景中对于端到端时延和可靠性的要求，最苛刻场景如前向碰撞预警、紧急制动预警、逆向超车碰撞预警和左转辅助仅为 100ms 以及 90%，而相比于 LTE－V2X 和 LTE－eV2X，NR－V2X 可以支持更高可靠性、更低时延的通信传输，在一些特定场景可靠性要求 99.999%，时延要求 5ms，这意味着在 NR－V2X 中将会面临更严苛的技术要求。根据 TS 22.186 Enhancement of 3GPP Support for V2X Scenarios 中给出的四种 NR advanced V2X 服务，分别是车辆成队驾驶（Vehicle Platooning）、增强驾驶（Advanced Driving）、扩展传感（Extended Sensors）、远程驾驶（Remote Driving），它们相应的可靠性和时延需求可以达到 90%～99.9%，可见其对网络的时延和可靠性提出更高的要求，需要借助 5G 新空口技术才能实现。因此，3GPP 在 R16 阶段开始 NR－V2X 研究项目。

2. 标准必要专利还处于研究讨论阶段，专利大数据少

由于 3GPP 在 R16 阶段关于 NR－V2X 在 2018 年 7 月才启动立项，相关技术的专利大部分还未公布，或者提前公布的绝大部分与 NR－V2X 技术不相关，因此，检索到的专利数非常少，对深入研究造成极大的困难。

3. 通过标准提案研判未来竞争态势

由于 NR－V2X 技术是源于 3GPP 的提案，而伴随立项、提案、生成研究报告 TR（具体流程参见图 6－39），通过提案以及最后形成标准 TS 文件，各个通信巨头都会在这一过程中进行专利布局，一旦提案的方案写入最后的标准 TS 文件中，该专利就成为标准必要专利，有些通信创新主体在提交提案前往往会提交专利申请进行专利布局，抢占先机。因此，提案在很大程度上可以反映专利竞争态势。

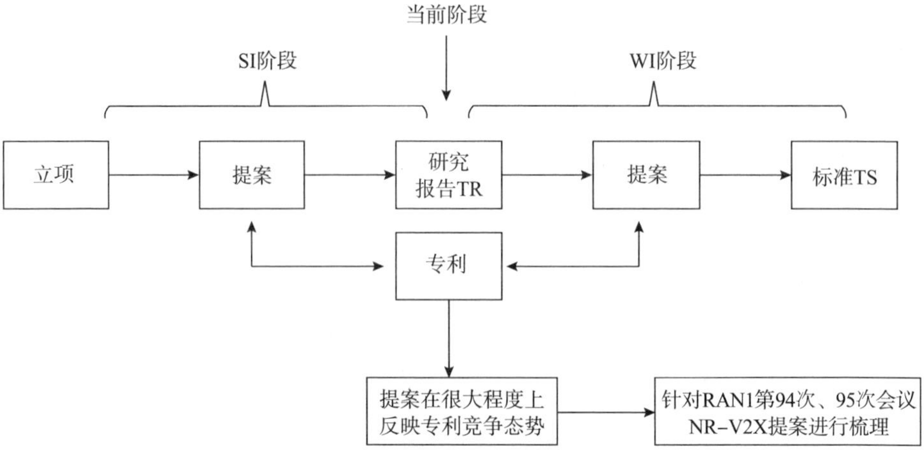

图 6-39　提案与专利布局的关系示意图

那么针对这一特性，我们首先找到与 NR-V2X 技术相关技术组所开的会议，即对 RAN1 第 94 次、第 95 次会议所提交的提案进行梳理，对与 NR-V2X 相关的技术内容进行提炼，按照技术相关的主题内容进行分类整理，并将相关的提案制作成 Excel。

6.6.2　移动边缘计算专利竞争态势分析

1. 移动边缘计算可有效提高网络带宽并降低低延时

ACEE 白皮书中预测，截至 2025 年，网联汽车的数量将增至 1 亿辆，产值增至 1500 亿美元；相应地，未来移动载具的服务需要在车辆与云之间传输的数据每月可达 10EB（2^{30}GB）。采用传统网络，核心网将难以支撑网联车辆产生的庞大数据量的传输与计算。同时，网联汽车与驾驶相关的服务通常具有极高的时间敏感性，响应时间通常需要被控制在 10～20ms，个别服务甚至需要 5ms 以下的响应时间。

传统网络需要将车载终端的指令与数据上传至核心网进行计算后，再将计算结果回传至车载终端，其频繁的传输过程可能导致核心网的通信链路负载过大，从而引起网络阻塞，同时，突发的大量计算需求还会加重核心网计算资源的负担，使其无法及时执行计算并响应，如图 6-40 所示。同时，由于核心网通常远离车载终端，两者之间的物理距离使信号上传/回传的时间难以被压缩到一个可接受的范围内。

移动边缘计算正是为解决上述难题而提出的。MEC 系统部署于无线接入网与移动核心网之间，在地理位置上邻近于车载移动终端，通过任务本地分流的方式，可以规避上行/回传线路过长的问题，降低核心网负载，从而达成

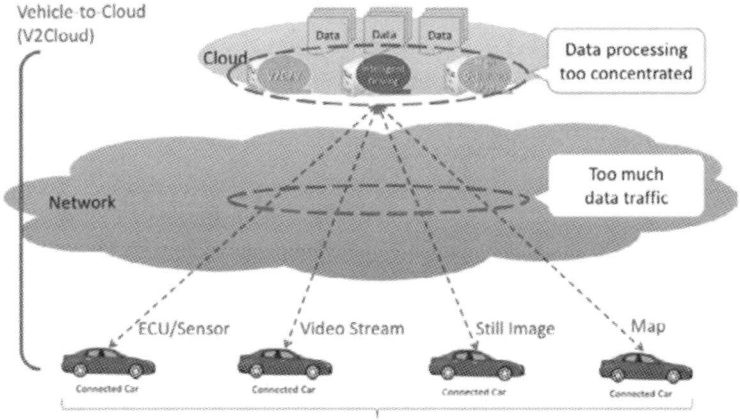

图 6－40　传统核心网中的网联汽车服务

极低时延的服务响应。同时，单个本地设备所对应的车载移动终端数量相对较少，可更灵活地动态分配传输、计算、缓存资源，从而满足各种各样车载应用对网络所提出的不同需求，达成更加个性化、更高用户体验的数据服务。

2. 基础性网络技术和应用性能优化技术分别代表当前和未来的发展方向

为了将移动边缘计算应用于车载终端，现有技术还存在多个待解决的难点。总体而言，相应的研究方向可分为从无到有构建一个可用网络环境的基础性网络技术，以及进一步优化服务性能的应用性能优化技术。

以前述的汽车队列行驶技术为例，在行驶过程中，为了及时获取车辆附近位于行驶路线上的红绿灯信息，可以为每个路口信号灯都设置一个相应的 RSU，用来向一定范围内的车辆广播信号灯信息，以使得车辆队列及时掌握路线状况，合理规划行驶速度，并在红灯处提前减速，降低交通事故的发生的可能，如图 6－41 所示。

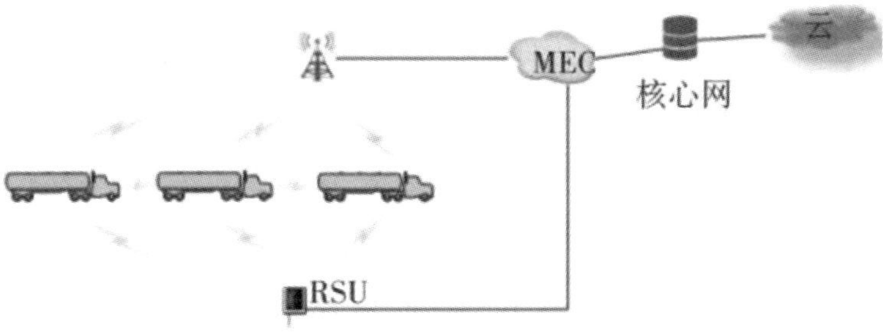

图 6－41　基于 MEC 的队列行驶

较高成本的 MEC 服务器作为核心节点，可以处理较大范围内的数据，而低成本的 RSU 则在较小的区域内可以提供相对单一的服务，结合大量 AP，就能为车辆提供移动边缘计算所需的网络环境，这样的基础设施建设问题可称为与网联汽车相关的移动边缘计算的网络架构技术。

在基础设施及相应的基础网络协议准备充分后，还存在一个与普通移动边缘计算存在差异的问题。相较于普通的移动终端，车辆常处于高速移动状态，其可能频繁地离开当前 RSU 或 MEC 服务器的范围，进入另外网络设备的服务范围，从而导致高频的链接切换，这样的切换会令车载终端短暂离线，原先基础设施所计算的结果或缓存的资源，也将难以继续传输至车载终端。站位于用户的角度，这样的网络显得十分不稳定且难以下载大量资源或进行复杂计算。为了使高速行驶的车辆能够正常接入网络的技术，称为移动性管理技术（见图 6－42）。

上述网络架构和移动性管理技术所组成的基础性网络技术，可以为汽车提供基础的网络接入能力，是与网联汽车相关的移动边缘计算实现的基础，也是现阶段相关研究的主要着眼点。

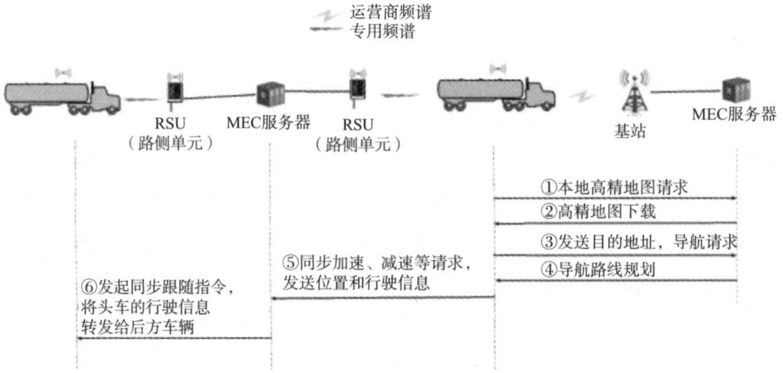

图 6－42　基于 MEC 的队列行驶的通信过程

在基础性网络技术的基础上，为了充分利用基础设施的计算、存储资源，还需要对相关软件技术进行优化，这些技术可统称为应用性能优化技术。其中，面临的技术问题主要有任务编排、缓存策略、任务分流和安全性问题。

综上，与网联汽车相关的移动边缘计算当前的核心研究方向是基础性网络技术中的网络架构技术和移动性管理技术，而面向未来新型的车载服务，还需要研究应用性能优化技术，其主要包含任务编排技术、任务分流技术、缓存策略和安全性技术。

3. 基础性网络技术是当前布局重点

与网联汽车相关的移动边缘计算相关专利，包含硬件设施、网络规则、任务分解、加解密等各种相关技术，使得相关专利相当一部分不在标题、摘要和权利要求中体现 V2X、车联网、MEC、边缘计算、RSU 等技术名词。因此，除摘要库外，还结合本领域重要申请人检索全文库，并进行人工筛选，最终共检索得到相关专利49件，各领域专利分布如表6－16所示。

表6－16 网联汽车相关的移动边缘计算技术分支申请

移动边缘计算	申请量/项
移动性管理	20
网络架构	13
任务分流	9
安全性	4
缓存策略	2
任务编排	0

目前与网联汽车相关的移动边缘计算的相关技术还不成熟，相关基础设施还处于实验阶段。体现在专利数据中，基础性网络技术占据申请量的大半，而进一步的应用性能优化技术则相对较少。上述数据也佐证了基础性网络技术是当前的研究热点。

6.7 结论和建议

6.7.1 结论

（1）在单车智能阶段，决策控制方法是该阶段的核心技术，决策控制方法也经历了两个发展阶段，分别是基于简单规则的决策控制和基于机器学习的决策控制，在基于简单规则的决策控制阶段，相当数量的申请日早、保护范围大、难以绕开的基础性专利还处于有效状态，而且在全球范围内该领域已经发生过诉讼，这些专利主要被国外汽车企业和零配件厂商掌握；在前方碰撞预警和紧急自动刹车两大碰撞避免关键技术方面，存在相当数量的有效专利被国外企业所掌握。

（2）在基于机器学习的决策控制阶段，我国互联网企业迅速崛起，无论从产业动态还是专利竞争态势来看，百度都紧紧跟随行业领头羊，未现明显落后。但我国汽车企业专利布局非常少，基于机器学习的智能决策控制算法全球及国内主要申请人排名前十的创新主体中均未出现我国汽车企业，从中可以看出，在基于机器学习的决策控制阶段，我国汽车企业仍然处于落后状态。

（3）在网络辅助阶段，网络向车辆提供辅助性的信息帮助其进行决策控制，在该阶段关键技术是 LTE－V2X，从 LTE－V2X 的关键技术分支 PC5 接口的专利竞争态势分析来看，虽然在D2D阶段，核心专利几乎被高通垄断，但我国通信企业华为、中兴、大唐在后续的R14、R15阶段明显加大了核心专利的布局力度，具备一定优势，在R14阶段和R15阶段的核心专利我国占比分别达到22%和44%。这体现出我国通信企业在国际标准指定中的竞争力和话语权有了明显的提升。

（4）在车网融合阶段，当前已公开的专利文献较少，但从3GPP提案的情况来看，我国企业延续了在LTE阶段的势头，我国企业NR V2X的标准提案占比达到41%。由于创新主体在提案前往往都会申请相应的专利，基于提案情况下的风险，预期我国企业在NR－V2X方面专利风险可控，具备一定优势。

（5）在车联网边缘计算方面，目前公开的专利文献也比较少，大多集中在基础的网络架构和移动性管理两个基础性技术分支，而后续的应用性能的优化分支专利文献非常少。从基础性技术专利布局情况来看，国外企业已经提前抢占部分基础性专利，我国可采取包围策略进行风险规避。而在后续的优化性技术上，通过对专利文献与学术论文进行梳理发现，我国企业、高校具备一定的实力，而且研究方向也比较接近，具备良好的合作基础。

6.7.2 建议

（1）汽车企业搭建自动驾驶大数据平台，与国内互联网、通信企业达成合作实现多赢。从国外汽车巨头的动态可以发现，奔驰、丰田、通用近年来均纷纷通过收购、自主研发等方式建立起自身的大数据平台。这是因为自动驾驶大数据对于提升机器学习算法准确性具有重要的作用，由于汽车企业掌握了车辆的相关信息，获得用于自动驾驶的大数据具备天生优势。如果互联网企业、通信企业要发展自动驾驶汽车，大数据是必不可少的。因此，建议我国汽车企业应尽快建立用户自动驾驶的大数据平台，基于大数据与国内的互联网、通信企业进行合作，补齐技术短板、降低许可成本，实现多赢。

（2）建议我国政府采取推动V2X在中国的规模应用形成示范效应，拉拢全球产业链，借助产业界的力量影响国外政府的决策，最终实现V2X全球商用部署。具体包括以下三大措施：一是相关部委、各地示范区明确V2X作为首选网络标准，形成明确政策导向；二是加快基于V2X的道路基础设施建设，邀请全球芯片、网络设备商加入；三是向国外汽车企业发放自动驾驶路测牌照，并明确要求支持V2X。

（3）我国通信企业在V2X标准必要专利方面具备较强的实力，应当继续加大V2X核心专利布局力度。同时对于新兴的移动边缘计算技术，对于国外企业掌握的早期基础性专利可以通过围栏式布局等策略规避MEC风险，而对

于后期可能的热点 - 优化型技术，建议联合国内创新主体积极布局。

（4）我国互联网企业如百度在基于机器学习的决策控制方法与行业领头羊相比并无明显劣势，继续加大基于机器学习的控制决策方法投入力度，力争实现对行业领头羊追赶甚至反超。

7

窄带物联网关键技术*

窄带物联网（Narrow Band Internet of Things，NB－IoT）是5G时代蜂窝网络产业应对万物互联的关键技术。作为低功耗广域网技术的重要技术分支，NB－IoT技术通过改进现有LTE协议和优化信令流程，能够实现低功耗、低成本、广覆盖和大连接等目标，被广泛应用于市政管理、智能交通、智慧生活等领域。

作为5G重要组成部分，NB－IoT受到各国重视。目前，全球已经有45个运营商部署NB－IoT商用网络，激活站点数超过100万。未来5年内，业内预计全球蜂窝物联网连接数将达50亿个，NB－IoT占比将超过40%。中国NB－IoT经历了从萌芽到快速发展过程，目前正走向商用化的快速推广阶段。随着5G商用化的不断加快，我国窄带物联网迎来前所未有的发展机遇。国内运营商陆续完成全球规模最大的NB－IoT网络建设。中国联通已经确立以

---

* 本章节选自2018年度国家知识产权局专利分析和预警项目《5G核心技术——窄带物联网专利分析和预警研究报告》。

（1）项目课题组成员：魏保志（负责人）、陈燕（负责人）、周胜生（组长）、孙全亮（组长）、王力维（副组长）、刘庆琳（副组长）、王智勇、张玉、肖东、曲丹、陈馨、侯浩通、高伟、刘慧丽、樊星、杨祖国、彭桃。

（2）主要撰稿人：王智勇、王力维、张玉、肖东、曲丹、陈馨、侯浩通、高伟、刘慧丽、樊星、彭桃。

（3）专利分析指导：彭桃、王智勇、杨祖国。

（4）项目管理：彭桃。

（5）研究组织与质量控制：魏保志、陈燕、周胜生、孙全亮。

（6）主要统稿人：周胜生、王力维、肖东、张玉。

（7）审稿人：魏保志、陈燕。

（8）课题联系人：王力维、肖东。

（9）本章执笔人：周胜生、王力维、曲丹、侯浩通、陈馨。

NB－IoT 技术作为未来物联网建设的主要标准，将在全国 300 个城市实现 NB－IoT 覆盖。工信部对 NB－IoT 出台了具体规划，计划在 2020 年 NB－IoT 基站规模达到 150 万个，连接总数超过 6 亿个。

7.1 全球窄带物联网专利态势分析

7.1.1 专利申请趋势分析

1. 申请趋势

为了明确 NB－IoT 整体以及国内外的专利申请历史发展情况，我们将采集到的数据区分为国内和国外专利申请，并对专利申请数据量按年度进行统计分析，如图 7－1 所示。

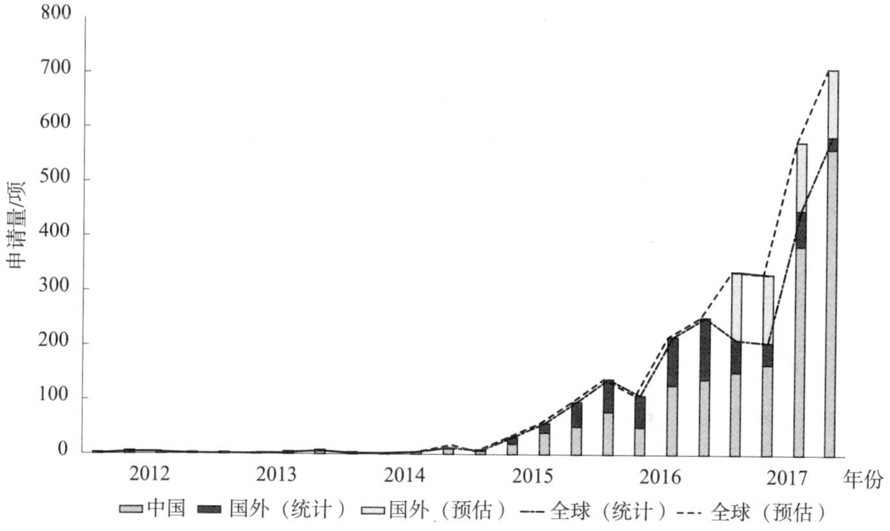

图 7－1 NB－IoT 全球专利申请趋势

可以看出，NB－IoT 领域全球申请量总体呈增长态势，大体经历了萌芽阶段（2012～2014 年）和快速增长阶段（2015 年至今）两个阶段。2012 年出现最早的 NB－IoT 相关专利，随着 3GPP 标准的冻结，核心架构的技术研发已基本完成，其应用领域逐渐扩展，技术吸引力开始显现，NB－IoT 的申请量呈指数趋势增长，截至 2018 年专利申请总量已达到 2879 项。从 2015 年起，中国研发主体快速关注 NB－IoT 技术，中国专利申请出现爆发式增加，并在 2017 年全年申请量突破 1200 项，年均增长率达到 100% 以上。目前，中国申请量 2401 项，占全球申请总量的 65%，申请态势继续活跃。

2. 技术产出和布局

从图 7－2 中可以看出，全球申请的主要来源国或地区为中国、美国、韩国、日本和欧洲。其中，超过半数的专利申请来自中国申请人，中国在 2012 ~ 2016 年均占据申请量的领先优势；位列第二的美国申请专利占比 17%；韩国、日本、欧洲专利布局数量接近，各占比 10% 左右；以中、日、韩为首的亚洲申请占据全球申请总量的 74%，体现了亚洲国家在通信行业的技术积累和科研水平。

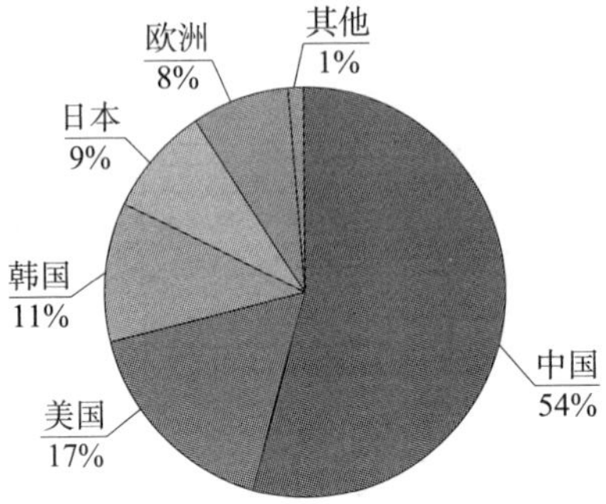

图 7 – 2　NB – IoT 全球专利申请来源国/地区占比

从图 7 – 3 来看，中国是全球申请的热门地区，占据全球申请目的地的 41%，其次是欧洲和美国，占比分别为 8%、7%，紧跟其后的韩国、日本占比相似，分别为 6% 和 3%，与中国差距明显。可以看出，中国是 NB – IoT 技术最大的目标市场国。另外，由于 NB – IoT 技术是 2015 年 9 月以后提出的概念，全球申请的专利中有部分 PCT 申请只是提交到了 PCT 国际申请，没有指定进入任何国家，可见 NB – IoT 技术的主要拥有者也在关注全球市场的前景，根据市场和战略需要择机进入相关目的地国家的战略布局，反映出全球 NB – IoT 业务的市场尚未成熟，或存在与其他技术博弈的可能性。

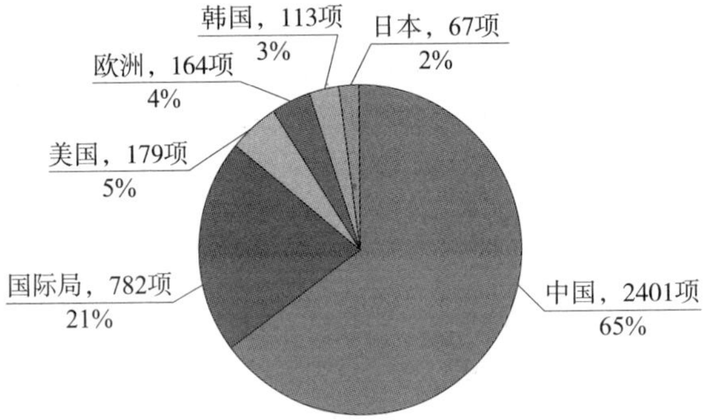

图 7 – 3　NB – IoT 全球专利申请主要目的国/地区占比

7.1.2 申请人分析

图7－4展示了NB－IoT全球主要申请人的专利申请量排名，排名前10位的申请人中有9位属于传统通信巨头，虽然传统通信巨头占据优势，但各企业申请量较为均衡，未有一家公司能够占据完全垄断的地位。具体来看，中兴公司表现突出，以申请量130项位居第一，高通公司以115项紧随其后。相对来说，产业链中下游企业专利实力较弱，仅有福建强闽公司入围前十，且申请质量不高，体现出国内中下游中小企业的专利质量仍与国外企业存在一定差距。

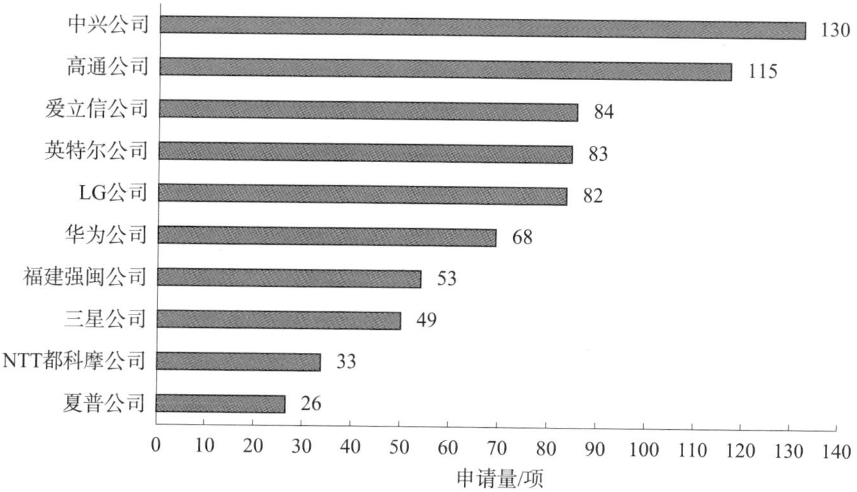

图7－4 NB－IoT全球主要专利申请人申请排名

7.1.3 支撑技术专利构成

支撑技术是NB－IoT的核心技术，目前有关核心架构的技术研发已基本完成。全球专利申请中支撑技术专利和应用技术专利的占比分别为42%和58%。其中，支撑技术是应用技术的基础，应用技术实施时无法绕开支撑技术，因而支撑技术相对处于较为重要的地位，属于全球各大企业研发的重点，国外申请人持有专利的99%都属于支撑技术分支专利，而应用技术专利绝大多数由国内申请人申请。因此，为提高可比性，在本节的全球格局分析中选取支撑技术分支作为分析对象。

1. 支撑技术分解

窄带物联网支撑技术层各级技术分支如表7－1所示。

表 7-1 窄带物联网支撑技术分解

一级分支	二级分支	三级分支
支撑技术层	硬件结构	①网元的删除；②网元的增加；③现有网元/硬件的优化；④其他
	物理链路	①同步信号；②参考信号（DMRS）；③控制信道（PDCCH）；④控制信道（NPDCCH）；⑤数据信道（PDSCH）；⑥数据信道（NPDSCH）；⑦数据信道（PUSCH）；⑧数据信道（NPUSCH）；⑨随机接入信道（PRACH）；⑩调制方式；⑪空口；⑫其他
	关键过程	①随机接入；②切换；③漫游；④路由器管理；⑤空闲态/连接态；⑥寻呼；⑦小区重选；⑧定位；⑨安全；⑩接纳控制；⑪多载波处理；⑫系统消息；⑬空口协议；⑭RAT 选择；⑮其他
	射频指标分析	①共存分析；②基站射频指标；③用户设备射频指标；④其他

2. 支撑技术专利构成

专利检索显示，截至 2018 年 7 月，全球支撑技术层共申请专利 1198 项，占窄带物联网专利比重的 42%。全球支撑技术的第一件专利申请于 2012 年，此后一直保持平稳，直到 2015 年才开始快速增长，如图 7-5 所示。中国是全球最大的技术来源国和目标市场国。对专利的技术分布分析结果显示，物理链路和关键过程属于国内外重点布局的技术方向，也是 3GPP 标准化进程中布局最早、最基础的技术，如图 7-6 所示。涉及芯片、模组、网络结构等硬件类技术方案的专利归类于硬件结构二级分支，主要是对窄带物联网网络

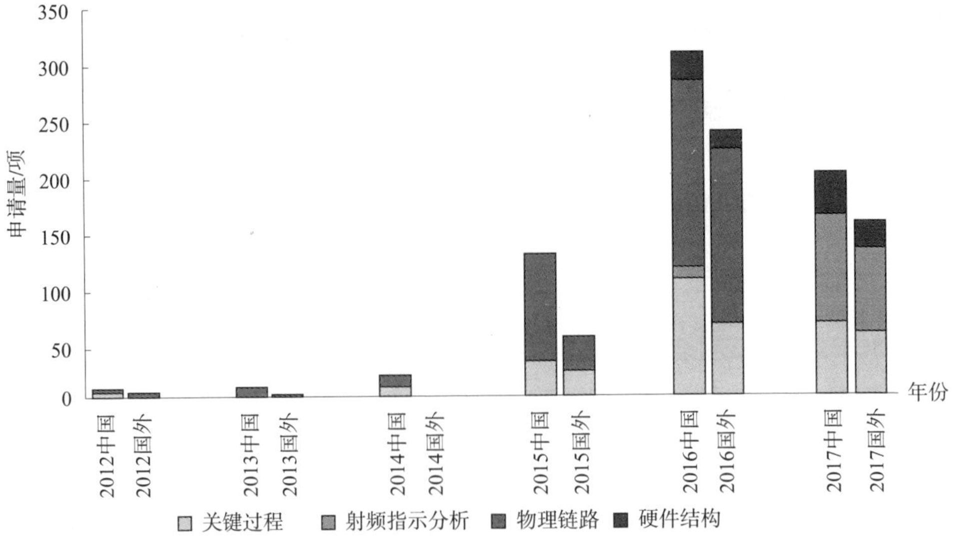

图 7-5 支撑技术层二级分支国内外专利申请总体态势

结构和网元的增加和优化。相对而言，与产品测试相关的射频指标分析技术分支的相关专利较少，预计未来随着产品的不断落地，申请量将有所增长。以下重点对物理链路和关键过程两个分支进行分析。

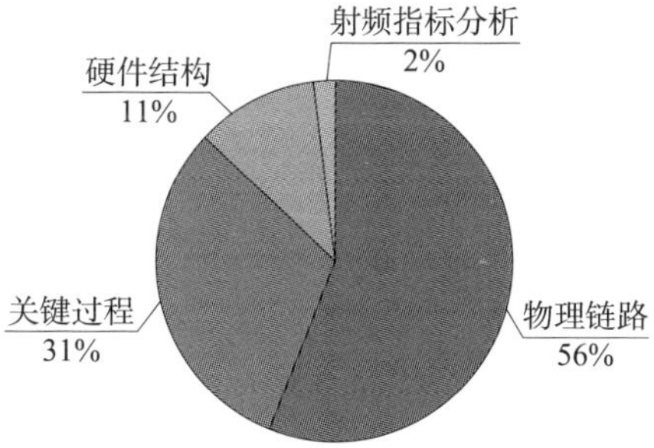

图7-6 支撑技术二级技术分支专利申请占比

（1）物理链路。

物理链路是支撑技术的改进重点，目前技术及国际标准开发已基本成型。物理链路关乎窄带物联网上行链路传输的可靠性和吞吐量性能，在专利布局中也占据重要地位，物理链路以672项专利申请占整个支撑技术专利的56%，专利布局数量在所有分支中排名第一。其中，中国申请量占物理链路专利申请总量的41%，数量优势明显；美国、韩国申请量分列第二、第三位，且专利质量普遍较高，尤其在标准必要专利的布局中优势地位明显。

对于物理链路的各关键技术，在同步信号方面，各专利申请人先后在序列设计、提高定位精度、降低干扰等方面进行研发和专利布局；在参考信号与同步信号方面，信号设计以及提高定位精度、减少误码率属于布局热点；在随机接入信道方面，帧结构和传输模式设计、用户终端专用信息配置属于专利布局热点；在控制信道方面，申请人围绕信号设计、调度方案改进进行专利布局；在数据信道技术演进中，申请人先后围绕数据信道的基础元素以及安全、有效性等方面进行专利布局；在调制方式方面，专利布局热点是资源分配、块设置、休眠等。

（2）关键过程。

关键过程分支中国申请优势明显，国外专利布局未形成专利壁垒。与物理链路技术分支类似，中国申请量优势同样明显，以176项专利申请占到全球关键过程分支专利份额的47%，大于美、欧、日、韩的申请总量。在关键过程三级分支中，随机接入、寻呼、多载波处理、小区选择和重选所占比例较高，占比均超过10%。伴随着标准的开发，在后标准中涉及的定位和接纳控制技术分支专利申请也已经有一定量的积累。相对来说，安全、空闲态/连接态、切换、RAT 选择、系统消息、漫游和空口协议等技术分支的申请量较小，国外申请人的重要专利布局不多，这与 3GPP 标准的演进进度相吻合。

对于关键过程的各关键技术，在随机接入方面，申请人主要围绕提高资源利用率和降低功耗两大问题，在调度、优先级设置、索引信息等角度提出相关解决方案；空闲态/连接态方面，布局热点是参数配置、频点选择、中断检测与传输方案选择、网络制式自适应；在寻呼方面，各申请人重点在能耗、资源分配、寻呼信息辅助等方面进行改进；在小区重选方向上，布局热点是载频确定、资源利用率、上报成功率、能耗控制等方向；定位技术属于近期的申请人布局热点，各申请人分别从频谱利用率、网络使用效率、定位精度、检测效率等方面提交相关申请；在安全技术方面，相关 3GPP 标准的开发从 2015 年起进行开发，各申请人自 2014 年起便有相关申请布局，主要围绕数据安全、数据通道安全、AS 层安全进行；在接纳控制技术方面，国内外申请人对接纳控制方法给出多种解决方案；在多载波处理技术上，各申请人对子载波的配置和实现功能进行探索。

7.2 中国窄带物联网专利态势分析

7.2.1 专利申请趋势分析

图 7 -7 展示了 NB - IoT 在中国的专利申请趋势。可以看出，与全球类似，都是伴随着 3GPP 标准的开发，申请量自 2015 年开始进入快速发展期。截至 2017 年，在华申请总量为 1941 件。其中，2017 年在华申请总量为 1295 件。实用新型专利约占比 45%，为 583 件；应用技术分支专利占比 84%，为 1088 件。

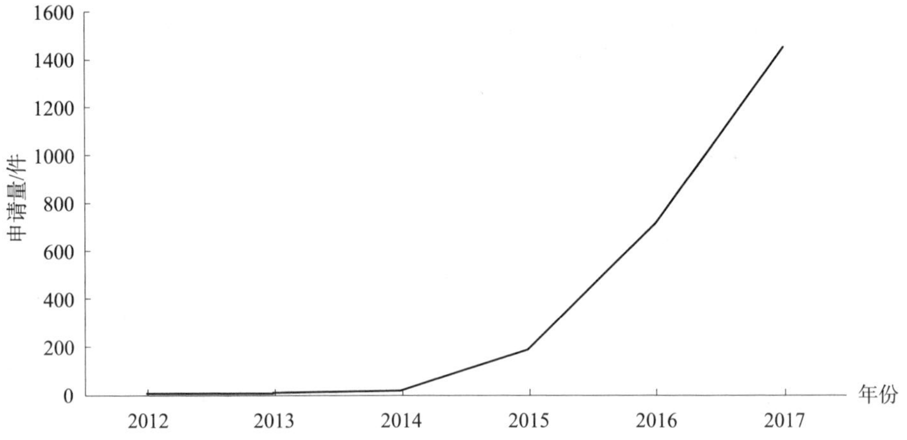

图 7 -7 NB - IoT 中国专利申请趋势

国内申请人是 NB－IoT 领域发明专利在华申请的主力，2017 年中国申请人的发明专利申请量占比在华发明专利申请总量的 78%（排除实用新型专利申请），申请量为 555 件。韩、美、日申请人在华申请量较为近似，均在 50 件左右。研究发现，相当数量的 PCT 申请目前仅处于国际公开阶段，暂时没有指定进入国家，根据市场和战略需要择机进入中国的可能性也非常大。

7.2.2 申请人分析

图 7－8 示出了 NB－IoT 在华申请的主要申请人分布情况，排名前 10 位的申请人中有 9 位属于传统通信巨头，对照图 7－5，可以看出，重视底层核心网技术研发的国内企业同样重视海外市场专利布局，如中兴公司、华为公司的申请近半数为海外申请，体现出上述公司的目标市场更广，海外知识产权防范意识更强，专利价值度相对更高。相对地，专利申请为应用技术层的申请人大多数申请为国内申请，例如福建强闽公司的所有申请均为国内申请，反映出国内申请人缺乏全球专利布局意识。除中兴、华为等大公司外，其他中小企业的专利申请主要布局于应用技术分支，且全球应用技术层 99% 都是中国申请，因此，本节重点对在华申请的应用技术分支进行分析。

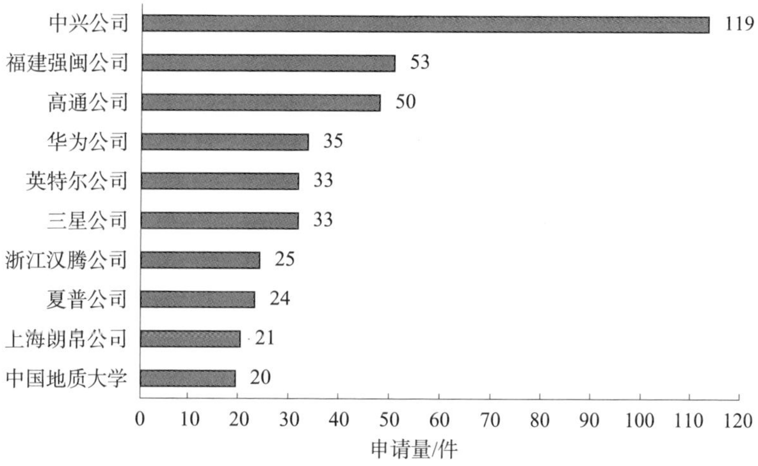

图 7－8 NB－IoT 在华主要专利申请人申请量排名

7.2.3 应用技术专利构成

NB－IoT 应用技术层共申请专利 1676 项，其中中国市场有 1669 项。应用技术分支中实用新型专利占比约 44%，且绝大多数来源于国内中小企业申请人。这一方面说明我国在 NB－IoT 领域产业化程度较好，另一方面也体现出中小企业科研程度较低。在本节的重点专利分布及演进路线介绍中，对应用技术分支进行重点介绍。

1. 应用技术分解

窄带物联网应用技术层各级技术分支如表7－2所示。

表7－2　窄带物联网应用技术分支分解

一级分支	二级分支	三级分支
应用技术层	市政管理	①智能抄表；②智能井盖；③智能路灯；④智能环卫；⑤智能消防栓；⑥安全监测（烟感器等）；⑦灾害预防；⑧环境监测；⑨环境参数采集；⑩线路监测；⑪智能垃圾桶；⑫智能广告牌；⑬区域管理；⑭智慧公园
	企业管理	①设备管理；②设备控制；③环境参数采集；④环境监控；⑤人员管理；⑥加工流程；⑦安防；⑧报警
	智慧交通	①停车；②车锁；③车联网；④路轨检测；⑤车辆管理；⑥物流管理；⑦交通工具监测；⑧智能部件；⑨计费支付
	智慧农业	①环境监测；②安全监控；③物流管理；④智慧种植；⑤试剂；⑥智能灌溉；⑦智慧大棚；⑧智能育种；⑨智能养殖；⑩智慧农机；⑪智能储运；⑫食品加工
	智慧生活	①智慧家电；②穿戴设备；③孩童跟踪；④宠物跟踪；⑤智慧门锁；⑥环境监测；⑦资产定位跟踪；⑧智能安防；⑨报警装置；⑩智慧商业；⑪疾病诊断；⑫智能电梯；⑬教学教育；⑭监护；⑮医疗

2. 应用技术专利构成

图7－9反映了应用技术分支的二级分支构成比例。窄带物联网技术应用专利申请主要包括市政管理、智慧生活、智慧交通、企业管理、智慧农业五个方面。其中，市政管理是全球窄带物联网技术应用中申请量最大的应用场景，以智能抄表为主的市政管理，能够为用户和后台服务器系统之间提供双向通信功能，不仅可以测量、收集、存储、分析和运用用户对水、电、气、热等能源的使用情况，也可以向用户提供分时计价信息和远程切断供应服务，还可以对消费者使用的水、电、气、热等数据进行大数据分析。本节选择窄带物联网商用实现和专利布局的热点领域，市政管理和智慧生活应用技术分支作为重点技术分支进行分析，得到该技术分支下的专利分布和技术演进路线。

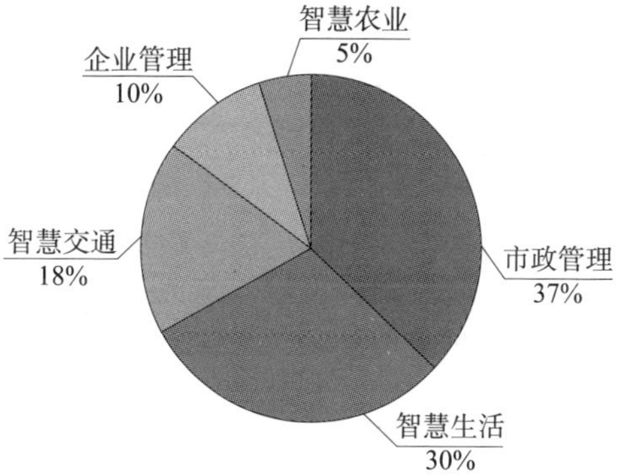

图 7-9 应用技术层各三级技术分支占比

专利数据显示，近年来，窄带物联网技术发展的方向逐渐由具体连接方式和数据的传输，转为大数据的后续处理方法及更丰富的设备控制方法。其中，市政管理领域，2013 年的专利集中在智能抄表组网方面，而 2017 年之后的专利主要类别是大数据的后台处理，以及更多角度更加复杂的控制、检测系统；在智慧生活领域，2010 年、2011 年的专利涉及具体模块，2016 年后的专利涉及的则是各类具体设备的交互控制、管理、数据获取方法以及用户的身份认证方法。在智能交通领域，专利由 2011 年简单将图像数据上传到服务器，发展为近期的采用多个传感器对载具周围环境进行检测以向使用者提供辅助数据；智慧农业领域的技术发展点较为发散，体现了较强的可发展性，分别向能耗控制、安全保障及质量检测方面发展；在企业管理领域，技术发展的主题向减少系统能耗的方面发展。

经分析发现，在应用技术层方面较为活跃的申请人以中小企业为主，技术实力不足，大部分应用技术层专利未体现出底层技术对具体应用领域的支撑，研发重点仍停留在改变应用场景和非核心手段的替换方案，各专利之间的相似性较大，布局分散。应用技术层专利是连接底层技术与市场产品的必然布局，既需要底层技术的支撑，也是各类产品发挥正常功能所必需的。中小企业应加强对新型应用场景的开发和对已有应用领域的挖掘，从用户角度出发，根据应用场景的特点，对底层技术进行有针对性的改进，进行全方位专利布局，争取用户端主动权。

7.3 重要专利分析

7.3.1 重要专利定义和筛选

1. 重要专利定义

窄带物联网属于新兴技术，专利申请信息中通常缺少引用频次、同族专利等常规指标，笔者从解决关键技术问题、提高关键性能指标的角度选取重要专利。本节将解决相关领域关键技术问题、提高关键性能指标的专利定义为重要专利。

2. 重要专利分析

作为窄带物联网协议的底层技术，物理链路是终端和接入网连接的基础，该技术处于底层，难以绕开的特点使得其成为侵权诉讼高发的领域，因此也一直是各大通信企业关注的重点。综上，本节选取物理链路领域中的关键技术同步信号和参考信号，对其重要专利进行分析。

（1）同步信号。

主/辅同步信号序列设计以及提高定位精度、降低干扰属于同步信号技术领域的关键技术问题。为解决上述问题，各申请人先后提出多种解决方案。

高通公司积极参与同步信号的设计工作，其在 2016 年 8 月 30 日申请的 WO2017053024A 中指出采用锚定 RB 来传输同步信号，在 2016 年 8 月 25 日申请的 WO2017078827A 中，对 PSS 信号的设计进行规定。

2015 年，华为提出一种多路物理信道传输方法，该方案可以解决由于窄带系统带宽有限，终端处于低移速场景抵抗深衰落性能差，使用单信道传输可靠性难以保障的问题。同年，朗帛公司提出一种窄带无线传输的方法和装置，可以解决 PSS、SSS 及 PBCH 的发送方式的问题。

英特尔公司在 2015 年提出一种用于窄带 LTE 部署的同步信号和信道结构，用户设备（UE）通过窄带（NB）长期演进（LTE）系统来提供机器类型通信（MTC），该系统具有在 180 ~ 200kHz 范围内的下行链路传输带宽。

2016 年，为实现高效同步，高通提出一种新的同步信号的设计方案（WO2016144420A），基站生成同步信号并将其发送至同步信道（例如，周期性地广播同步信道），同时 UE 可以获取同步信息的重复检测的同步信号。另外，高通还提出一种新的辅同步信号设计方案（CN107771407A），在无线设备处，确定作为该无线设备的物理设备 ID 和同步信道索引的伪随机函数的逻辑标识符（ID），该同步信道索引对应于无线帧中定期重复的同步信道的实例。

同年，中兴也提出一种同步信号传输方法，基站向终端周期重复发送同步信号，在一个重复周期内，该同步信号在一个或者多个子帧上的多个正交频分复用技术 OFDM 符号对应的时间上发送。

2017 年，为进一步优化系统性能，爱立信提出一种降低采样率的方案（CN108605304A），确定在前一参考定时与当前参考定时之间的定时差异。

（2）参考信号。

参考信号技术领域的关键技术问题是参考信号的设计以及提高定位精度、减少误码率。对此，多家通信企业提出多种解决方案并进行专利布局。

2015 年，中兴提出天线端口数量配置方案，方案采用基站在预定义和/或所述基站配置的第一时频资源上通过 N 个天线端口发送第一参考信号。

同年，朗帛也提出一种参考信号设计方案，UE 接收下行信号，所述下行信号在一个时间窗中所占用的带宽小于或者等于 180kHz、指示第一目标位置、包括高层信令，可以减少小区间干扰，提高信道估计性能，降低上行 RS 的冗余。

2016 年，出于降低误码率的考虑，华为提出一种信号的传输方法和终端设备解决方案，方案通过第一系统的第一参数信息和第二系统的第二参数信息，判断第一系统和第二系统的侧行同步信号的资源是否相同。若相同，则通过增加解调参考信号的时域密度，即减少解调参考信号之间间隔的符号个数有效减小接收端的误码率。

同年，中兴提出一种载波调度参考信号的设计方案，方案通过生成第一时频单元内待发送的上行解调参考信号，将该上行解调参考信号映射到第一时频单元的第一时频位置中，发送所述第一时频单元上行解调参考信号和该上行解调参考信号对应的上行数据，可以解决现有技术中上行解调参考信号无法以子载波为调度单位进行发送的问题。

2017 年，高通先后在调制解调方法和定位参考信号方面开展研发，提出多种解决方案以期进一步提高系统性能。其中，一种方案（CN108604972A）给出一种用于由用户装备（UE）进行无线通信的方法。该方法包括：确定至少一个二进制码序列以用作使用被分配给该 UE 以用于窄带通信的资源块（RB）内的一个或多个频调来跨一个或多个子帧传送的信道的解调参考信号（DMRS），其中该二进制码序列是基于二进制随机序列来确定的；使用该一个或多个频调和所确定的二进制码序列来传送包括该 DMRS 的该信道。另一种方案（TW201742503A）基于下行链路（DL）的定位参考信号（PRS）技术和基于上行链路（UL）的定位参考信号（PRS）技术，包括以下步骤：监测在更宽系统频宽中的窄频区域中，从一或多个基地站传输的定位参考信号（PRS），其中 PRS 的音调跨度下文中的至少一项进行重复：同一子讯框中的多个符号，或多个连续子讯框；基于该 PRS，估计来自该一或多个基地站的时序。

7.3.2 潜在标准必要专利定义和筛选

1. 潜在标准必要专利定义

NB－IoT 是 3GPP 标准组织制定的技术，其遵守 3GPP 标准规范。对于窄带物联网技术，由于其主要是在现有 LTE 网络上进行的改进，所以在制定该技术的相关标准时，是在现有 LTE 标准的基础上进行改进的方式进行的，即在LTE相关的技术规范（TS）文本中加入窄带物联网相应的章节来实现。涉及窄带物联网技术的技术规范有TS 23.401、TS 23.682、TS 23.251、TS 33.401、TS 36.101、TS 36.104、TS 36.122、TS 36.133、TS 36.201、TS 36.211、TS 36.212、TS 36.213、TS 36.214、TS 36.300、TS 36.306、TS 36.321、TS 36.331、TS 36.455和TS 36.459。

如果一项专利技术被纳入标准，其可称为标准必要专利（Standard - Essential Patent，SEP），由于技术标准的实施必须使用该专利技术，因此标准必要专利是本领域具有重大影响的专利，也是各大企业关注的重点。本节在对NB - IoT领域的3GPP标准进行详细梳理分析的基础上，根据该新兴技术领域专利绝大多数均处于未审结状态（未授权）的特点，筛选出已公开权利要求的保护范围与标准相关的专利，将这些可能构成标准必要专利的专利申请定义为"潜在标准必要专利"，将其作为重点专利进行分析。

基于以上定义，通过对应性分析和必要性分析，将该领域的已公开专利与全部19项标准规范进行逐一比对，判断权利要求的技术方案是否与实施标准相关，共筛选出69项潜在标准必要专利。

2. 潜在标准必要专利分析

物理链路涉及底层基础技术，物理链路分支的专利申请一旦成为标准必要专利，通常不会因为标准的修改而变成非标准必要专利，稳定性强，难以规避，价值较高。本节从物理链路下分的6个三级技术分支（同步信号、参考信号、数据信道、控制信道、随机接入信道和调制方式）所涵盖的重要潜在标准必要专利的布局情况进行分析。

（1）同步信号。

同步信号领域，各大企业主要的关注点在于传输窄带同步信号的频带选择，同步信号码序列和同步信号奇偶校验序列的确定。

其中，高通专利申请PCT/US2016/049364涉及同步信号发送的资源确定。在该专利中，高通明确传输窄带同步信号的资源块是特定资源块，并不是所有资源块都能传送窄带同步信号，首先选取特定资源块，然后通过特定的资源块进行同步信号的发送。该专利明确了窄带同步信号的基础性问题。在该专利的基础上，高通又针对同步信号的其他技术点进行布局，例如专利申请PCT/US2016/048973涉及同步信号码序列的确定，专利申请PCT/US2016/048406涉及同步信号奇偶校验序列的确定。

（2）参考信号。

在参考信号领域，选取传输参考信号的资源，确定参考信号的子帧位置是各大企业布局的重点。

高通在该领域的申请主要涉及参考信号传输资源的选择和参考信号进行

信道估计。专利申请 CN20168006××××主要涉及在参考信号传输的子帧选择问题，首先确定一个较宽的时域范围，将这个时域范围明确为传输窄带信号，并且，根据这个时域范围是否位于某个子帧，如果位于某个子帧，则确定采用该子帧传输参考信号。高通专利申请 PCT/2016/017711 涉及参考信号进行信道估计，基于集束式传输的集束长度来确定要在所述集束式传输中传送的附加参考信号的集合；然后基于确定结果来传送所述集束式传输、参考信号和所述附加参考信号。

中兴专利申请 CN20161008××××主要关注参考信号发送资源的选取，通过将具有传输所述系统数据能力的子帧定义为有效子帧，设置多种发送参考信号的方式，包括在所有有效子帧上发送所述参考信号，在所有有效子帧中的非组播广播单频网络 MBSFN 子帧和存在数据传输的 MBSFN 子帧上发送所述参考信号，在所有有效子帧中存在数据传输的子帧上发送所述参考信号，在所有有效子帧中预定义子帧和存在数据传输的非预定义子帧上发送所述参考信号。

LG 专利申请 PCT/KR2017/000108 涉及传输物理上行共享信道和解调参考信号的方法，设置包括用于 NB-IoT 上行传输的资源集合，采用资源集合中的资源进行物理上行共享信道传输，并且采用资源集合中的资源传输用于解调物理上行共享信道的解调参考信号来实现参考信号的发送。

（3）数据信道。

数据信道是专门用于传输业务数据的信道，包括物理上行共享信道和物理下行共享信道。窄带物联网的物理上行共享信道和物理下行共享信道相对 LTE 的改进较小。在该领域，各大企业的主要关注点在于控制信道和数据信道的复用，控制信道和数据信道的共存，以及确认/非确认信息的传输问题。

LG 专利申请 PCT/KR2016/015346 涉及窄带物联网用户设备在无线网络中传输 ACK/NACK 信息的方法，从网络侧接收 DCI，DCI 中包含用于指示传输 ACK/NACK 信息资源的信息，并且在指示的资源上将 ACK/NACK 信息传输到网络侧，并且 ACK/NACK 信息传输由 DCI 来触发。

诺基亚的专利申请 CN201680075932 涉及数据信道和控制信道的传输，解决数据信道和控制信道的共存问题，通过在配置的时间段内配置控制信道和数据信道划分模式；基于控制信道和数据信道划分模式与至少一个用户设备通信，控制信道包括至少一个控制区域。

（4）控制信道。

控制信道主要用于承载控制信息，目前窄带物联网只支持下行控制信道，还不支持上行控制信道。由于窄带物联网只支持一个 RPB，因此需要重新设计下行控制信道。在该领域，各大企业的主要关注点在于下行控制信道的调度、搜索空间的确定以及各种模式下控制信道兼容性的优化。

华为专利申请PCT/CN2016/09××××涉及控制信道的资源配置方法，通过设置起始位置偏移指示参数集合，基站从起始位置偏移指示参数集合中确定一个起始位置偏移指示参数，并向终端发送用来指示所述起始位置偏移指示参数的信息；终端根据起始位置偏移指示参数，确定控制信道的起始时间单元位置。华为专利申请CN20168007××××涉及寻呼消息传输方法，通过设置控制信道搜索空间周期的起始子帧，根据起始子帧的信息等确定寻呼时机，然后在寻呼时机上进行寻呼信息发送。

LG专利申请PCT/CN2016/073703涉及物理下行信道的发送方法，通过下行子帧或子帧内的下行链路导频时隙DwPTS向用户终端发送窄带物理下行控制信道NB-PDCCH；NB-PDCCH映射在NB-PDCCH映射基本单元上，并且NB-PDCCH映射基本单元在频率域上可以包括两个频段，在时间域上包括至少一个正交频分复用OFDM符号。

中兴专利申请CN20161087××××涉及控制信道搜索空间的确定，在该专利中明确终端确定窄带搜索空间位置；终端在确定的窄带搜索空间中检测窄带下行控制信道，其中，搜索空间在时域上以多个子帧或子帧集为单位，并且本专利中的搜索空间适用各种应用场景，例如带内Inband、保护带Guardband、独立使用频带Standalone以及各种覆盖类型。

（5）随机接入信道。

在随机接入信道领域，各大企业主要关注随机接入前导码序列设计符号组的跳频方式，随机接入信道的传输频点和调频等。

随机接入信道领域，华为专利申请CN20158006××××涉及随机接入信道和前导码的发送方式，通过基站配置基础频点和调频间隔，根据配置的基础频点和调频间隔确定随机接入信道的发送方式。华为专利申请PCT/CN2017/8××××涉及随机接入前导码发送，随机接入前导码由L个符号组组成，L为大于4的正整数，每相邻两个所述符号组之间都存在跳频，由网络侧指示随机接入前导码的格式；终端根据随机接入前导码的格式和预设规则，确定发送的随机接入前导码的频点。

爱立信专利申请CN201680069406中，提出适用于窄带物联网的随机接入前导码，生成包括两个或更多连续前导码符号群的单载波频分多址SC-FDMA随机接入前导码信号，每个前导码符号群包括占用所述SC-FDMA随机接入前导码信号单个副载波的循环前缀部分和多个同样符号。

（6）调制方式。

调制方式领域的潜在标准必要专利主要涉及TDD帧结构，TDD帧结构是2017年6月决定引入窄带物联网的。各大企业的主要关注点在于TDD子帧结构、信号传输方式确定以及 TDD 帧结构下上行共享信道传输方式。

高通专利申请 PCT/US2018/017610 涉及窄带物联网的 TDD 帧结构传输子帧确定，定义窄带时分复用帧结构，窄带时分复用帧从两个或多个连续下行子帧，或者一个或多个可用于上行或下行子帧的灵活中选取，采用时分复用子帧进行通信。高通专利申请 PCT/US2018/018417 主要涉及 TDD 传输上行共享信道的方法，为上行控制信道确定一种窄带物联网上行共享信道的格式，向设备分配至少一个确定的上行信道格式的上行资源块，并且根据分配的上行资源块进行上行共享信道传输。

LG 专利申请 PCT/KR2018/002016 涉及窄带无线通信系统中 TDD 帧结构下信号的传输方法，通过设定特定传输区域，在特定传输区域中传输上行信号和下行信号。

7.4 专利风险预警

面对激烈的市场竞争环境，企业及时、快速地把技术创新能力转化为创新成果变得尤为重要，而专利作为创新成果的表现形式，核心专利的申请数量以及保护程度决定企业的持续竞争优势。为了给国内企业专利预警提供理论支撑，本节分别从宏观风险和微观风险两方面进行分析。

7.4.1 宏观风险

1. 国外通信巨头组成“专利池”，国内上中下游企业缺乏专利联盟合作

在物联网领域中，以无线技术专利授权平台 Avanci 为代表的专利联盟对国内行业构成的风险最大。我国专利池的建设起步较晚，基本是从 2000 年之后开始，而我国现有的物联网产业知识产权联盟以企业间协作为主（例如专利谈判、专利侵权应诉等），大部分缺少核心专利，对外实施专利许可的较少，大多数都没有独立的专利联盟管理实体，在“技术专利化、专利标准化、标准许可化”的策略下，由于 Avanci 专利池中的专利绝大部分是基于标准建立的，国内 NB - IoT 行业中下游企业无法抵御其风险。

2. 平行技术方面，eMTC 对 NB - IoT 拓展国外市场构成阻碍，LoRa/Sigfox 核心技术被国外企业掌握

目前，NB - IoT、eMTC、LoRa/Sigfox 并行发展，技术功能类似，部分场景下存在竞争。美国持有的 eMTC 技术专利申请量占全球申请的一半，eMTC 技术是美国主推技术，美国运营商积极扩张 eMTC 网络，可能会限制 NB - IoT 的发展。LoRa 和 Sigfox 的核心专利掌握在 Semtech 和 Sigfox 公司手中，LoRa 能够按照客户对协议的要求作出适应性改变，以低成本的方案快速完成自组网络部署，因此在对传输速率要求不高、对成本敏感的场景下，LoRa 部

分场景可替代 NB－IoT。从专利控制力分析，上述平行技术的核心专利均被国外企业掌握。

3. 中游模组企业被诉风险高于下游终端企业

在芯片方面，由于上游企业掌握较多 LTE 基础专利和 NB－IoT/eMTC 技术核心专利，出于 LTE 基础专利技术的延续性以及迫于海外市场的压力，多达 11 家中国企业推出的多模模组使用的都是国外企业芯片。过于依赖上游企业芯片，相关中下游模组、终端企业会面临受制于人的风险。产业链下游终端企业众多，且以小微企业为主，被诉目标过于分散，起诉收益较低，而产业链中游模组企业较为集中，起诉成本适中，导致中游模组企业面临上游芯片企业专利侵权诉讼的风险高于下游终端企业。

7.4.2 微观风险

1. 采用 3GPP 核心标准的企业无法回避标准必要专利

传统国外通信巨头依靠在 3GPP 标准方面积累的丰富经验以及对产业的控制，通过严密而有持续性的专利申请，已完成一部分标准必要专利的布局，有些专利申请已进入中国国家阶段。此类专利申请的权利要求保护范围大，优先权日较早，获得授权可能性较高，并且 3GPP 标准协议内容完全落入权利要求的保护范围内，导致其他企业无法在实施该标准时绕开该权利要求的保护范围，侵权风险较高。

2. 依赖 3G/4G 技术的企业需防范未到期的基础专利

3GPP 技术经历了 3G 至 4G，再到 5G 的发展，技术在标准发展的过程中不断演进。很多技术在 3G 时就已使用，而在 5G 标准中继续将其应用到新的场景中。而大部分 3GPP 基础专利已获得授权，且专利权维持有效的时间依然较长。后续在技术演进中使其应用到 5G 标准，依然会完全落入该基础专利的保护范围内，导致企业无法在实施依赖于基础专利技术时绕开该权利要求的保护范围，侵权风险较高。

此外，部分申请人利用美国临时申请制度围绕基础专利布局，或者对已有基础专利通过分案或改变撰写形式的方式重新申请，以试图扩大保护和延展保护时间，导致企业依赖于基础专利实施新的标准时依然无法绕开其保护范围，从而带来侵权风险。

3. 采用交叉/关联应用技术的企业存在跨界侵权风险

国内应用技术层的大多数专利申请类型单一、实用新型占比较大、专利申请撰写水平较低、保护范围过小，容易被规避。国外申请人在应用技术层布局的专利申请虽然数量少，但权利要求保护范围大，优先权日较早，获得授权可能性较高，并且权利要求的内容涵盖多个不同的技术应用场景，一旦获得授权，企业采用应用技术时就无法绕开其保护范围，从而带来侵权风险，引发跨界诉讼。

7.5 结论和建议

NB - IoT 核心架构的技术研发已基本完成，中国企业在 NB - IoT 技术上掌握部分核心技术，且中国运营商已逐步完成全球最大规模的 NB - IoT 组网，中国应大力发展 NB - IoT，推动更多应用场景落地。随着 NB - IoT 应用领域的扩展，专利布局已由支撑技术向应用技术转移，目前 NB - IoT 技术并未形成垄断格局，企业应把握“群英逐鹿”的重要机遇，发挥自身优势，开拓思路突破技术壁垒，加大高价值核心专利培育力度，加快进行高质量专利布局。

1. 推动 NB - IoT 规模化商用，抢占国内外市场

加强落实《全面推进移动物联网 NB - IoT 建设发展的通知》等政策的实施，从标准、技术、产业链、基础设施、平台和应用等方面综合施策，合力并举助力 NB - IoT 规模化商用。加快 NB - IoT 在政府公共服务、公益慈善等非营利性行业的试点应用，鼓励政府部门、企事业单位作为 NB - IoT 的主要节点参与网络运营，进一步降低 NB - IoT 运营网络资费，加速形成以点带面、点面结合的商用推广。

引导运营商、中下游企业开发和创新更多的应用场景，优先布局 NB - IoT 技术，抢占海外市场，向“一带一路”沿线国家推广，优化提升其在实时性和可靠性上的性能，更加有利于中国在全球物联网的市场份额上占据优势。

2. 推进 NB - IoT 行业标准制定，建立专利联盟

执行 NB - IoT 应用技术层的模组标准化，统一硬件规格、接口、基本功能、软件以及性能要求，工信部等相关部门可联合产业联盟、龙头企业等相关单位充分认识 NB - IoT 领域相关的专利风险，论证技术发展路线，制定与国际接轨、符合国情且利于国内企业发展的国家行业标准。

根据技术发展趋势和在行业内有话语权的国际领先企业的发展方向，整合产业链上游芯片、中游模组和下游终端等企业的核心技术专利，构建支持国家行业标准的核心技术专利池，并联合对专利池中对技术有贡献的企业组成专利联盟。

3. 建立 NB - IoT 国家专利风险预警机制，防控专利风险

依托国家知识产权公共服务平台，建立 NB - IoT 国家专利风险预警平台，围绕标准演进方向，监控风险因素的变动趋势，定期发布 NB - IoT 行业专利风险预警信息，评估各种风险状态偏离预警线的等级，为企业、高校等

创新主体在专利运用过程中的技术转让、引进、风险预警等提供帮助。

针对国外风险，服务企业应采取“走出去”战略，指导企业科学构建与其海外经营战略相对应的专利风险预警机制，帮助企业从被动应对纠纷转化为主动防控海外专利风险，减少因专利侵权而产生的纠纷。

4. 建立潜在标准必要专利集中审查模式，按需调整审查周期

对于在 NB－IoT 技术演进中形成的大量协议标准和协议提案，根据标准号进行分类集中审查，确保 NB－IoT 领域专利审查标准的一致性，提高专利审查质量。

根据申请人对审查周期的需求，设立更为多样的审查周期请求机制，满足企业根据准演进节点对潜在 SEP 审查周期调整的需求，以符合 NB－IoT 技术的行业特点和技术发展状况。

8

肿瘤免疫治疗关键技术*

肿瘤免疫治疗是利用人体免疫系统来治疗肿瘤的策略与方法。近年来，以免疫检查点疗法和过继性细胞疗法为代表的新兴肿瘤免疫疗法突飞猛进，在临床研究中取得的显著疗效，成为学术界和产业界共同关注的焦点。根据活性成分和治疗原理的不同，可以将肿瘤免疫治疗分为过继性细胞疗法、免疫检查点疗法、肿瘤疫苗和免疫调节剂四类。

8.1 肿瘤免疫治疗产业概况

世界卫生组织 2015 年公布的数据显示，全球每年有 1409 万新发癌症病例和 880 万癌症死亡病例，占每年总死亡人数的 1/6。全球肿瘤治疗费用在 2015～2020 年将增长 53%，从肿瘤治疗药物支出情况来看，2017 年全球抗肿瘤药物支出的复合增速为 12.5%。肿瘤免疫治疗作为治愈癌症的曙光，随

---

* 本章节选自 2018 年度国家知识产权局专利分析和预警项目《肿瘤免疫治疗关键技术专利竞争格局与动向研究报告》。

（1）项目课题组成员：李胜军（负责人）、陈燕（负责人）、赵硕（组长）、孙全亮（组长）、李瑞丰（副组长）、赵哲（副组长）、吴涛、宋增锋、陈昊、康雨欢、贾麒、郝攀、蒋嘉瑜、李国顺、全弘扬、许慧、吴海燕。

（2）主要撰稿人：康雨欢、全弘扬、贾麒、吴海燕、李国顺、郝攀、蒋嘉瑜、许慧、赵硕、李瑞丰。

（3）专利分析指导：刘庆琳、李瑞丰。

（4）项目管理：李瑞丰。

（5）研究组织与质量控制：李胜军、陈燕、赵硕、孙全亮。

（6）主要统稿人：赵硕、吴涛、康雨欢。

（7）审稿人：李胜军、陈燕。

（8）课题联系人：康雨欢。

（9）本章执笔人：康雨欢。

着研究的深入，其未来的市场潜力巨大。

1. 免疫检查点疗法上市产品以国外品种为主，联合用药有望成为未来发展方向

随着针对 PD-1/PD-L1 靶点的免疫检查点单抗疗效在临床试验中得到验证，近年来全球相关产品上市的增速明显加快。截至 2019 年 2 月，全球共上市 9 种免疫检查点靶向药物，其中 1 种靶点为 CTLA-4，剩余 8 种靶点均为PD-1/PD-L1。从国内先期获批的两种进口 PD-1 药物的临床数据来看，2015 年 10 月，FDA 已经批准 PD-1 单抗 Opdivo 联合 CTLA-4 单抗 Yervoy 用于治疗 BRAF V600 野生型的无法手术或晚期黑色素瘤，2018 年 4 月，FDA 再次批准该联合疗法用于中高危晚期肾细胞癌的治疗。PD-1/PD-L1 单抗联合用药有望成为未来肿瘤免疫治疗发展的主要方向之一。

2. CAR-T 疗法临床研究增速极快，靶点选择不平衡

根据纽约癌症研究所统计，目前全球正在进行的细胞免疫疗法研究共 753 项，其中 378 项处于临床前研究阶段。由于基因修饰 T 细胞临床试验的良好表现，CAR-T 和 TCR-T 疗法共有 484 项临床试验，约占总量的 64%。全球 CAR-T 疗法临床研究从 2008 年正式起步，随后新增项目数量逐年上升，伴随技术的不断创新，于 2013 年进入全面爆发阶段。目前在研的 CAR-T 疗法项目涉及的靶点较多，主要集中在 CD19、CD20、Her 家族、GPC3、BCMA 等热门靶点，中国与美国的在研靶点分布情况类似。

3. 我国陆续出台产业监管政策，为肿瘤免疫治疗行业发展保驾护航

抗体靶向药物是生物药产业的重点发展方向之一，我国政府近年来出台了一系列宏观产业政策来鼓励和支持抗体靶向药物的发展。在国家“重大新药创制”和“国家 863”等科技计划的持续支持下，我国抗体靶向药物产业取得了长足的发展，出现了一批具有较高创新水平的单抗药物品种。

另外，随着研发的推进，我国开始逐步完善免疫疗法的审评、审批和监管，其中较为复杂的是针对细胞疗法的政策支持。在政策推动下，提前布局的企业将率先享受到加速审评的红利，率先完成商业化（见表 8-1）。

表 8-1　我国政府出台的肿瘤免疫治疗相关产业政策

时间	机构	政策	主要内容
2009 年 5 月	卫生部	《首批允许临床应用的第三类医疗技术目录》	将免疫细胞治疗技术纳入可进入临床研究和应用的第三类医疗技术管理
2009 年 5 月	卫生部	《自体免疫细胞（T 细胞、NK 细胞）治疗技术管理规范（征求意见稿）》	对开展自体免疫细胞临床应用作出规定

续表

时间	机构	政策	主要内容
2015 年 2 月	CFDA	《生物类似药研发与评价技术指导原则（试行）》	规范生物类似药的申报程序、注册类别和申报资料等，激励企业开发高水平、高质量的生物类似药
2016 年 12 月	CFDA	《细胞制品研究与评价技术指导原则（征求意见稿）》	拟将细胞制品按药评审原则进行处理
2017 年 12 月	CFDA	《治疗用生物制品注册分类及申报资料要求（试行）》	明确各种细胞治疗类产品申报分类，规范化监管
2017 年 12 月	CFDA	《细胞治疗产品研究与评价技术指导原则（试行）》	将细胞制品按药评审原则进行处理
2018 年 2 月	CDE	《抗 PD-1/PD-L1 单抗品种申报上市的资料数据基本要求》	明确 PD-1/PD-L1 单抗品种上市申报要求

本章针对肿瘤免疫治疗关键技术展开了全面的专利申请态势分析，梳理解析产业专利竞争格局，厘清重点申请人专利布局状况，发现并引导规避专利风险，以促进我国肿瘤免疫治疗关键技术的研发，培育和增强我国生物医药产业的竞争力。

肿瘤免疫治疗技术分解如表 8-2 所示。

表 8-2 肿瘤免疫治疗技术分解

一级技术	二级技术	三级技术	四级技术
肿瘤免疫治疗	过继性细胞疗法	CAR-T	CAR-T 基础技术
			CAR-T 优化技术
			载体的优化
			联合治疗
			辅助技术
		TCR-T	—
		NK/NKT	—
		CTL	—
		Treg	—
		LAK/CIK	—
		TIL	—

续表

一级技术	二级技术	三级技术	四级技术
肿瘤免疫治疗	免疫检查点疗法	抑制剂	PD－1/PD－L1/PD－L2
			CTLA－4
			其他靶点
		激动剂	CD40
			CD30
			其他靶点
	肿瘤疫苗	治疗性疫苗	—
		预防性疫苗	—
		溶瘤病毒疫苗	—
	免疫调节剂	中药/植物	—
		化学小分子	—
		人和动物免疫系统的产物	—

8.2 肿瘤免疫细胞疗法专利整体态势

截至2019年3月31日，肿瘤免疫治疗领域共公开68127项全球专利申请和31143件中国专利申请。如图8－1所示，自1970年至今，肿瘤免疫治疗领域的专利申请先后经历了缓慢增长、急剧攀升、平台调整和加速增长四个阶段，保持热度不减。在肿瘤仍然威胁着人们健康的情况下，随着对肿瘤发病机制和免疫机制的不断探索，相信肿瘤免疫治疗仍将保持稳定发展的趋势，并且可能在未来随着关键技术的突破而再次快速发展。

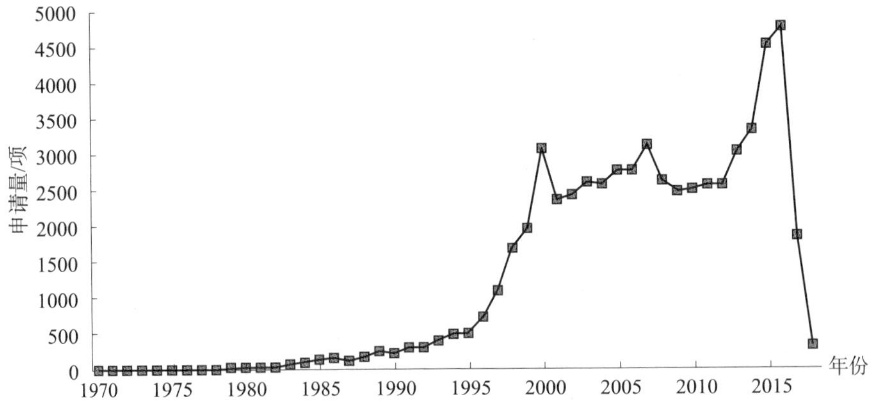

图8－1 肿瘤免疫治疗全球专利申请量年度变化趋势

在各国家和地区中，来自美国的专利申请总最多，甚至超过排名第二至第四位的中国、欧洲、日本之和，反映出美国在肿瘤免疫治疗领域的研究实力占据绝对优势；中国和欧洲的申请量旗鼓相当，两者以较大的优势领先日本，如图8－2所示。从技术布局地来看，在上述四个国家和地区公布的肿瘤免疫治疗领域专利申请量由多到少依次为美、中、欧、日，但总体差距不大，布局较为均衡，反映出这一领域申请人对上述四个地区的市场皆较为重视。其中，中国成为肿瘤免疫治疗领域的第二大专利布局地，其原因一方面是中国人口基数大，是极具潜力的肿瘤免疫治疗消费大国，另一方面则源于我国国内申请量的增长，这得益于国内申请人在这一技术领域的崛起和知识产权保护意识的加强。

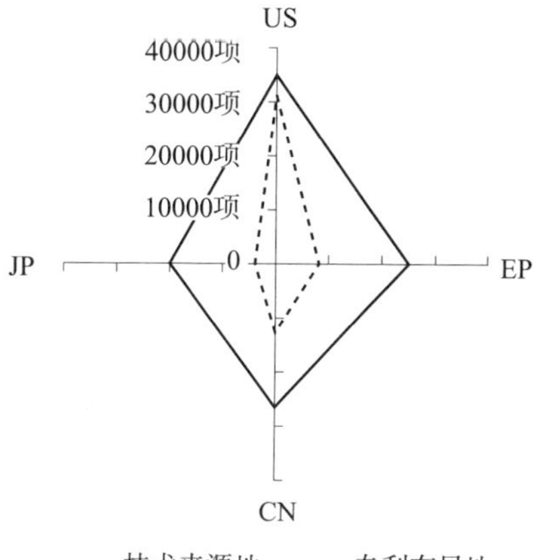

图8－2 肿瘤免疫治疗全球专利申请技术来源地和专利布局地分布

从技术分布来看，免疫调节剂的申请量远远多于其他三个技术分支，如图8－3所示。这可能是由于免疫调节剂涵盖对机体免疫调节有一定作用的不同来源、不同种类的大量药物，相关专利申请量较大。肿瘤免疫治疗各技术分支在专利申请量上的这种不均衡状况导致肿瘤免疫治疗的总体专利态势及主要申请人均受免疫调节剂这一分支的影响较大，因而有必要分别对各技

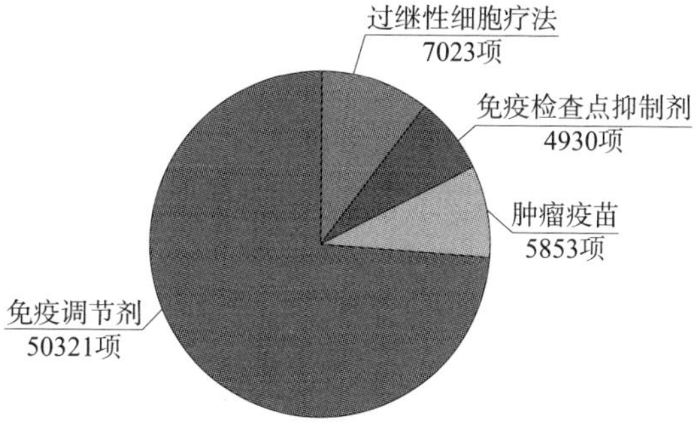

图8－3 肿瘤免疫治疗全球专利申请量各技术分支分布

术分支的申请趋势及申请人分布状况进行分析。

8.3 过继性细胞疗法专利竞争态势

过继性细胞疗法先后经历了从淋巴因子激活的杀伤细胞疗法（LAK 疗法）、细胞因子诱导的杀伤细胞疗法（CIK 疗法）、肿瘤浸润的淋巴细胞疗法（TIL 疗法）和细胞毒性 T 淋巴细胞疗法（CTL 疗法），直到时下最热门的肿瘤特异性 T 细胞受体基因工程细胞疗法（TCR－T 疗法）和嵌合抗原受体 T 细胞疗法（CAR－T 疗法）的技术发展历程。随着 CAR－T、TCR－T 等相关产品逐步进入临床实验阶段并获批上市，过继性细胞疗法已经成为肿瘤免疫治疗的重要方式之一。

过继性细胞疗法全球和中国专利申请总体情况如表 8－3 所示。可以看出，自 2013 年开始，全球和中国相关专利申请均呈现出井喷之势，中国市场上，国内申请人数量仍远低于国外来华。美国和欧洲在过继性细胞疗法领域的研发仍占据较大优势。从技术分支来看，CAR－T 疗法相关专利申请量远超其他技术，成为近几年申请量最热门的技术分支。整体而言，跨国医药企业和知名研究院所是过继性细胞疗法领域的主要申请主体。

表 8－3 过继性细胞疗法全球和中国专利申请总体情况

申请量	全球（7023 项）	中国（3483 件）
区域分布	在专利布局地方面，美国公开的相关专利申请数量以微弱的优势占据第一的位置，中国、欧洲、日本紧随其后。 在技术来源地方面，以美国为首次申请地的相关专利申请以较大的优势占据第一的位置，其次是欧洲，而中国和日本则相对落后	
主要申请人	美国卫生和人力服务部：150 项 宾夕法尼亚大学托管会：99 项 伊玛提克斯生物技术有限公司：75 项 法国国家健康医学研究所：72 项 诺华股份有限公司：66 项	日本肿瘤疗法科学股份有限公司：59 件 宾夕法尼亚大学托管会：50 件 美国卫生和人力服务部：42 件 伊玛提克斯生物技术有限公司：41 件 美国贝勒医学院：31 件 …… 杨光华：25 件 上海优卡迪生物医药科技有限公司：22 件
主要技术分支	CAR－T：1804 项 NK：1428 项 TCR－T：1380 项 CTL：1179 项 Treg：560 项	

8.3.1 过继性细胞疗法关键技术——CAR－T 疗法

由于具有疗效好、特异性好等特点，CAR－T 疗法受到业界广泛关注，在极短的时间内临床试验项目就超过在先发展的其他过继性细胞疗法，成为目前的热点技术。

1. 美国在 CAR－T 疗法领域居于领先地位，中国发展迅猛，存在弯道超车可能

CAR－T 疗法全球专利申请来源地分布如图 8－4 所示。美国在 CAR－T 疗法领域的专利申请占 56%，中国紧随其后，以 29% 的占比位居第二。中国在 CAR－T 疗法领域发展非常迅速，近 5 年正是 CAR－T 疗法的快速发展期，此时各国几乎处于同一起跑线，因此，中国有希望在 CAR－T 疗法领域实现弯道超车。

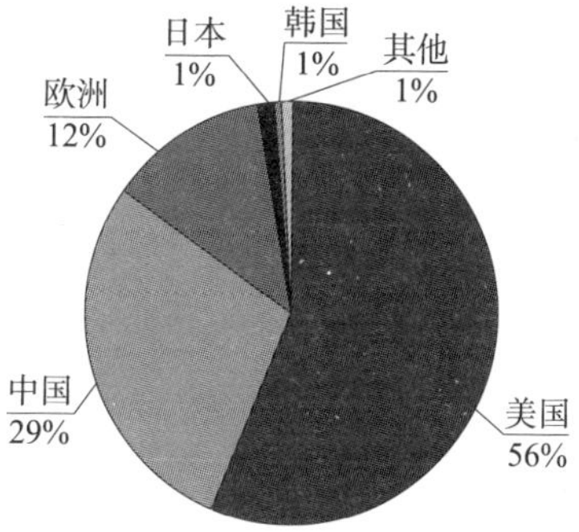

图 8－4　CAR－T 疗法全球专利申请来源地分布

2. CAR－T 基础技术是研发热点，优化技术是发展方向

按照专利申请涉及的技术手段，可以将 CAR－T 疗法专利技术进一步分为以下五个技术分支：CAR－T 基础技术、CAR－T 优化技术、载体优化技术、联合治疗技术及辅助技术。从图 8－5 可以看出，在各技术分支中，CAR－T 基础技术起步最早，申请量最多，一直是该领域的研究热点。2013 年起，CAR－T 优化技术、辅助技术、联合治疗相关申请量也快速增长，而载体优化虽然起步于 1993 年，但发展缓慢，申请量一直相对较少。

传统 CAR－T 疗法存在的肿瘤细胞杀伤力不足、正常细胞误攻击、细胞因子风暴等问题促使研究者研究对 CAR－T 疗法进行优化的策略。从图 8－6 中可以看出，我国 CAR－T 疗法的研究仍主要集中于 CAR－T 基础技术，在技术发展先进性上稍微落后于美欧。

CAR-T基础技术	CAR-T优化技术	辅助技术	联合治疗技术	载体优化技术	年份
2					1990
2					1991
				1	1993
1					1996
2					1998
3					2000
6		1			2001
2					2002
1	4				2003
		1			2004
1	1	1			2005
2		1			2006
		1	1		2007
1					2008
2	4	2	1	1	2009
6	1		1	1	2010
15	4	2	1	2	2011
18	15	7	3	1	2012
39	24	9	6	3	2013
79	32	25	33	6	2014
148	84	73	61	10	2015
214	99	68	61	20	2016
50	28	15	7	7	2017
10	3	1	1	1	2018

图8－5　CAR－T疗法各技术分支全球专利申请分布

注：图中数字表示申请量，单位为项。

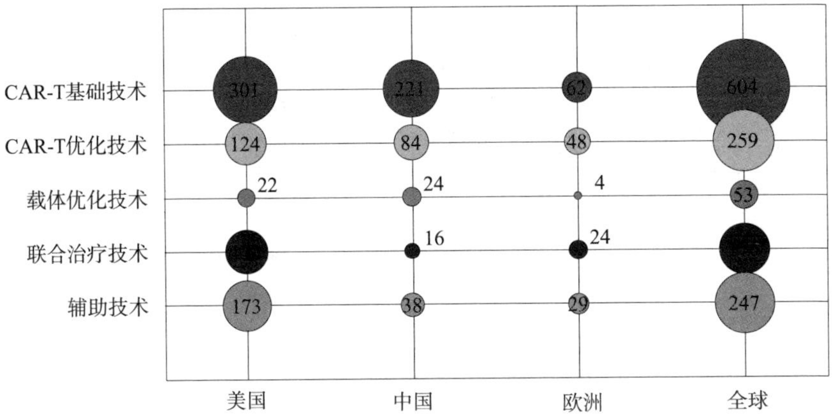

图8－6　CAR－T疗法各技术分支申请量主要国家和地区分布

注：图中数字表示申请量，单位为项。

在CAR－T基础技术相关的604项专利申请中，超过80%集中于胞外抗原结合区。其中，CD19是最热门的靶点，全球共申请专利51项。FDA已经批准上市的由诺华和凯特制药研发的 CAR－T 疗法产品 Kymriah 和 Yescarta 均是以 CD19 为靶点。BCMA、HER1/ HER2、CD20 等靶点在总申请量中的占比近年来有所提升，随着临床试验的推进，有可能成为下一个热点。

多靶点修饰和可控元件修饰是 CAR－T 优化技术的研究热点，合计占比超过其专利申请总量的 50%。在这两个技术分支，中科院深圳先进技术研究院、山东新瑞生物科技有限公司等国内部分申请人起步较早，有一定的技术积累。

3. CAR－T 技术领域重点申请人专利布局各有优势

（1）诺华与宾夕法尼亚大学通过合作实现了对 CAR－T 疗法领域的全面专利布局。宾夕法尼亚大学是诺华的 CAR－T 疗法全球商业化合作伙伴，两者在 CAR－T 疗法领域共拥有 81 项专利申请，涵盖绝大多数细分领域，研发投入较为均衡，如图 8－7 所示。通过与宾夕法尼亚大学之间的合作，诺华不仅拓宽其在某些细分领域的专利布局范围，更是弥补部分技术空白，这为其相关技术产品化、市场化扫清知识产权障碍。

（2）朱诺治疗学有限公司及其合作伙伴的合作模式实现了优势互补。朱诺治疗学有限公司及其合作伙伴中，科研院所的专利申请侧重于 CAR－T 基础技术和 CAR－T 优化技术，而且其涉及的抗原靶点涵盖血液瘤和实体瘤，包括热门靶点与新靶点；而企业申请人在载体优化、联合治疗及辅助技术方面的专利布局相对更多，明显更关注相对成熟的血液瘤靶点，如图 8－8 所示。这样的合作模式中，科研院所可以更多地进行开拓性研究，为将来的应用进行技术储备，而对于有希望产业化的产品和方法，通过成立企业进行进一步产品开发，并通过企业间的合作获得资金和经营管理支持，企业再围绕核心产品和方向对上下游进行专利布局，并可将产业化中出现的问题反馈给科研院所，以对产品进行进一步的优化，如此形成良性循环，使不同的风险在企业与科研院所之间合理分配，同时又能实现优势互补，既能获得足够的技术储备，又能实现产品和快速开发。

（3）凯特制药集中资源布局核心技术，快速推动临床转化。凯特制药在 CAR－T 疗法领域的专利布局非常集中，没有形成严密的专利网，其在没有庞大资金和超强研发实力支持的情况，将研发资源集中于 CAR－T 抗原靶点的发掘和抗原结合域的优化，尽快获得核心技术，再以此为资本进行商业合作从而推动临床转化的发展策略，值得新兴制药企业借鉴。

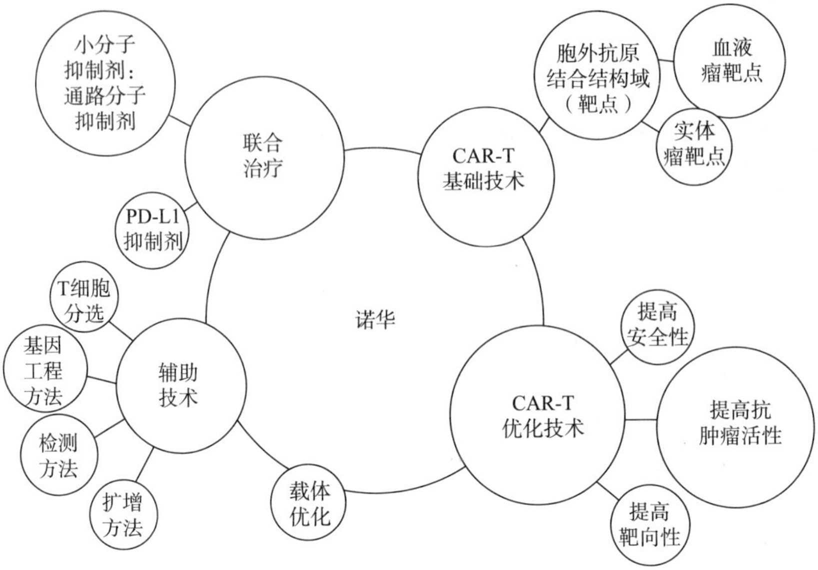

（a）诺华专利布局

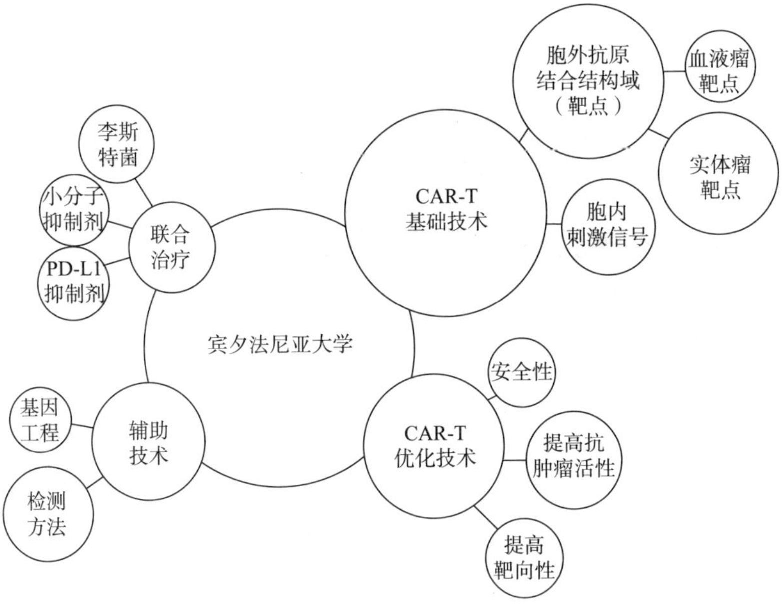

（b）宾夕法尼亚大学专利布局

图 8-7　诺华和宾夕法尼亚大学 CAR-T 疗法领域专利布局

注：圆圈大小表示申请量多少。

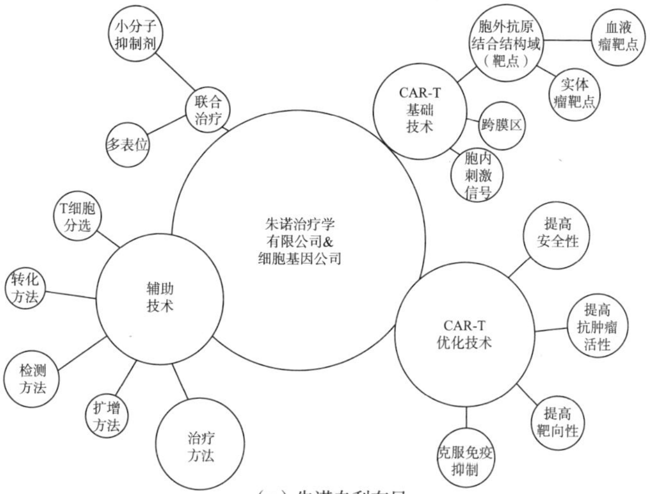

（a）朱诺专利布局

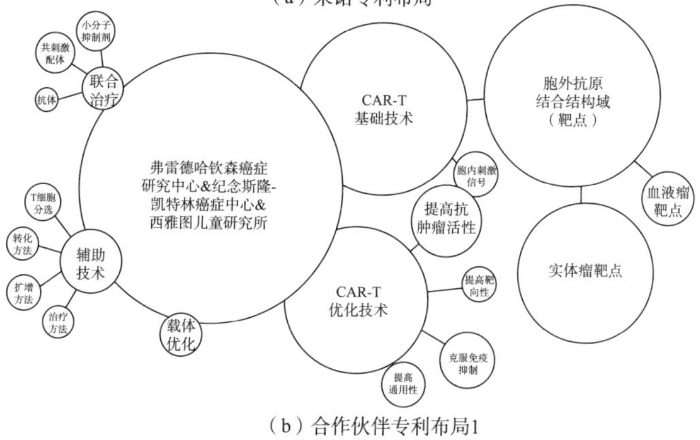

（b）合作伙伴专利布局1

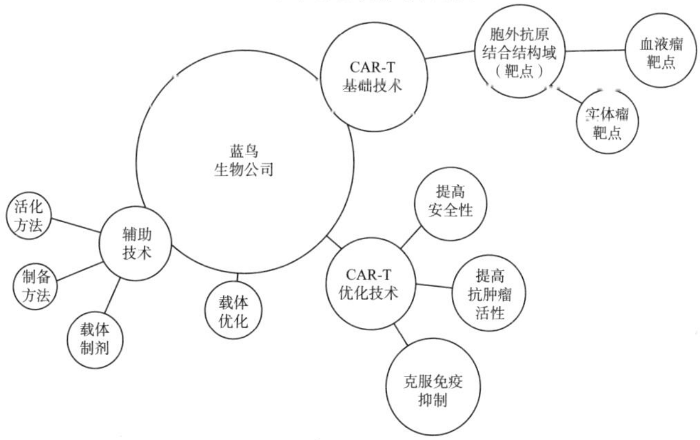

（c）合作伙伴专利布局2

图 8－8　朱诺及其合作伙伴 CAR－T 领域专利布局

注：图中圆圈大小表示申请量多少。

（4）上海优卡迪生物医药科技有限公司具有较好的专利布局理念和全球视野。上海优卡迪生物医药科技有限公司共申请26件CAR－T疗法相关中国专利申请，其中12件已提交PCT申请。前期的11项专利申请主要针对不同的肿瘤疾病类型，开发涉及不同靶点的CAR－T疗法产品。而随着靶点开发的完成，该公司迅速将研发重点转移到CAR－T优化技术，针对提高CAR－T细胞的活性以及靶向的广泛性提出14项专利申请。可见，该公司在研发方向上紧跟行业发展趋势，具有较好的专利布局理念和全球视野。

（5）南京传奇生物科技有限公司率先在CAR－T疗法治疗多发性骨髓瘤方面取得突破。我国首个获批CAR－T疗法临床试验项目的南京传奇生物科技有限公司在CAR－T疗法领域共有5件中国专利申请，其中3件为PCT申请。该公司的研究方向比较聚焦，更注重抢占时机的方式，率先选择BCMA为靶点，在利用CAR－T疗法治疗多发性骨髓瘤方面取得突破。其没有采取大范围专利布局的策略，仅是跟随其研发进展，将相应方案递交PCT申请。

8.3.2 过继性细胞疗法关键技术——TCR－T疗法

1. 美国和欧洲在TCR－T疗法领域居于领先地位

从图8－9可以看出，TCR－T疗法领域的专利申请量总体上随时间保持增长，2014年开始进入快速增长阶段。其中，来源于美国和欧洲的专利申请量分别占54%和26%，遥遥领先其他国家，中国以12%的占比排名第三。

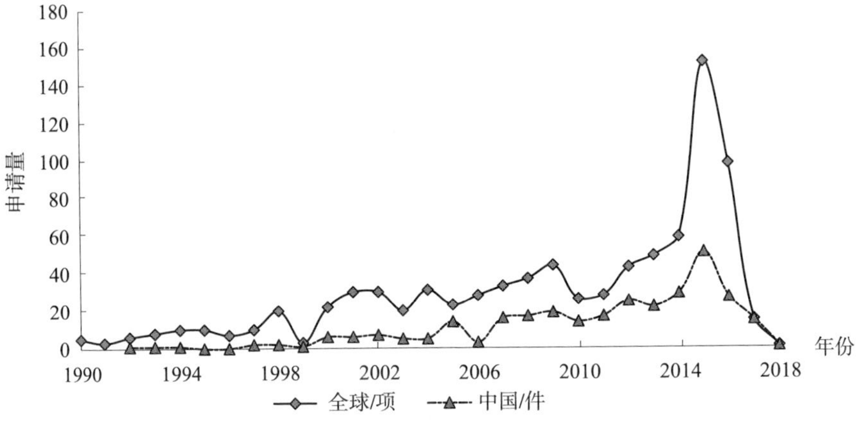

图8－9 TCR－T疗法全球和中国专利申请趋势

2. 新兴生物制药企业是推动TCR－T疗法发展的主要力量

TCR－T疗法全球专利申请量排名前十的申请人中，英美偌科有限公司以85项专利申请拔得头筹，广州香雪制药股份有限公司以23项专利申请排名第六。排名前十的申请人中，除美国卫生和人力服务部以及约翰内斯·古腾堡－美因茨大学外，其他 8 位均为生物制药企业。可见，以细胞治疗技术为核心的新兴生物制药企业在推动 TCR－T 疗法的发展中起了重要作用。

3. 癌－睾丸抗原是目前研究最多的 TCR－T 疗法抗原靶点

TCR－T 抗原靶点分为肿瘤相关抗原和肿瘤特异性抗原两大类，其中，肿瘤相关抗原包括癌－睾丸抗原、肿瘤分化抗原、自身过表达抗原等，而肿瘤特异性抗原为癌症新生抗原。癌－睾丸抗原是目前 TCR－T 疗法领域研究最多的抗原靶点，针对其的 TCR－T 疗法相关专利申请共 63 项。

8.4 免疫检查点疗法专利竞争态势

免疫检查点是 T 细胞表面抑制其激活并参与免疫反应的信号通路的总称。自首次发现抗体阻断 T 细胞抑制分子（CTLA－4）可增强抗肿瘤免疫反应并清除肿瘤以来，科学家们陆续对包括 PD－1 在内的多个位于免疫细胞表面的特殊蛋白质展开深入的研究。目前，具有广谱抗肿瘤特点的 PD－1/PD－L1 抗体已成为整个医药行业的焦点所在，国内外制药企业扎堆研究开发相关产品，为抗肿瘤药物市场注入新的活力。

8.4.1 免疫检查点疗法全球和中国专利申请态势

免疫检查点疗法全球和中国专利申请总体情况如表 8－4 所示。可以看出，免疫检查点疗法全球和中国专利申请主要呈现专利申请快速增长，技术上以免疫检查点抑制剂为主，美国优势明显等特点。全球和中国市场主要申请人高度重合，排名前四的均为百时美施贵宝、罗氏、丹娜法伯癌症研究院和宾夕法尼亚大学。

表 8－4 免疫检查点疗法全球和中国专利申请总体情况

<table>
<tr><th>申请量</th><th>全球（4930 项）</th><th>中国（2391 件）</th></tr>
<tr><td>区域分布</td><td colspan="2">在专利布局地方面，美国占据第一的位置，第二梯队为欧洲和中国，第三梯队为日本。
在技术来源地方面，首次申请地为美国的专利申请量一枝独秀，远远超过了中、欧、日三者的总和</td></tr>
<tr><td>主要申请人</td><td>百时美施贵宝：169 项
罗氏：132 项
丹娜法伯癌症研究院：99 项
宾夕法尼亚大学：91 项
诺华：90 项</td><td>罗氏：96 件
百时美施贵宝：88 件
诺华：55 件
宾夕法尼亚大学：45 件
阿斯利康：43 件</td></tr>
<tr><td>主要技术分支</td><td colspan="2">PD－1/PD－L1/PD－L2 靶点：33%
CTLA－4 靶点：23%
LAG3 靶点：8%
TIM3 靶点：8%
B7－H3 靶点：7%</td></tr>
</table>

8.4.2 免疫检查点疗法关键技术——免疫检查点抑制剂和激动剂

随着对免疫检查点研究的深入，人们发现通过不同的策略增强T细胞的激活对肿瘤免疫治疗具有重要意义，其中针对免疫检查点的阻断是增强T细胞激活的有效策略之一。本节围绕申请量变化趋势、重点申请人专利布局等分析该领域竞争格局与动向。

1. PD－1/PD－L1/PD－L2 和 CTLA－4 是最热门的抑制性免疫检查点靶点

从图8－10中可以看出，目前最热门的抑制性免疫检查点靶点分别是CTLA－4以及PD－1/PD－L1/PD－L2，两者占据免疫检查点抑制剂领域超过一半的专利申请量，其中涉及PD－1/PD－L1/PD－L2的专利申请量最多，占免疫检查点抑制剂申请总量的33%。

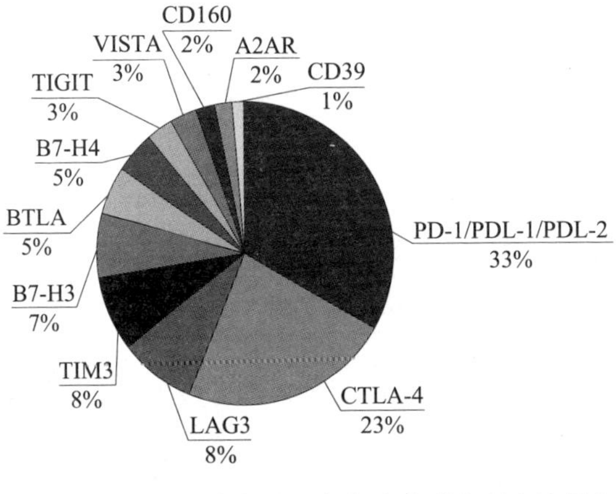

图8－10 免疫检查点抑制剂各靶点全球专利申请量分布

2. 百时美施贵宝在免疫检查点抑制剂领域实力最强，涉猎靶点最多

由图8－11和图8－12可知，在PD－1/PD－L1/PD－L2靶点相关全球专利申请量排名前10位的申请人中，丹娜法伯癌症研究院以74项专利申请排名第一，百时美施贵宝以1项之差紧随其后。对于CTLA－4这一靶点，百时美施贵宝则以89项的申请量遥遥领先。

对于免疫检查点激动剂，CD40、OX40、GITR、4－1BB等是目前研发竞争最为激烈的靶点，世界知名制药企业参与到不同的免疫检查点激动性抗体的研发中。其中，百时美施贵宝涉猎的靶点最多，包括OX40、GITR和4－1BB，而且都已进入Ⅱ期临床阶段。百时美施贵宝共提交15项免疫检查点激动剂相关专利申请，其中，涉及OX40靶点1项、GITR靶点3项、4－1BB靶点7项。

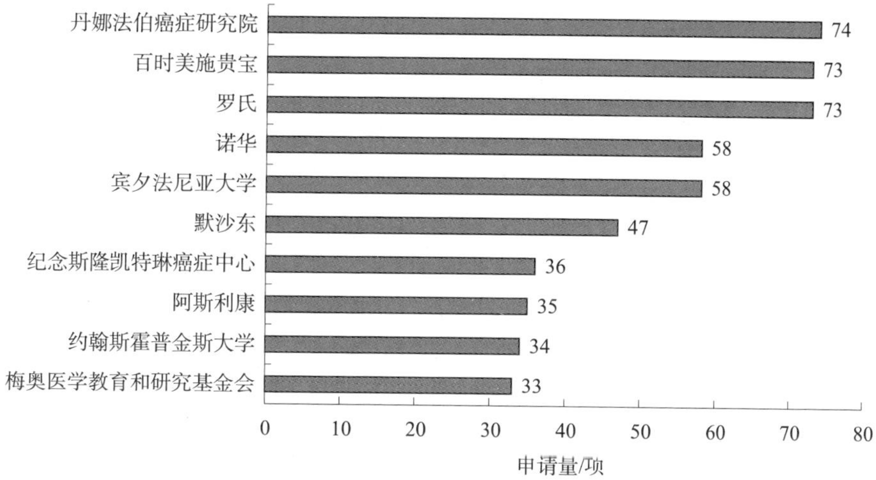

图 8－11　PD－1/PD－L1/PD－L2 抑制剂全球专利主要申请人申请排名

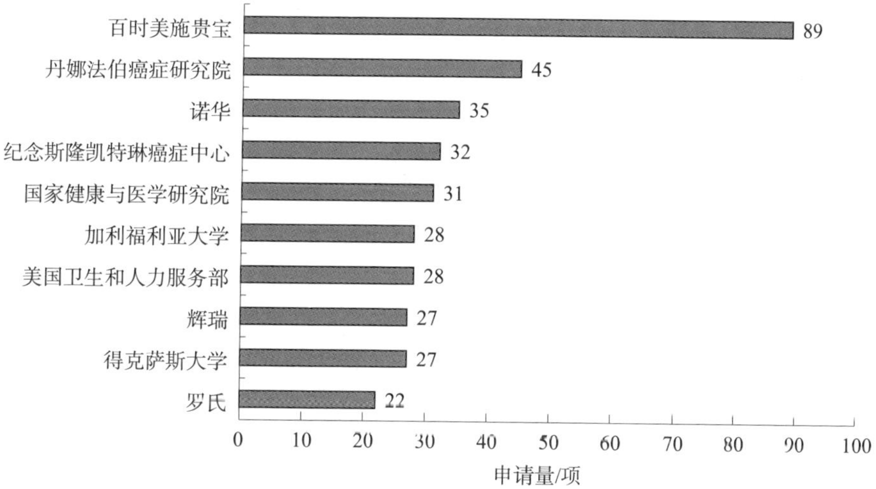

图 8－12　CTLA－4 抑制剂全球专利主要申请人申请排名

3. 国内外制药企业均针对其 PD－1 单抗药物进行针对性的专利布局

默沙东手握重磅 PD－1 单抗药物 Keytruda，其除了针对该药物的氨基酸序列申请核心专利外，还针对 Keytruda 以及 PD－1 相关通路申请多达 47 项外围专利，包括针对通路上下游靶点的抗体、抗体结构衍生物、抗体制剂、抗体制备方法、检测方法以及大量的联合用药以及适应证扩展等，形成严密的专利保护网。

君实生物关于 PD－1 相关通路的专利申请仅有 3 项，除公开抗体氨基酸序列的核心专利外，另外 2 项申请分别涉及特瑞普利的稳定制剂和抗 PD－L1 抗体。

信达生物围绕其 PD－1 单抗药物达伯舒共申请 11 项专利，其中大部分是 PCT 申请，且涉及的 PD－1 通路相关产品类型较多。

恒瑞医药针对其 PD－1 单抗 Camrelizumab 共申请 8 项专利，全部是 PCT 申请，其专利布局已经初具雏形，包括抗体结构的核心专利申请以及制剂、医疗用途、联合用药等外围专利申请，以及属于同一通路的抗 PD－L1 抗体相关专利申请。

8.5 肿瘤疫苗专利竞争态势

肿瘤疫苗是通过激活患者自身的免疫系统来预防、控制或清除肿瘤生长的生物制品。随着对免疫系统及肿瘤细胞分子机理的认识和研究的不断深化，肿瘤疫苗已逐渐成为肿瘤治疗中的强大力量。

根据用途，肿瘤疫苗可分为预防性肿瘤疫苗和治疗性肿瘤疫苗。预防性肿瘤疫苗着眼于肿瘤的预防和控制，既包括预防肿瘤的形成，也包括预防肿瘤的复发和转移。治疗性肿瘤疫苗是一种治疗性的主动免疫疗法，通过改变肿瘤生长的微环境抑制肿瘤的生长，达到控制或清除肿瘤的目的，目前主要用于化疗后的辅助治疗。

8.5.1 肿瘤疫苗全球和中国专利申请态势

肿瘤疫苗全球和中国专利申请总体情况如表 8－5 所示。可以看出，肿瘤疫苗全球和中国专利申请主要呈现年专利申请量持续上升，美国是肿瘤疫苗领域的“领头羊”等特点。全球和中国范围内，葛兰素史克、美国卫生与人类服务部、肿瘤治疗科技股份有限公司、IMMATICS 公司和宾夕法尼亚大学等均是主要申请人。从主要技术分支来看，细胞疫苗、抗原疫苗、基因疫苗、DC 疫苗是肿瘤疫苗的主要类型。

表 8－5 肿瘤疫苗全球和中国专利总体情况

<table>
<tr><th>申请量</th><th>全球（5853 项）</th><th>中国（2562 件）</th></tr>
<tr><td>区域分布</td><td colspan="2">美国是最主要的技术来源国，其在该领域处于绝对领先地位，申请量约占总量的 42.9%，远远高于其他国家或地区。同时，美国也是最重要的专利布局地，而中国排名第二，领先于欧洲和日本。</td></tr>
</table>

续表

主要申请人	葛兰素史克：127 项 肿瘤治疗科技股份有限公司：92 项 美国卫生与人类服务部：89 项 宾夕法尼亚大学：78 项 IMMATICS 公司：67 项	日本肿瘤治疗科技股份有限公司：73 件 葛兰素史克：40 件 IMMATICS 公司：39 件 拜耳：27 件 宾夕法尼亚大学：22 件 中国人民解放军军事医学科学院：22 件
主要技术分支	细胞疫苗：2066 项 抗原疫苗：1722 项 基因疫苗：1143 项 DC 疫苗：786 项 重组病毒疫苗：248 项	

8.5.2 肿瘤疫苗关键技术——宫颈癌疫苗

宫颈癌是目前唯一的病因和发病机理明确、可早期检查和早期预防的癌症，针对宫颈癌开发的疫苗是目前市场上销量最大和使用范围最广泛的预防性肿瘤疫苗。本节围绕宫颈癌疫苗重点产品专利布局、专利运营、我国企业专利申请情况等分析该领域竞争格局与动向。

1. 默沙东和葛兰素史克对各自宫颈癌疫苗采取有针对性的专利布局策略

从图 8－13 可以看到，默沙东在宫颈癌疫苗的开发上处于领先地位，因此率先就宫颈癌疫苗的核心技术申请一系列保护范围较广的专利，并随着研发的深入，进一步对疫苗产品的主要成分、制备工艺等不断进行专利布局。这种核心占先、层层推进的专利布局方式给后来者包括葛兰素史克制造了无法绕过的专利壁垒，有效地延滞了竞争对手的研发进程，为自己赢得了充足的产品研发与改进时间。最终，默沙东的宫颈癌疫苗佳达修率先通过 FDA 审批上市，成功抢占了市场。2017 年，佳达修和佳达修 9 合计全球销售额达到 23.08 亿美元。

葛兰素史克晚于默沙东涉足宫颈癌疫苗的开发，面对默沙东已经完成核心专利布局的不利局面，葛兰素史克一方面调整疫苗产品研发方向，另一方面，从宫颈癌疫苗产业的下游入手，采取包围式专利布局策略，在多联疫苗、表达方法、疫苗制剂等方面针对默沙东的核心专利申请了大量改进型外围专利和下游应用专利，构建了“专利篱笆”，成功迫使默沙东同意交叉许可，获得了核心专利的使用权，从而为自己的宫颈癌疫苗产品希瑞适的上市铺平了道路。

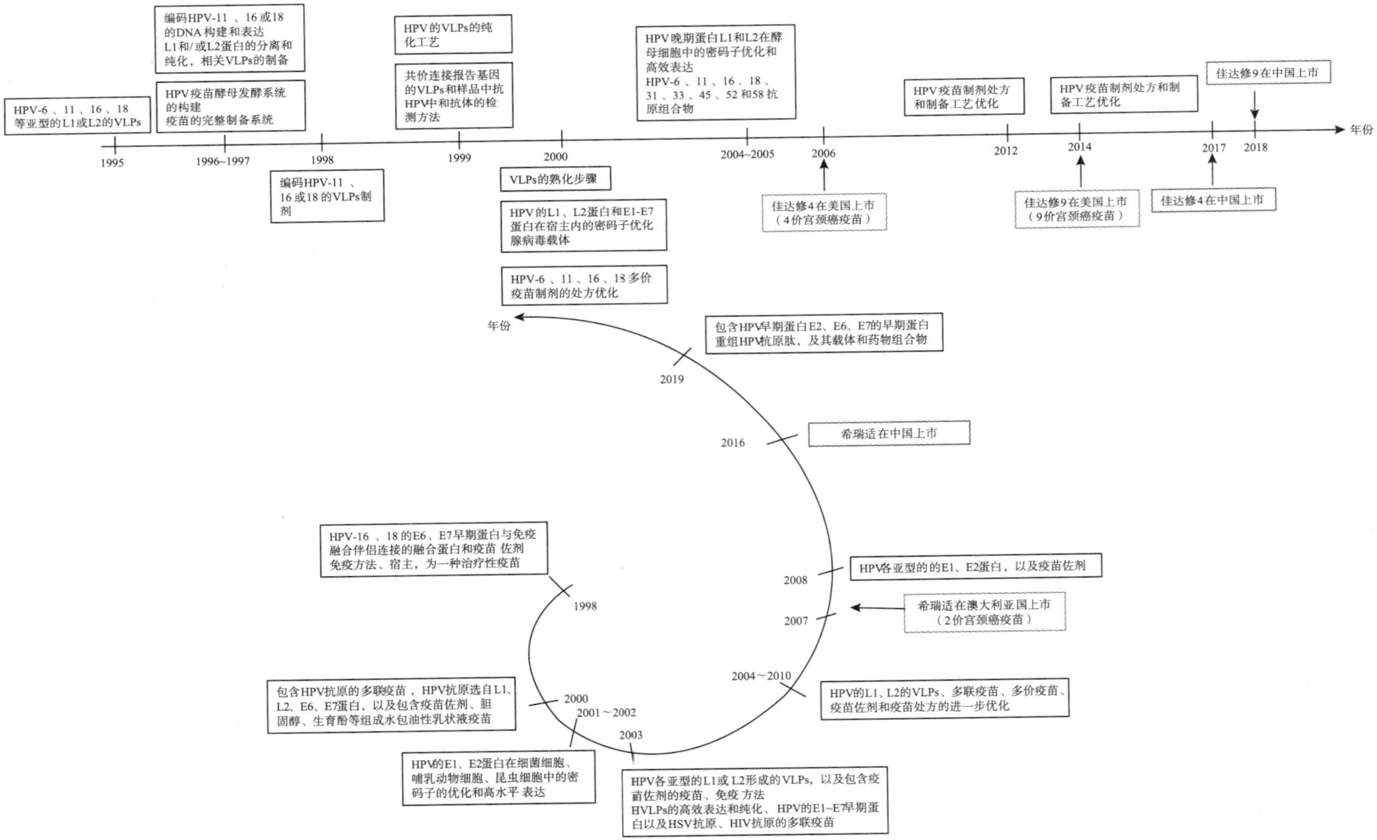

图 8-13　佳达修和希瑞适专利技术发展路线

2. 国内创新主体积极投入宫颈癌疫苗研发

国内多个创新主体积极投入宫颈癌疫苗的研发，大多进入临床试验阶段，涵盖2价、4价、9价、14价等多种疫苗，其中9价疫苗在临床试验中占比最大。

上海泽润生物科技有限公司提出15项关于宫颈癌疫苗的专利申请，其中8项已获授权，其还通过PCT途径进行专利的国际布局，目前已有专利在其他国家获得授权。厦门大学和厦门万泰沧海生物在技术研发和专利申请方面为合作关系，共提交23项专利申请，其中16项已获授权。此外，江苏瑞科生物、北京康乐卫士生物、浙江普康生物等企业也提交了多项与宫颈癌疫苗相关的专利申请。

8.6 免疫调节剂专利竞争态势

免疫调节剂是用于免疫疗法能够调节机体免疫力药物的总称。由于对机体免疫力具有一定的调节能力，免疫调节剂很早就在临床上使用，但并不作为肿瘤治疗的主要药物，而是通常在其他化疗药物或治疗方法过程中作为辅助用药。

8.6.1 免疫调节剂全球和中国专利申请态势

免疫调节剂全球和中国专利申请总体情况如表8－6所示。可以看出，全球范围内，美国在肿瘤免疫调节剂领域占据领先地位，既是主要的技术来源地，也是重要的专利布局地。罗氏、默沙东、武田化学、百时美施贵宝和辉瑞专利申请量位列前五。中国市场年专利申请量持续增加，国外来华主体如罗氏、默沙东和诺华占据前三。此外，中国与全球在技术关注点上较为一致，六成以上专利布局在免疫系统产物这一技术分支。

表8－6 免疫调节剂全球和中国专利总体情况

申请量	全球（50321项）	中国（22707件）
区域分布	美国是最主要的技术来源地，申请量约占总量的53%，远远高于其他国家或地区，同时美国也是最重要的专利布局地	
主要申请人	罗氏：1886项 默沙东：957项 武田化学：419项 百时美施贵宝：412项 辉瑞：405项	罗氏：607件 默沙东：410件 诺华：262件 雅培：214件 …… 复旦大学：172件
主要技术领域	免疫系统产物：68% 化学小分子：17% 中药/植物来源：15%	

8.6.2 免疫调节剂关键技术——IDO抑制剂

IDO（吲哚胺2，3-双加氧酶）抑制剂能够抑制IDO活性，恢复机体免疫系统对肿瘤细胞的识别清除功能，达到抑制肿瘤生长的目的。近年来，对IDO抑制剂的研究吸引了众多制药公司和科研院所参与，采用高通量筛选方法及基于结构的药物分子设计手段，合成多种结构的IDO抑制剂。本节围绕IDO抑制剂申请量变化趋势、区域分布、重点申请人专利布局等分析该领域竞争格局与动向。

1. IDO抑制剂领域处于专利申请量快速增长的阶段

有关IDO抑制剂的最早专利申请出现于1994年，当年仅有1项，而且直到2002年并无相关申请；2002～2012年属于平稳申请期；而从2013年开始，有关IDO抑制剂的专利申请出现井喷式增长，到2016年申请量达到90项。中国专利申请的趋势与全球专利申请基本一致。

2. 美国和中国是IDO抑制剂领域最主要的技术输出者和最重要的目标市场

IDO抑制剂全球专利申请中，来源于美国、中国、欧洲的申请量排名前三。其中，美国和中国分别贡献40%和39%的申请量。在专利布局方面，中国超过美国，成为最重要的目标市场，美国排名第二。

3. 百时美施贵宝是IDO抑制剂领域领先的申请人，国内申请人紧随其后

百时美施贵宝共有18项有关IDO抑制剂的专利申请，涉及的均是IDO抑制剂化合物的筛选，其拥有口服IDO小分子抑制剂药物BMS-986205，并开展19项有关BMS-986205的临床试验，已经完成对BMS-986205剂量、安全性、体内吸收和生物等效性的研究，有2项Ⅲ期临床试验正在进行中。

中山大学共有15项有关IDO抑制剂的专利申请，其中14项均于同日提交，涉及不同的化合物对IDO酶活性的抑制情况。

以匡春香和杨春夫妇为发明人的IDO抑制剂相关专利申请共有19项，主要涉及1，2，3-三氮唑类和色胺酮类IDO抑制剂，其PCT申请的海外权利已经以最高6500万美元的收益成功授权给美国沪亚生物国际有限公司。

虽然恒瑞医药目前只有4项有关IDO抑制剂的专利申请公开，但其IDO抑制剂药物SHR9146已进入临床Ⅰ期研究，共有2项临床试验，分别为SHR9146单独用于治疗晚期实体瘤或与恒瑞医药的PD-1单抗SHR-1210联合用于治疗实体瘤，可见恒瑞医药在IDO抑制剂研发中走在国内医药企业的前列。

8.7 结论和建议

综合产业信息以及肿瘤免疫治疗专利分析结论，为促进该产业的快速健

康发展，提出以下建议。

1. 避免扎堆热门药物，减少资源浪费

虽然免疫治疗被认为是攻克癌症的希望所在，但企业也应当正确认识其中的开发门槛高、研发周期长的风险。更重要的是，PD-1/PD-L1 单抗和 CAR-T 疗法的开发竞争激烈，尤其是 PD-1/PD-L1 单抗，不仅国外已有多款产品上市，跨国制药企业以及我国自主研发的相关产品已经先后在国内上市，而且更多的项目正处于Ⅲ期临床试验阶段。企业如果此时加入 PD-1/PD-L1 单抗的竞争，已经失去先机，除非自己的药物有明显的优势，否则将不可避免地面临激烈的竞争，尤其在“带量采购”等药品招标新政策下，先行者拥有巨大的市场优势，后来者很难保证获得足够的回报。因此，制药企业需要评估自身情况，做好市场调研，谨慎进入热门领域。

2. 适当寻求合作，提升创新实力

肿瘤免疫治疗领域的技术门槛较高，目前而言，其绝大多数技术层面的突破性创新成果均由跨国药企、高校及科研院所等完成，对于国内制药企业而言，由于在资金、规模、技术实力等方面都无法与前述创新主体相比，如果独自从头开始进行创新研发并实现突破，通常情况下是十分困难的。因而，适当寻求合作有助于更好地利用企业自身优势，加快发展速度，提升其创新实力。

3. 寻找技术空白点，打造差异化竞争优势

研究发现，即便在肿瘤免疫治疗这一热门领域，仍然存在一些技术空白点。企业与其扎堆热门药物的研发、在激烈的市场竞争中冒险，不如大胆发掘技术空白点，打造自己的差异化竞争优势。

CAR-T 疗法在血液瘤的治疗中取得优异的效果，但对于实体瘤一直不能产生预期的疗效，全世界研究者都在努力寻找这个问题的答案。目前，CAR-T 疗法治疗血液瘤已是一片红海，但其用于治疗实体瘤仍然是等待开发的领域，而且实体瘤的治疗市场要远大于血液瘤。因此，我国企业可以密切关注 CAR-T 疗法机制的前沿研究进展，及时投入相关药物开发，就有可能在这一潜在巨大治疗市场占领先机。

虽然国内外已有多种免疫检查点单抗药物上市，但除了一种靶向 CTLA-4 之外，其余均以 PD-1/PD-L1 作为靶点，这一方面表明 PD-1/PD-L1 是研究最深入、最有潜力的抑制性免疫抑检查点靶点，另一方面也表明在其他抑制性和激动性免疫检查点靶点上存在明显的技术空白点。国内企业可以着力筛选研究基础较为扎实、国外医药巨头关注较少的“冷门”靶点作为突破口，以期建立自己的比较优势。

4. 关注我国独有的高发癌症种类

胃癌、肝癌、食道癌等消化道癌症是中国独有的高发癌症种类，而目前

欧美主导的抗肿瘤疗法的研发对消化道癌症的关注较少，导致这些癌症往往缺乏有效的治疗手段，死亡率居高不下。同时，由于尚缺乏针对性的药物，相关市场潜力巨大。因此，本土企业将目光投向我国独有的高发癌症，社会效益和经济效益都将非常客观。而且，由于它们目前暂时还是欧美医药巨头的“盲点”，我国企业也更有机会占领先机，并率先完成专利布局。

5. 重视专利布局，全面保护研发成果

目前，国内创新主体在专利布局方面的经验和水平相比跨国医药巨头还有一定的差距，尤其是一些小微创新企业，其对创新成果的专利布局常常不够严密和系统，无法对创新成果提供全面的保护，更无法通过专利布局策略达到延长保护期、限制竞争对手等效果。

技术领先者可以采取核心占先、层层推进的专利布局策略，给后来者制造无法绕过的专利壁垒，延滞其研发进程，占据市场主动。而对于技术追赶者，需要尽量规避在先专利，而对于无法绕过的核心专利，可以采取包围式专利布局策略，围绕核心专利申请大量改进型外围专利和下游应用专利，构建“专利篱笆”，当核心专利的专利权人在生产或应用过程中必须使用某些外围和下游专利技术时，技术追赶者则可迫使对方同意交叉许可，从而获得核心专利的使用权。此外，对于既无法规避又不能有效阻击的核心专利，技术追赶者应尽早与专利权人接触，通过许可、转让等方式获得专利使用权，以避免药品上市审批过程中存在侵权风险。

6. 重视专利分析，指引企业发展方向

在研发过程中，国内医药企业往往对专利分析重视不足，实际上，建立在专利检索基础上的专利分析是很好的工具，能够挖掘出很多有用的情报。第一，通过专利分析，可以全面了解产业技术发展状况，为企业找准自己在行业的定位乃至确定下一步的发展方向提供参考。第二，由于科技期刊文献通常着眼于科学前沿问题，对产业实践问题关注较少，而这类问题正是专利文献关注的重点，因此对于药物开发过程中遇到的技术困难，除了依靠研发人员的摸索之外，还可以从庞大的专利文献库中寻找灵感，从而让研发人员少走弯路，节省试错时间。此外，由于国内单一医药企业的研发实力相对跨国医药巨头普遍有较大差距，仅靠自身实力支持新药开发的全过程难度较大，医药企业之间集中优势资源、开展深度合作是必然的选择，而通过专利分析可以深度了解相关企业的技术路线和技术优劣势，为选择恰当的合作对象提供参考。

9

计算设备软硬件接口*

以网络通信、计算机、集成电路和软件为代表的信息技术的发展改变了人类的生产、生活和思维方式，极大地促进了人类社会由工业化社会向信息化社会的转变，推动全球经济进一步增长。《“十三五”国家科技创新规划》多次提及要“开展关键基础软硬件研发”；国家科技重大专项也提出，要“通过持续创新，攻克一批关键技术、研发一批战略核心产品”。近年来，我国信息技术和电子信息产业的整体水平得到很大提高，但关键技术的研发能力和产业化水平与发达国家相比还有较大差距，还不能满足电子信息产业高速发展的需求。目前，我国的信息产业主要建立在以美国英特尔（Intel）的CPU和微软（Microsoft）Windows操作系统形成的Wintel体系，和以ARM的CPU和谷歌Android、苹果iOS形成的双A体系为代表的外国基础技术平台上，前者霸占桌面PC市场，后者成为移动智能终端的领导者。这种格局不

---

* 本章节选自2018年度国家知识产权局专利分析和预警项目《计算设备软硬件接口专利布局态势及风险分析研究报告》。

（1）项目课题组成员：李秀琴（负责人）、陈燕（负责人）、李乐（组长）、孙全亮（组长）、赵哲（副组长）、巴特（副组长）、刘晓华、张旭光、欧阳琦、王亮、周涯波、张超、朱颖、廖雯雯、刘洛、吕姣、李晓晖、孙阳丹、李瑞丰。

（2）主要撰稿人：刘晓华、张旭光、欧阳琦、王亮、周涯波、张超、朱颖、廖雯雯、刘洛、吕姣、李晓晖、孙阳丹。

（3）专利分析指导：刘庆琳、赵哲。

（4）项目管理：赵哲。

（5）研究组织与质量控制：李秀琴、陈燕、李乐、孙全亮。

（6）主要统稿人：刘晓华、张旭光。

（7）审稿人：李秀琴、陈燕。

（8）课题联系人：张旭光。

（9）本章执笔人：刘晓华、张旭光。

仅使得我国信息产业的发展受制于人，信息安全也受到挑战。龙芯首席专家胡伟武指出，英特尔公司的厉害之处除了“英特尔 Inside”，还在于“英特尔 Outside”，即英特尔公司基于芯片搭建起围绕其标准的外围生态体系，其中更是以软硬件接口为典型代表，形成围绕核心芯片、关键软件的产业生态。

以“龙芯”“麒麟”为代表的我国自主 CPU 的研发取得了很大进展。在“十二五”期间，龙芯已经克服 CPU、操作系统及其结合部的瓶颈，主要矛盾转向操作系统与应用的结合部，即主要矛盾转向软件接口方面，进一步的发展还将聚焦在持续提升 CPU 性能、完善自主基础软硬件规范上来，即软硬件接口方面。可以说，随着国产 CPU 性能问题逐步解决，我国信息产业的主要矛盾已经有所转移，软硬件接口技术成为困扰我国形成自主可控软硬件生态体系的关键，也是我国信息产业健康安全发展的关键。

因此，深入研究以开放标准联盟为当前主要形式的硬件接口技术、以开放源代码/封闭源代码为当前主要形式的不同操作系统软件接口技术、以解析中国自主可控软硬件发展面临的知识产权问题及影响，尤其是软硬件接口专利布局态势及风险，具有十分重要的意义。

9.1 计算设备软硬件接口专利整体竞争态势

9.1.1 专利申请趋势

计算设备硬件接口主要包括 DDR 内存、SATA 硬盘、USB 外设及 PCIE 等技术，这四种硬件接口技术的全球和中国专利申请趋势分别如图 9－1 和图 9－2 所示。

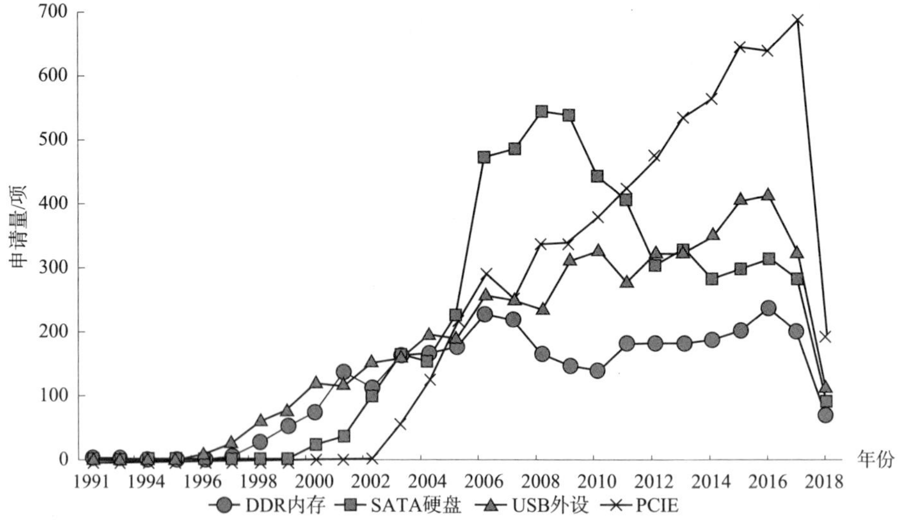

图 9－1　硬件接口技术各分支全球专利申请趋势

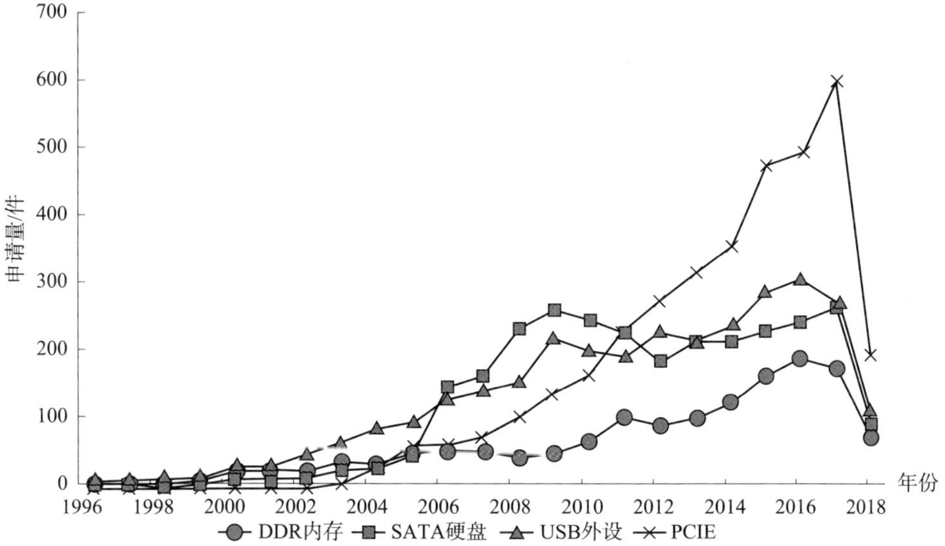

图9－2　硬件接口技术中国专利申请趋势

如图9－1所示，DDR内存、SATA硬盘、USB外设及PCIE这四种硬件接口技术的全球专利申请量总体态势呈上升趋势，但SATA接口在2010年开始逐步下降，从市场表现上来看，其不再是唯一的主流硬盘接口；相反，PCIE接口申请量逐年上升，并在近年来呈加速增长，由于其高速的传播速率和较为灵活的兼容性，在四种接口最具发展潜力；DDR接口分别在2006年和2011年的DDR3以及DDR4标准提出前分别经历申请量的小幅攀升，但由于其自身应用的局限性，总量在四种接口中最少；USB接口由于其3.2协议中出色的快充和Type－C技术的兴起，申请量在2014年平稳提升，前景也较为看好。

如图9－2所示，这四种硬件接口技术的中国专利申请态势同全球发展态势基本一致，发展历程略滞后于全球。较为明显的不同之处体现在SATA接口，在2010年下降后又于2013年再次增长；其主要原因是SATA接口中mSATA（迷你SATA）和M.2接口技术专利申请量的上升所致。如图9－3所示，mSATA和M.2接口技术全球申请总量为250项，其中有198项是在中国的申请，并且自2008年出现之后申请量持续上涨，2017年申请量达到峰值，可见，SATA技术研发比较活跃，而且中国地区布局较多。

计算设备软件接口包括Unix/Linux、Windows、Mac OS/iOS和Android等API技术，这四种操作系统API软件接口技术的全球和中国专利申请趋势分别如图9－4和图9－5所示。

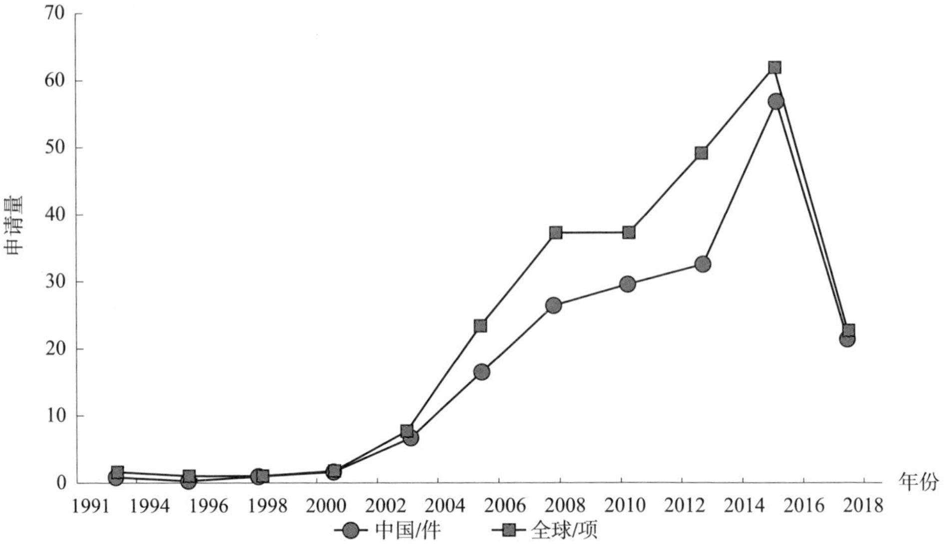

图 9－3　mSATA 和 M.2 技术中国专利申请趋势

如图 9－4 所示，这四种操作系统 API 软件接口技术全球专利申请量自 20 世纪 80 年代各操作系统诞生之后便呈上升趋势。由于智能终端的大规模兴起，加之 2007 年谷歌宣布 Android 系统开放源代码，随后至 2012 年 Android API 申请量大幅攀升，迅速成为四种操作系统 API 软件接口中申请量最多的软件接口技术。2012 年，Android 以 75% 的全球市场占有率及超过 5 亿的设备激活量成为当之无愧的智能手机王者。但之后，由于移动终端逐步向更优化的人机界面、人工智能技术以及新材料技术发展，全球关于 Andriod API 的申请量逐渐减少。相对而言，闭源的苹果终端操作系统 Mac OS/iOS API 专利申请并不激进，专利申请数量在四种操作系统软件接口 API 中最少，且从 2013 年起申请量逐步回落，这也体现了开源策略与闭源策略在专利布局上的不同思路。此外，Unix/Linux API、Windows API 技术齐头并进，并在近年来仍保有每年 150 项以上的申请量，各自在服务器、桌面电脑等不同计算设备中仍受到全球用户的重视。

如图 9－5 所示，这四种操作系统 API 软件接口技术的中国专利申请起步比全球晚近 10 年，发展趋势与全球基本一致，且近年来发展势头不减。中国的专利申请中，Android API 申请量峰值的出现晚于全球，Unix/Linux API、Windows API 技术并驾齐驱，申请量超过 Android API。同全球一样，闭源的 Mac OS/iOS API 技术申请量最少。总体而言，中国与全球在软件接口技术研发和专利布局上基本保持同步。

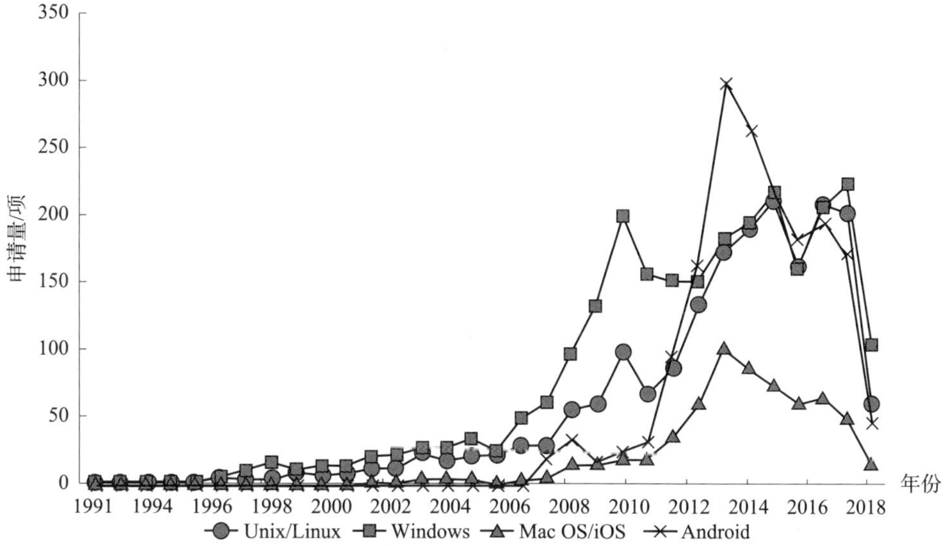

图 9-4 软件操作系统接口技术全球专利申请趋势

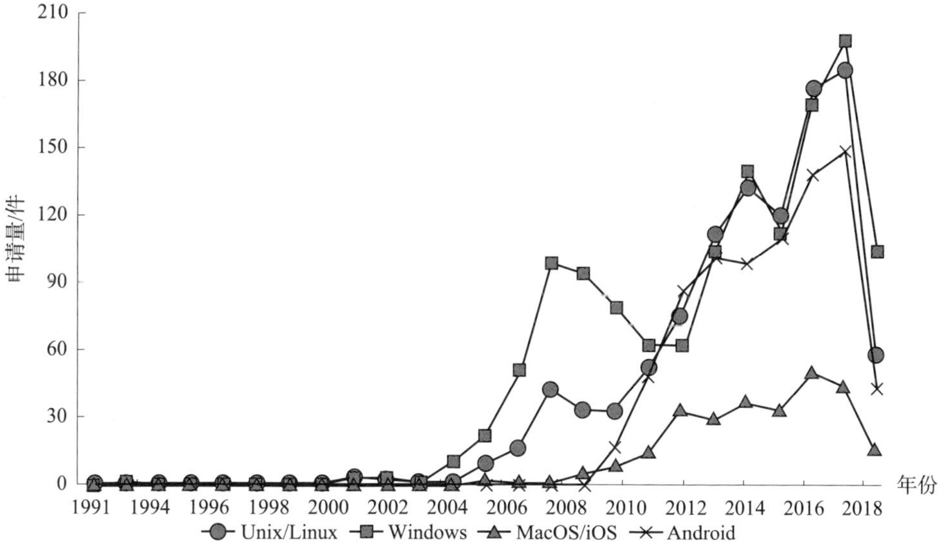

图 9-5 软件操作系统接口技术中国专利申请趋势

计算设备软件接口中编程语言 Java 技术是近年来兴起的关键技术，其全球和中国专利申请趋势如图 9－6 所示。

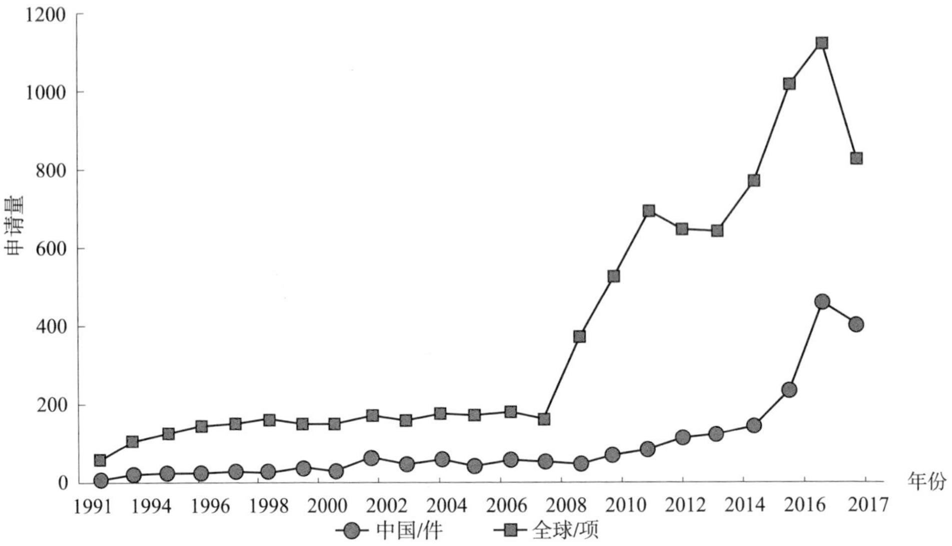

图 9－6 软件编程语言 Java 接口技术全球及中国专利申请趋势

可以看出，软件编程语言接口技术 Java 全球专利申请在 2007 年之前长期处于不温不火的阶段，自宣布开源后，从 2008 年开始处于快速发展期，直到 2011 年甲骨文发布其里程碑版本 Java 7.0，出现第一个发展高峰期。随后由于云计算、大数据技术的兴起，2014 年又实现快速增长，达到第二个发展高峰点。目前关于 Java 编程语言接口技术的专利申请保持持续增长的态势。

软件编程语言接口技术 Java 中国专利申请态势明显滞后于全球。在 Java 语言发布之初，1995 年 Sun 公司在中国进行专利布局。随后中国专利申请经历 10 年左右的缓慢增长期，直到以腾讯为代表的互联网企业、以中兴和华为为代表的网络设备供应商逐渐兴起，2011 年开始爆发增长，到 2016 年达到发展顶峰。目前来看，Java 技术专利申请仍处于继续保持增长的阶段。

9.1.2 国家地区分布

计算设备各软硬件接口技术全球专利主要国家和地区分布如表 9－1 所示。

表9-1 计算设备软硬件接口技术全球专利布局国家和地区 单位：项

接口技术			中国	美国	日本	韩国	欧洲
硬件接口		DDR	1421	2042	423	458	172
		SATA	3313	2704	543	367	408
		USB	3060	2534	1185	514	736
		PCIE	4214	2815	507	386	362
软件接口	操作系统API	Unix/Linux	1095	768	66	116	189
		Windows	1365	1126	110	136	176
		Mac OS/iOS	293	376	33	47	77
		Android	857	934	47	113	271
	编程语言	Java	2273	6081	1154	1165	2436

可以看出，中国和美国均是接口技术领域的主要目标市场；日本、韩国以及欧洲紧随其后，分别位列第三到第五。其中，硬件SATA、USB和PCIE接口技术以及软件操作系统API的Unix/Linux和Windows接口技术的专利布局地区分布中，中国均位于第一，美国位于第二，而在硬件DDR接口技术以及软件操作系统API的Mac OS/iOS和Android接口技术、软件编程语言接口技术Java的专利布局地区分布中，美国位于第一，中国位于第二。在软件编程语言接口技术Java中，美国地区表现出压倒性优势，全球专利布局占六成以上。总体而言，在软件操作系统API接口技术中，在中美两国布局的申请数量优势更为明显，在四种操作系统软件接口上几乎均贡献90%以上的份额，专利集中度较高，这也反映了两大地区是全球信息产业和技术竞争的关键市场。计算设备各软硬件接口技术中国专利申请的来源地分布如表9-2所示。

表9-2 计算设备软硬件接口技术中国国内和来华专利申请地区来源 单位：件

接口技术			中国	美国	日本	韩国	欧洲
硬件接口		DDR	1032	291	48	84	10
		SATA	2810	409	60	35	7
		USB	2210	449	152	68	33
		PCIE	3167	383	30	29	11
软件接口	操作系统API	Unix/Linux	962	68	4	4	15
		Windows	1183	105	10	8	0
		Mac OS/iOS	220	49	4	3	1
		Android	715	76	3	10	4
	编程语言	Java	1350	642	95	58	147

可以看出，中国是各接口领域中最主要的技术来源国；美国排名第二，其在 Java 技术方面的在华申请优势明显；之后是日本、韩国以及欧洲，排名第三至第五名。由于中国的市场潜力巨大，是全球十分看重的目标市场，成为各国主要的专利布局重点区域，包括美国、韩国、日本以及欧洲在内的主要国家和地区均在中国有软硬件接口技术相关的专利布局，中国在实施接口技术时需要考虑国外在华的专利风险。

9.1.3 创新主体分布

计算设备各软硬件接口技术全球专利申请量排名前 5 位的申请人情况如表 9 -3 所示。可以看出，硬件接口技术方面，国外企业中以英特尔、IBM、三星等企业为代表引领硬件接口技术的发展。英特尔、IBM 在 2000 年提出 SATA 硬盘接口标准，实现高速率、高可靠性、向下兼容和热插拔。英特尔率先提出 USB 技术，针对传输速率、USB 充电方式以及 Type - C 接口的核心技术进行研发改进，并且进行光传输方式研究。1992 年，英特尔又率先提出 PCI 总线协议，以解决微处理器的高速度和总线的低速度不同步，造成 CPU 的高性能受到严重影响的问题；2004 年，进一步提出 PCIE 接口协议，通过将并行改为串行、使用差分信号传输，排除了干扰，大幅提升了传输频率。三星公司非常重视 DDR 技术，在 1996 年最早提出 DDR 标准，最先进行四代 DDR 内存的生产，最先进行 30nm 级的 DRAM 批量生产，以及批量生产 30nm 4Gb DDR3 DRAM 等。中国企业方面，浪潮在 SATA 和 PCIE 接口技术中位居世界第一，鸿海在 SATA、USB 和 PCIE 接口技术的申请量均位居世界前列，华为在 PCIE 接口技术的申请量排名第四。但是浪潮从 2007 年才开始申请 SATA 相关专利，时间明显滞后；鸿海是全球知名的代加工企业，专利多集中在连接器的结构。虽然中国的企业近年来在该领域不断发力，逐渐跟上技术的发展步伐，但专利布局的时间通常滞后于技术的发展阶段，且大多数偏向于在应用中的改进，在核心技术上仍处于落后位置，竞争力相对较弱。

表 9 -3 计算设备软硬件接口技术全球主要申请人申请排名 单位：项

接口技术		1		2		3		4		5	
硬件接口	DDR	海力士	214	镁光	186	英特尔	143	三星	129	IBM	76
	SATA	浪潮	267	鸿海	255	IBM	174	英特尔	149	三星	132
	USB	英特尔	174	三星	129	鸿海	120	爱普生	101	佳能	91
	PCIE	浪潮	755	英特尔	291	IBM	263	华为	174	鸿海	121

续表

接口技术			1		2		3		4		5	
软件接口	操作系统API	Unix/Linux	IBM	75	浪潮	66	微软	40	英特尔	23	奇虎	22
		Windows	微软	143	浪潮	102	IBM	92	英特尔	32	苹果	27
		Mac OS/iOS	微软	37	苹果	21	IBM	13	三星	9	思爱普	7
		Android	谷歌	45	三星	32	奇虎	26	英特尔	24	IBM	22
	编程语言	Java	IBM	904	微软	457	甲骨文	436	英特尔	301	惠普	176

此外，在软件接口技术的全球专利申请方面，美国的微软一直都是操作系统领域的巨头，旗下的 Windows 操作系统与英特尔一起长期霸占用户的桌面系统。有趣的是，微软作为 Windows 操作系统的研发企业在竞争对手苹果研发的 Mac OS/iOS 操作系统中也进行布局，且申请量在该分支排名第一，这也体现了微软积极的专利布局策略。IBM 和英特尔在四个操作系统 API 以及 Java 编程语言中的申请量均位于前五，英特尔作为处理器霸主，在操作系统方面也投入了巨大的精力，这也助力其建立了牢固的软硬件生态体系；IBM 是全球最大的信息技术和业务解决方案公司，根据美国商业专利数据库 IFI Claims 显示，至 2018 年其连续 26 年在美国申请的专利量排名第一。苹果作为 Mac OS/iOS 操作系统的研发者，在操作系统 API 的 Mac OS/iOS 技术中申请量排名第二。苹果成立之初主要开发和销售个人电脑，当前致力于设计、开发和销售消费电子、计算机软件、在线服务和个人计算机，在高科技企业中以创新闻名。谷歌作为 Android 1.0 系统的开发者，引领 Android 操作系统 API 的发展，其在操作系统 API 的 Android 技术中申请量排名第一。中国企业方面，浪潮在操作系统 API 的 Unix/Linux、Windows 技术中以及奇虎在操作系统 API 的 Android、Unix/Linux 技术中的申请量也位居世界前列。

计算设备软硬件接口技术中国专利申请人排名情况如表 9-4 所示。可以看出，中国企业浪潮在软硬件接口技术领域的研发投入最多且涉及领域较为全面：在硬件 DDR、SATA 和 PCIE 接口技术，以及软件接口操作系统 API 的 Unix/Linux 和 Windows 技术中，申请量均位于国内第一。浪潮旗下的产品涉及服务器、工作站、路由器、防火墙等，在软硬件接口技术中均有涉猎。中国台湾鸿海在硬件 USB 接口技术中排名第一，在 SATA 接口技术中排名第二，在 PCIE 中排名第四，属于在硬件接口技术中发展较为全面的公司，其业务涉及研发生产精密电气连接器、电脑机壳及准系统、电脑系统组装等。

表9-4　计算设备软硬件接口技术中国主要申请人申请排名　　单位：件

接口技术			1		2		3		4		5	
硬件接口		DDR	浪潮	67	英特尔	51	海力士	49	三星	39	高通	24
		SATA	浪潮	267	鸿海	163	爱国者	55	英业达	41	英特尔	33
		USB	鸿海	111	中兴	89	英特尔	69	三星	57	威盛	53
		PCIE	浪潮	755	华为	163	英特尔	91	鸿海	82	IBM	68
软件接口	操作系统API	Unix/Linux	浪潮	66	奇虎	22	微软	18	长虹	16	TCL	14
		Windows	浪潮	102	微软	36	国家电网	25	金山软件	13	中兴	12
		Mac OS/iOS	微软	15	奇虎	6	英特尔	5	腾讯	5	中兴	5
		Android	奇虎	26	TCL	20	长虹	13	英特尔	13	斐讯	12
	编程语言	Java	微软	115	英特尔	105	IBM	95	腾讯	73	浪潮	63

英特尔、IBM、微软、谷歌、苹果、镁光等申请人均是来自美国的企业，三星、海力士是来自韩国的企业，上述国外申请人在软硬件接口技术领域拥有雄厚的实力。但从中国专利申请量来看，上述8家企业中，谷歌、苹果和镁光在中国的申请均没有进前五名，在中国的专利申请量均不超过50项，且占各自全球专利申请比例均不到1/5，可见其在华专利布局还未构成明显优势；而英特尔、IBM、微软以及三星则积极在中国开展专利布局，其在中国的专利申请量均超过170项，给国内企业进行相应产品的开发及市场投入带来了一定的风险。

9.2　计算设备软硬件接口重点技术专利竞争格局

本节分别选取硬件接口技术中的PCIE接口技术以及软件接口技术中的编程语言Java技术作为重点技术开展深入研究。

9.2.1　PCIE重点技术

如前所述，PCIE接口技术无论在全球还是中国的专利申请量都在连年增加；相对于DDR、SATA和USB接口，PCIE更是在近年来加速增长，表明业界对PCIE的研发热情高涨，对其发展前景持乐观态度。从PCIE接口技术来看，其具有高速率、热插拔、向下兼容、动态功率管理等优势，确保数据传输效率和质量的同时节省电能，使其能够得以迅速传播。近年来市场上PCIE相关产品涉及显卡、硬盘、声卡等各种计算设备扩展部件，形式多样。随着PCIE更新版本的持续推出，其功能会更加完善，技术应用前景更加广泛。

通过对PCI-SIG组织认证发布的PCIE 1.0~4.0标准协议规范（PCI ExpressTM Base Specification）进行 PCIE 相关技术术语的梳理，并结合 PCIE 技术专利数据分析，可以看到 PCIE 技术标准协议演进及对应市场产品和重点专利情况，如图 9－7 所示。

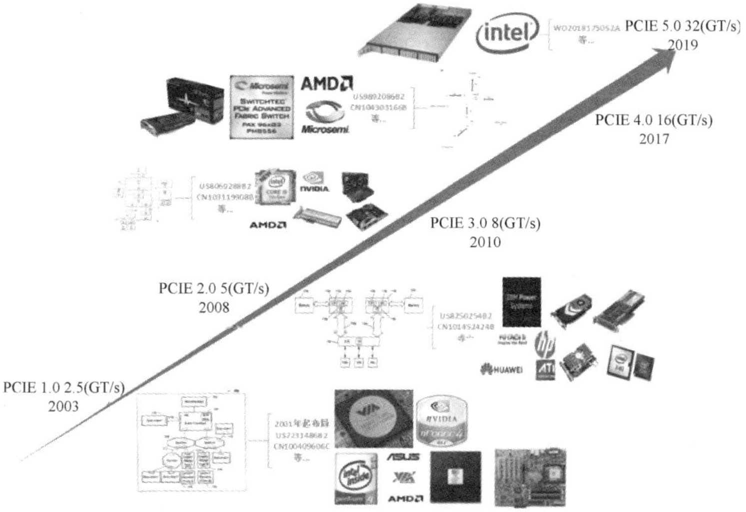

图 9－7　PCIE 技术标准协议演进

可以看出，自 2001 年第一件 PCIE 技术专利技术产生以来，经历十多年的发展其已逐渐走向成熟，PCIE 接口重点专利技术的创新态势与 PCIE 标准协议规范不同版本的更新换代呈现正相关的关系。从专利技术来看，2003 年之前的专利申请主要为英特尔在 PCIE 高速传输协议、电源管理机制等方面的核心专利。PCIE 2.0 协议新增输入输出虚拟化（IOV）技术，可以让多台虚拟机共享网卡；此阶段主要涉及专利申请，还有活动状态电源管理（ASPM）。PCIE 3.0 协议时期，英特尔将内存控制器和 PCIE 控制器一并集成到 CPU 中，增加带宽同时降低延迟，极大提高内存性能。PCIE 4.0 在专利技术上进一步优化传输速度。随着 2019 年 PCIE 5.0 版本的即将发布，其将迎来一波新的技术创新热潮，PCIE 接口技术的应用领域在历经多代技术迭代更新后得到不断拓展。

从市场表现来看，由英特尔发起的这场计算机内部硬件接口技术的创新潮流已经得到全球计算机硬件企业的响应，由国外各大计算机硬件企业巨头组成的 PCI－SIG 联盟组织已经成为 PCIE 接口技术的规则制定者。PCIE 接口技术的重点专利技术均掌握在英特尔、IBM、戴尔、甲骨文、高通、超威、微软、艾萨华等国外的计算机芯片及软硬件企业手中；国内的浪潮和华为作为联盟成员在一定程度上有所突破，但依然受制于早期 PCIE 技术规则制定者们已经形成的技术壁垒，因此，国内 PCIE 硬件供应企业在该项技术上大多只能作为参与者，寻求与核心技术企业的合作谋求利益。

PCIE 重点技术的专利技术功效分布如图 9－8 所示。可以看出，PCIE 接口重点技术的专利申请大多围绕改进传输速度进而提高传输效率方面，从 PCIE 1.0 的 2.5GT/s 到 PCIE 4.0 的 16 GT/s，即将发布的 PCIE 5.0 的传输速度拟提高到 32 GT/s。提高效率的重点在于提高传输速度并降低等待时间，其主要是通过对事务层和物理层来改进，比如优化事务排序规则、改进流控制方式、优化链路训练方式以及提高参考时钟频率等。技术创新的另一个重点是围绕节省功耗方面，其主要通过优化电源管理来实现，尤其是活动状态电源管理 ASPM，可以实现对链路状态的自主管理，不需软件触发而直接由硬件实现。此外，PCIE 接口重点技术的传输质量和兼容性都在不断改进。传输质量提高是指信号抗干扰能力更强，传输错误率降低等；而兼容性是 PCIE 接口能够迅速传播并淘汰其他接口的重要因素，实现兼容的方式主要通过锁定事务中的 PCIE 桥和 SWITCH 来实现，还可以通过 I/O 虚拟化的方式来提升接口的兼容性。

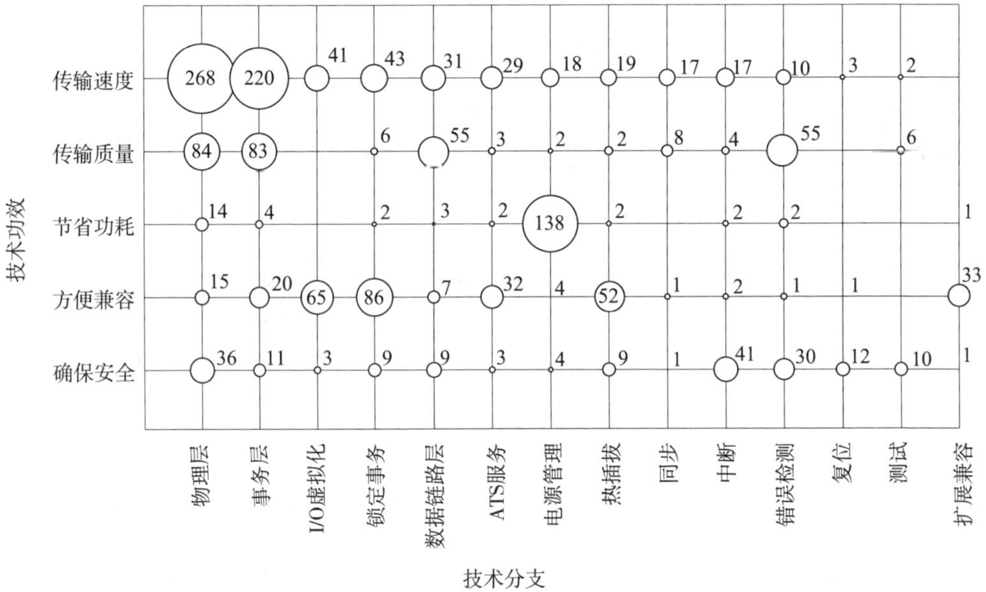

图 9－8　PCIE 重点技术专利技术功效分布

注：图中数字表示申请量，单位为项。

从竞争风险来看，国外企业尤其是英特尔在中国专利布局最多，有 185 项，且由于英特尔处于 PCIE 接口技术的领导地位，其专利申请在 PCIE 协议基础的流控制、事务排序、链路训练/初始化、链路均衡以及电源管理等技术领域均有处于授权有效状态的专利存在，对中国企业造成潜在的侵权风险。

从诉讼情况来看，目前PCIE接口技术的专利纠纷已经初现端倪，虽然该项技术领域内的侵权案例较少，但以英特尔为首的行业巨头手握大量核心专利，足以对大多竞争对手形成潜在威胁。虽然国内企业作为该项技术的后来者，但仍然有机会在已有技术的基础上寻求合作良机，在技术上不断创新寻求突破。

9.2.2 Java重点技术

如前所述，Java编程语言接口技术全球和中国的申请量在软件接口领域明显高于操作系统接口技术，并且在近年来申请量大幅增长。Java语言是面向对象语言，具有跨平台兼容的特性，只要编写一次，就可到处运行，可以在新的硬件和操作系统平台间移植。世界编程语言（TIOBE）排行榜上近20年来Java一直稳居前列，并且在2015年跃至第一。因此，基于专利数据、语言特点以及流行程度，本节选取软件接口中的Java编程语言作为重点技术进行研究分析。

通过对软件接口编程语言Java技术在中国的重要来华申请人甲骨文和IBM的专利布局及其法律状态进行分析可以看出，甲骨文在收购Sun公司后，仍在积极地进行Java技术的开发以及推广，并且各重点技术分支的已授权专利总量（355件）占其总申请量（436件）的80%左右，其专利授权率和专利质量都相对较高，因此甲骨文仍然具有持续的创新能力。IBM在2011年加入OpenJDK项目，与甲骨文共同发展Java技术，且其总申请量最多，目前处于授权状态的专利（721件）也占总申请量（904件）的80%左右，可见IBM的技术优势和专利优势也相对明显。

Java技术全球及中国专利申请量排名前10位申请人技术分支分布如图9－9和图9－10所示。

国内企业中，腾讯、浪潮、华为、阿里巴巴的专利申请主要集中在程序加载以及虚拟机技术，其中腾讯的授权量以及在审量都比较突出，说明腾讯是我国较早投入Java研发中的公司，并且目前仍处于积极创新阶段。浪潮几乎所有的申请均处于在审状态，说明其在Java技术的研发起步较晚。华为虚拟机技术的在审量超过程序加载技术的在审量，说明华为在虚拟机技术方面的研发投入超越其他技术分支。阿里巴巴是中国唯一入选Java全球管理组织最高执行委员会的代表，其主要的研发精力也集中在程序加载以及虚拟机技术。

目前国内外企业在我国的专利布局涉及Java安全机制及自动控制两项技术数量较少。由于互联网时代信息安全的重要性，随着人工智能等技术的发展，Java安全机制以及Java自动控制技术的重要性不言而喻，因此，这也可

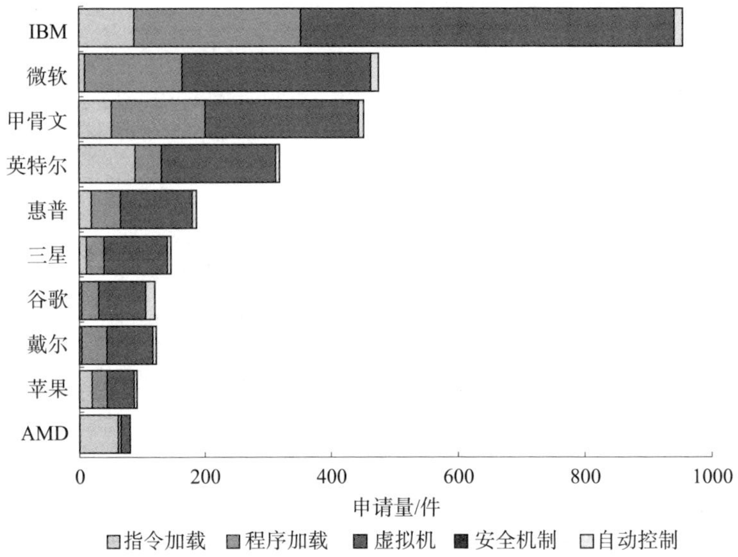

图 9－9　Java 技术全球前 10 位申请人技术分支分布

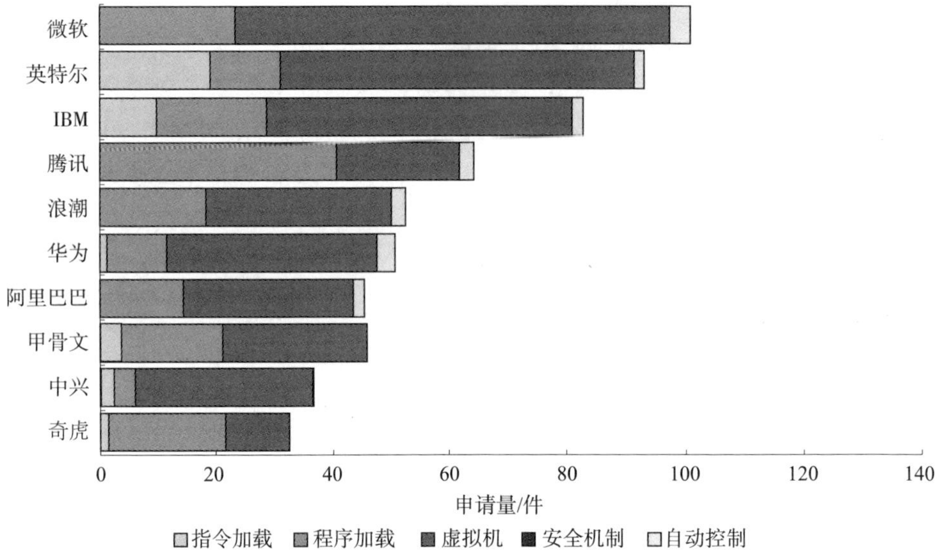

图 9－10　Java 技术中国前 10 位申请人技术分支分布

能成为我国进入 Java 生态圈核心地位的机会。

由甲骨文公司对 Sun 公司的收购案可以看出，企业除了靠自身的研究人员研发技术，通过收购专利或并购公司获得新颖的创意也是快速的发展手段。

公司的并购和专利的收购意味着成本的付出，如何在支付的成本和获得的收益之间获得最大平衡是企业重点考虑的因素。因为甲骨文的很多产品都建立在Sun公司的Java编程语言之上，甲骨文收购Sun公司的主要原因就是为了获得它的Java编程语言。根据甲骨文收购Sun公司的案例能够得到启示，随着如阿里巴巴、腾讯等国内企业实力的不断增加，专利收购和公司并购将会成为一种抢占先机、攻占市场的利刃，吸纳甲骨文等全球大企业的成功收购经验为我们所用意义重大。

从诉讼情况来看，甲骨文诉谷歌案历时8年，经过多次翻转，最终在2018年3月美国联邦巡回上诉法院裁定支持甲骨文，认定谷歌侵权。虽然在甲骨文与谷歌长达8年的Java侵权诉讼中谷歌最后失败，但目前中国国内尚无类似的诉讼案例。谷歌也为其他企业技术的发展提供一种思路，可借鉴谷歌的经验，培养高素质的知识产权队伍来系统地对企业准备研发的技术进行专利分析，规避专利风险，未雨绸缪，防患于未然。

9.3 计算设备软硬件接口重要申请人专利布局状况

本节挑选软硬件接口技术领域各分支申请量前5位的国外重要申请人（IBM、英特尔、微软、三星、惠普）和前5位的国内重要申请人（浪潮、鸿海、华为、中兴、联想）进行综合对比研究，如表9－5所示。

表9－5 计算设备软硬件接口技术重要申请人全球专利分布 单位：项

申请人	硬件接口				软件接口					总量
					操作系统API				编程语言	
	DDR	SATA	USB	PCIE	Unix/Linux	Windows	Mac OS/iOS	Android	Java	
IBM	76	174	35	263	75	92	73	22	904	1575
英特尔	143	149	174	291	23	32	6	24	301	1053
微软	4	79	44	62	40	144	37	20	457	809
三星	129	132	129	92	15	23	9	34	144	627
惠普	43	67	59	95	15	19	2	7	177	460
浪潮	67	268	52	755	68	105	2	6	63	1285
鸿海	21	255	115	121	6	8	1	4	4	500
华为	20	20	46	171	5	9	3	6	58	339
中兴	12	6	89	26	13	13	5	9	45	203
联想	9	37	58	57	5	7	0	4	18	177

可以看出，IBM、英特尔、微软、三星、惠普这5个国外企业在各个软硬件接口领域均有专利分布，表明其在软硬件接口各项技术领域中发展较为全面；而国内方面，除了联想在Mac OS/iOS API中没有申请外，浪潮、鸿海、华为和中兴均在各个软硬件接口领域有专利分布。

上述5个国外申请人均在软件编程语言Java接口技术中申请量最多，其次是硬件接口领域中的不同硬件接口分支各有侧重。其中，IBM更侧重于PCIE和SATA接口，英特尔更注重PCIE和USB接口，微软更倾向SATA和PCIE接口，三星在SATA、DDR以及USB接口中布局相当，惠普在PCIE、SATA接口中布局较多。操作系统API中，IBM、英特尔、微软以及惠普均在Windows API技术中布局最多，而三星在Android API技术中布局最多。

与上述5个国外申请人不同的是，5个国内申请人中Java均不是其申请量最多的技术分支。浪潮在PCIE接口中申请量位居全球第一；其次是SATA接口以及Windows API技术；鸿海则在SATA和PCIE接口中布局较多，软件接口布局很少；华为在PCIE接口中布局最多，其次是Java技术和USB接口，而在操作系统API中布局很少；中兴和联想类似，均注重USB接口和Java技术。

从参与的接口联盟来看，如图9－11所示，英特尔在4个硬件接口联盟中、IBM在3个硬件接口联盟中处于核心地位；三星、微软至少是一个硬件接口联盟的主导者之一；国内企业联想、华为、鸿海等也都积极参与到硬件接口联盟中。

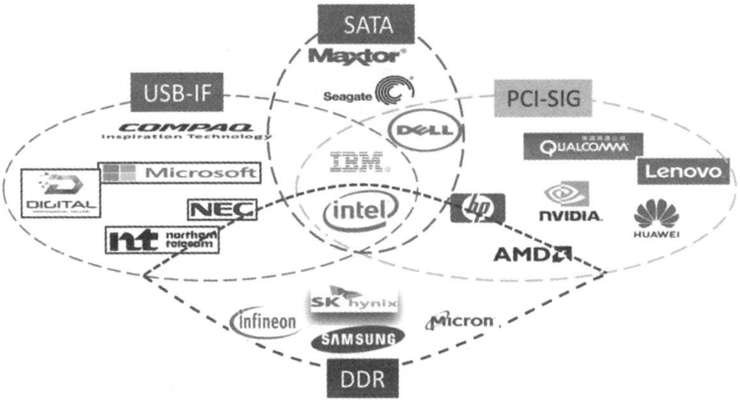

图9－11　硬件接口联盟及成员

从不同类型的企业发展模式来看，英特尔通过主板芯片组这座桥梁，其规范CPU与各外设的交互标准，如SATA、USB、PCIE、DDR接口技术等。通过对CPU与各外设的交互标准制定，可以使英特尔的CPU产品迅速推广到市场，和各外设无缝连接。IBM是一家全产业链公司，而软硬件接口必然是其硬件、软件领域不可或缺的部分。联想作为PC生产商，也涉足于硬盘领域，其在硬件接口领域的专利布局，为其推出的产品打下坚实的知识产权基础。可见，软硬件接口技术对于芯片企业、零部件生产企业、软件企业、技术服务企业等来说都十分重要。

通过与上中下游企业、交互产品生产企业以及软件企业——微软的合作，英特尔和其盟友建立了“共赢”的合作关系，并以英特尔为核心，形成SATA、PCIE、USB联盟，使其建立的生态系统更加稳定可靠。联想通过收购IBM的PC事业部、德国PC电子企业、IBM x86的服务器业务，不断扩展业务范围，增加国际竞争力；三星集团收购了韩国半导体公司50%的股份进入半导体行业。此外，知识产权购买和转让也是提高自身知识产权竞争力的重要手段，如联想购买Unwired Planet的21项专利组合，英特尔向IBM、NEC等公司转让专利。在企业的逐步发展过程中，除了自身对技术研发投入外，联盟、并购、知识产权购买和转让等商业行为也发挥不可替代的作用。

国内外企业专利布局的意识和能力差异在软硬件接口领域也有明显体现，如表9-6所示。国外企业相继在软硬件各接口领域进行专利布局，并且英特尔、IBM和微软都将中国作为除了其美国本土之外的第二大目标市场，三星则将中国作为除韩国、美国之外的第三大目标市场。这说明国外企业不仅重视本国专利布局，也非常重视中国等重要市场布局，这使得国内企业在相关领域的专利布局机会不断减少。中国企业应当重视各个接口领域的知识产权布局，并关注以上相关领域重点申请人的技术发展方向和研究动向，以应对国外企业在该领域给中国企业带来的知识产权风险。

表9-6 计算设备软硬件接口技术重要申请人全球目标市场排名 单位：项

申请人	中国	美国	日本	韩国	欧洲
IBM	136	654	68	26	26
英特尔	263	729	74	82	136
微软	109	339	44	41	86
三星	153	427	70	429	64
惠普	127	394	45	15	104
浪潮	1164	1	0	0	0
鸿海	611	342	34	0	2
华为	253	86	28	13	79
中兴	201	29	3	1	28
联想	110	47	9	2	0

国内企业都将美国作为除中国之外的第二大目标市场。华为积极拓展海外业务并且较为重视知识产权，其在美国、欧洲、日本以及印度等海外市场均有软硬件接口专利布局，并且国外专利申请的总量（243 项）占其总体布局的近五成，充分体现了知识产权为中国企业走出国门保驾护航的重要意义。联想和鸿海也均在美国、日本等其他国家申请专利。尽管如此，国内企业在海外的专利布局规模和质量仍远远不足，特别是在接口领域申请总量最多的浪潮，其专利申请达到 1285 项，但超过 99% 的专利申请也仅仅在我国提交，尚未开展海外市场的专利布局，需要加强和改善。

9.4 结论和建议

9.4.1 结论

1. 美国在软硬件接口技术领域仍具有明显知识产权优势

美国在计算设备软硬件接口技术领域的核心技术输出最多，竞争力最强，美国企业英特尔、IBM、微软、苹果、谷歌、镁光、甲骨文是软硬件接口技术领域中的主要申请人，美国英特尔、IBM、微软以及韩国三星积极在中国开展专利布局，其在华专利均超过 170 项，导致中国企业在计算设备软硬件接口技术领域面临着较大专利风险。相对而言，中国虽然申请量较多但技术多涉及外围应用，目前还不具备在计算设备软硬件接口领域与美国齐头并进正面竞争的条件和空间。

2. 我国在 PCIE 接口技术领域面临的专利风险较为突出

PCIE 接口技术是计算设备硬件接口的创新重点，重要专利主要掌握在美国计算机芯片及软硬件企业英特尔、IBM、戴尔、甲骨文、高通、超威、微软、艾萨华等手中，中国企业浪潮和华为作为联盟成员在一定程度上有所突破，但依然受制于早期 PCIE 技术规则制定者已经形成的技术壁垒。

从技术演进及技术功效可以看出，PCIE 接口技术的专利申请多围绕改进传输速度和提高传输效率方面，其重点在于提高传输速度并降低等待时间；在围绕节省功耗方面，通过优化电源管理模式，尤其是活动状态电源管理 ASPM 来实现；围绕传输质量提高包括信号抗干扰能力更强，传输错误率降低等；最后是围绕改进兼容性，通过锁定事务中的 PCIE 桥和 SWITCH 等来实现。

PCIE 技术的最早提出者、PCI－SIG 的核心成员英特尔在 PCIE 技术的专利申请几乎涵盖所有重要分支，在中国有 185 项 PCIE 重点专利技术，其同样对 PCIE 技术实现全方位专利布局，对中国企业造成的威胁最为突出。目前 PCIE 接口技术的专利纠纷已经初现端倪，虽然目前侵权案例较少，但以英特尔为首的行业巨头手握大量核心专利，足以对大多竞争对手形成潜在威胁。

3. Java技术或可成为我国进入软硬件生态的突破点

在软件接口编程语言Java技术中，甲骨文和IBM在Java技术领域授权专利均占80%左右，具有持续创新能力。国内企业腾讯、浪潮、华为、阿里巴巴起步晚于全球，但研发投入很大，处于积极创新阶段，而且由于Java安全机制以及Java自动控制两项技术目前在全球及中国的专利布局都较少，有可能成为我国进入Java生态圈核心地位的机会。

4. 国内外企业在软硬件接口技术方面的关注点存在差异

国外申请人均最注重编程语言Java。除此之外，IBM更侧重于PCIE和SATA接口，英特尔更注重PCIE和USB接口，微软更倾向SATA和PCIE接口，三星在SATA、DDR以及USB接口布局相当，惠普更侧重PCIE和SATA接口。在操作系统API中，IBM、英特尔、微软以及惠普均在Windows API技术中布局最多，而三星在Android API技术中布局最多。

国内申请人对Java技术关注度相对较低；浪潮最侧重PCIE接口，其次是SATA接口以及Windows API技术；鸿海更倾向SATA和PCIE接口，华为更注重PCIE接口、Java技术和USB接口，中兴和联想均注重USB接口和Java技术，浪潮一半以上专利申请集中在PCIE。

9.4.2 建议

1. 增强企业合作，结成战略联盟

研究发现，英特尔、微软等美国企业在其发展过程中，通过企业合作等方式不断加强产业生态体系建设，从而以战略/标准联盟的形式占领市场、对抗竞争对手、提高抵御风险能力并形成自身优势。因此，在支持重点企业如华为、联想等自主研发相关基础软硬件接口技术的同时，可引导这些企业会同国内产业链相关重点企业如阿里巴巴、腾讯等，开展产业生态体系建设合作，抓紧研究基础技术和实际标准，共同构建共享专利池，逐步提升国内软硬件接口体系话语权。

2. 竞买优质资源，争取发展时间

计算设备软硬件接口涉及的技术较为复杂，是全球信息化产业的斗争焦点，即使是英特尔、微软这样的行业巨头也不能做到所有的硬件和软件都由自己来研发和生产。中国在接口技术发展上一直明显落后于美日韩等，完全期待自身技术研发与专利布局后再产业化并不现实。因此，对于国内企业来说，在自身努力研发底层基础技术，应尽可能缩短与行业巨头的技术差距的同时，还可以积极进行技术引进和整合，在可能的情况下收购优质公司，购买优质专利、交叉许可与合作也是帮助自身发展的重要手段。

3. 关注发展热点，加大研究力度

硬件接口技术中 PCIE 接口是未来的研发重点，Java 安全机制以及 Java 自动控制两项技术目前在全球及中国的专利布局较少。国内科研院校应加强基础学科研究的突破，国内企业应关注技术创新热点并与科研院校加强合作，逐渐实现核心技术突破和相关技术产品研发，来占领国内外市场。

4. 提升专利质量，发挥专利效力

研究发现，软硬件接口技术领域国内企业的专利质量仍有待提高，比如浪潮有超过 1/3 的相关专利处于无效状态，并且实用新型的占比也很高，不利于我国软硬件生态体系建设和企业竞争优势提升。因此，应进一步加强国内企业专利工作的指导和培训，强化企业专利战略意识，提高专利技术挖掘和专利布局组合能力，同时加强专利撰写的质量控制，逐步实现高价值核心专利培育，提升企业核心竞争力。

5. 规避知识产权风险，防患于未然

目前围绕软硬件接口专利的相关诉讼日益增多，计算设备软硬件接口技术的绝大部分基础专利掌握在全球大企业手中，如果我国申请人希望在这一领域进行技术创新，很可能绕不过这些基础专利。国内企业应密切关注软硬件接口技术领域中相关重要技术的专利申请，以及重要国外申请人在华专利布局情况，做好技术创新的预研和专利风险防范工作，加强企业高素质知识产权队伍建设，提升企业抗风险能力。

图索引

表索引

后　记

本系列丛书是在国家知识产权局专利分析和预警项目研究报告的基础上，对分析成果和结论建议进行浓缩和提炼而成的。国家知识产权局知识产权发展研究中心陈燕副主任对本书的编辑出版进行全程质量把控，悉心指导编辑部将优质研究成果原汁原味地呈现给读者；国家知识产权局知识产权发展研究中心研究二处全体同志为本系列丛书的顺利出版付出了大量劳动。

在项目实施过程中，国家知识产权局专利局通信发明审查部、知识产权发展研究中心、专利审查协作北京中心、专利审查协作江苏中心、专利审查协作河南中心、专利审查协作湖北中心、专利审查协作天津中心、专利审查协作四川中心等参研部门领导高度重视专利分析和预警项目研究，不仅抽调部门的精兵强将作为研究骨干，而且亲自带队进行产业调研，严格把控项目研究进度和成果质量；各部门课题组成员不畏辛苦，在浩瀚的专利数据中竭尽所能检索相关专利，并逐一进行深度解读与分析，为课题研究取得高质量的成果打下了坚实的基础。

同时，国家知识产权局办公室、知识产权保护司、知识产权运用促进司、战略规划司、人事司、国家知识产权局专利局办公室、人事教育部、审查业务管理部等部门领导和专家对专利分析与预警项目给予了大力支持，并提出了大量中肯的意见和建议。这些专家的宝贵意见促使研究成果更加贴近产业发展实际，可以有效提升预警项目成果的产业应用价值和决策参考价值。

此外，中央网信办、工业和信息化部、科技部、全国人大财经委等部委，北京航空航天大学、北京低碳能源研究院、中国科学院、清华大学、华中科技大学等科研单位，以及京东方科技集团股份有限公司、华为技术有限公司、东风汽车集团有限公司、上海微电子、百度等企业，在专利分析和预警立项和实施过程中，为课题开展给予调研协助和咨询指导的大力支持。

在此，谨对国家知识产权局各相关部门领导、专家以及课题组成员致以衷心的感谢！对曾在课题研究和本报告集编写过程中给予过支持、帮助和指导的其他领导、专家以及有关单位致以衷心的感谢！

本书编辑部

2019 年 5 月